信息技术人才培养系列规划教材

区块链开发实战系列

Go 语言

开发实战

慕课版

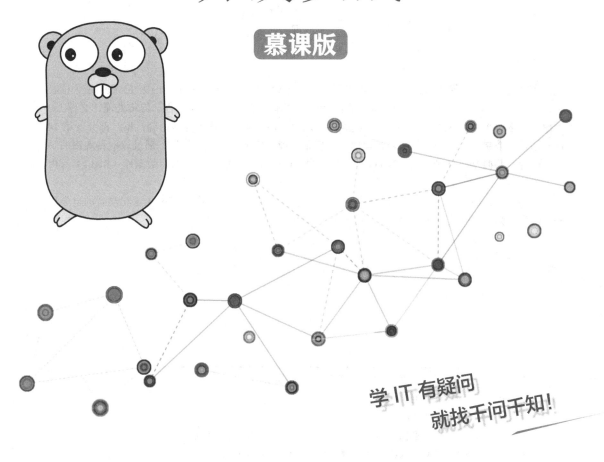

学 IT 有疑问
就找千问千知!

◎ 千锋教育高教产品研发部 编著

U0300099

人民邮电出版社

北 京

图书在版编目（CIP）数据

Go语言开发实战 : 慕课版 / 千锋教育高教产品研发
部编著. —— 北京 : 人民邮电出版社, 2020.1（2024.5重印）
信息技术人才培养系列规划教材
ISBN 978-7-115-51578-0

Ⅰ. ①G… Ⅱ. ①千… Ⅲ. ①程序语言－程序设计－
教材 Ⅳ. ①TP312

中国版本图书馆CIP数据核字（2019）第216663号

内 容 提 要

本书内容丰富、深入浅出，分为两大部分，共14章。第一部分（第1章～第13章）带领读者进入 Go 语言的世界，使读者掌握 Go 语言的特性、基本语法、面向对象编程、异常处理、文件 I/O 操作、网络编程、数据库编程、并发编程等内容，此外还增加了密码学算法内容；第二部分（第14章）通过一个完整的电子商务平台管理项目案例带领读者实现后端技术开发。通过该项目案例的学习，读者可掌握 Web 主流框架（Beego）、关系型数据库（MySQL）、非关系型数据库（Redis）等内容。

本书可作为高等院校计算机相关专业的教材及教学参考书，也可作为 Go 语言初学者的自学用书，还可作为相关开发人员的参考书。

◆ 编　　著　千锋教育高教产品研发部
　　责任编辑　李　召
　　责任印制　陈　犇

◆ 人民邮电出版社出版发行　　北京市丰台区成寿寺路 11 号
　　邮编　100164　　电子邮件　315@ptpress.com.cn
　　网址　http://www.ptpress.com.cn
　　固安县铭成印刷有限公司印刷

◆ 开本：787×1092　1/16
　　印张：22.25　　　　　　　　2020 年 1 月第 1 版
　　字数：593 千字　　　　　　2024 年 5 月河北第 9 次印刷

定价：68.00 元

读者服务热线：(010)81055256　印装质量热线：(010)81055316
反盗版热线：(010)81055315
广告经营许可证：京东市监广登字20170147号

编　委　会

主　编： 王向军　胡耀文　韩　茹

副主编： 穆旭东　于洪伟

编　委： 曹秀秀　贺　毅　李永强

当今世界是知识爆炸的世界，科学技术与信息技术快速发展，新型技术层出不穷，教科书也要紧随时代的发展，纳入新知识、新内容。目前很多教科书注重算法讲解，但是如果在初学者还不会编写一行代码的情况下，教科书就开始讲解算法，会打击初学者学习的积极性，让其难以入门。

党的二十大报告中提到："全面提高人才自主培养质量，着力造就拔尖创新人才，聚天下英才而用之。"IT 行业需要的不是只有理论知识的人才，而是技术过硬、综合能力强的实用型人才。高校毕业生求职面临的第一道门槛就是技能与经验。学校往往注重学生理论知识的学习，忽略了对学生实践能力的培养，导致学生无法将理论知识应用到实际工作中。

为了杜绝这一现象，本书倡导快乐学习、实战就业，在语言描述上力求准确、通俗易懂，在章节编排上循序渐进，在语法阐述中尽量避免术语和公式，从项目开发的实际需求入手，将理论知识与实际应用相结合，目标就是让初学者能够快速成长为初级程序员，积累一定的项目开发经验，从而在职场中拥有一个高起点。

千锋教育

针对高校教师的服务

千锋教育基于多年的教育培训经验，精心设计了"教材+授课资源+考试系统+测试题+辅助案例"教学资源包。教师使用教学资源包可节约备课时间，缓解教学压力，显著提高教学质量。

本书配有千锋教育优秀讲师录制的教学视频，按知识结构体系已部署到教学辅助平台"扣丁学堂"，可以作为教学资源使用，也可以作为备课参考资料。本书配套教学视频，可登录"扣丁学堂"官方网站下载。

高校教师如需配套教学资源包，也可扫描下方二维码，关注"扣丁学堂"师资服务微信公众号获取。

扣丁学堂

针对高校学生的服务

学 IT 有疑问，就找"千问千知"，这是一个有问必答的 IT 社区。平台上的专业答疑辅导老师承诺在工作时间 3 小时内答复您学习 IT 时遇到的专业问题。读者也可以通过扫描下方的二维码，关注"千问千知"微信公众号，浏览其他学习者在学习中分享的问题和收获。

学习太枯燥，想了解其他学校的伙伴都是怎样学习的？你可以加入"扣丁俱乐部"。"扣丁俱乐部"是千锋教育联合各大校园发起的公益计划，专门面向对 IT 有兴趣的大学生，提供免费的学习资源和问答服务，已有超过 30 万名学习者获益。

千问千知

资源获取方式

本书配套源代码、习题答案的获取方法：读者可添加小千 QQ 号 2133320438 索取，也可登录人邮教育社区 www.ryjiaoyu.com 进行下载。

致谢

本书由千锋教育区块链教学团队整合多年积累的教学实战案例，通过反复修改最终撰写完成。多名院校老师参与了教材的部分编写与指导工作。除此之外，千锋教育的 500 多名学员参与了教材的试读工作，他们站在初学者的角度对教材提出了许多宝贵的修改意见，在此一并表示衷心的感谢。

意见反馈

虽然我们在本书的编写过程中力求完美，但书中难免有不足之处，欢迎读者给予宝贵意见，联系方式：huyaowen@1000phone.com。

千锋教育高教产品研发部

2023 年 5 月于北京

目 录 CONTENTS

01

第 1 章　初识 Go 语言

本章学习目标

- 了解 Go 语言的发展历史
- 了解 Go 语言的核心特性
- 了解 Golang 的安装和配置
- 了解搭建 GoLand 的开发环境
- 掌握 Go 语言的编码规范

介绍

Go 语言是由 Google 公司发布的一种静态型、编译型的开源编程语言，是新时代的 "C 语言"。纵观这几年来的发展趋势，Go 语言已经成为云计算时代重要的基础编程语言。

1.1　Go 语言的发展历史

Go 语言的发展历史

Go 语言的三个作者分别是：罗伯特·格利茨默（Robert Griesemer）、罗伯·派克（Rob Pike）和肯·汤普森（Ken Thompson），如图 1.1 所示（从左到右）。

图 1.1　Go 语言作者

Robert Griesemer 是 Google V8、Chubby 和 HotSpot JVM 的主要贡献者。Rob Pike 是 UNIX、UTF-8、plan9 的作者。

Ken Thompson 是 B 语言、C 语言的作者，同时也是 UNIX 之父。

2007 年，Google 准备推出一种既不损失性能又可以降低代码复杂性的编程语言；同年 9 月，Rob Pike 将这门编程语言正式命名为 Go；2008 年 5 月，Google 全力支持 Go 编程语言的研发；2009 年 11 月，Google 将代码全部开源，并被评为当年的年度语言；2012 年 3 月 28 日，Go 发布第一个正式的稳定版本。与此同时，Go 团队承诺新版本都会兼容旧版本。

1.2 Go 语言的特性

1.2.1 Go 语言的特点和优势

1. 简单易学

Go 语言语法简单，包含了类似 C 语言的语法。如果读者已经掌握了两到三门编程语言，那么学习 Go 语言只需要几天的时间。即使是一名刚入门的开发者，花几个星期也能写出性能较高的 Go 语言程序。

2. 自由高效

Go 语言的编译速度明显优于 Java 和 C++，还拥有接近 C 语言的运行效率及接近 PHP 的开发效率。Go 语言将运行效率和开发效率进行了完美的融合。Go 语言支持当前所有的编程范式，包括过程式编程、面向对象编程、面向接口编程、函数式编程。开发者们可根据需求自由组合。

3. 强大的标准库

Go 里面的标准库非常稳定，丰富的标准库覆盖网络、系统、加密、编码、图形等各个方面。尤其是网络和系统的库非常实用，使得开发者在开发大型程序时，几乎无须依赖第三方库。

4. 部署方便

Go 语言不使用虚拟机，Go 语言的代码可以直接输出为目标平台的二进制可执行文件。Go 语言拥有自己的链接器，不依赖任何系统提供的编译器和链接器。因此编译出的二进制可执行文件几乎可以运行在任何系统环境中。

5. 原生支持并发

Go 是一种非常高效的语言，从语言层原生支持并发，使用起来非常简单。Go 的并发是基于 Goroutine 的。Goroutine 类似于线程，但并非线程，是 Go 面向线程的轻量级方法。创建 Goroutine 的成本很低，只需几千个字节的额外内存。通常一台普通的桌面主机运行上百个线程就会负载过大，同样的主机却可以运行上千甚至上万个 Goroutine。Goroutine 之间可以通过 channel 实现通信。Goroutine 以及基于 channel 的并发性方法可最大限度地使用 CPU 资源。

6. 稳定性强

Go 拥有强大的编译检查、严格的编码规范、很强的稳定性，此外 Go 还提供了软件生命周期（如开发、测试、部署、维护等）的各个环节的工具，如 go tool、go fmt、go test。

7. 垃圾回收

Go 语言的使用者只需要关注内存的申请而不必关心内存的释放，Go 语言内置 runtime 来自动进行管理。虽然目前来说 GC（Garbage Collection，垃圾回收机制）不算完美，但是足以应付开发者遇到的大多数情况，使开发者将更多精力集中在业务上，同时 Go 语言也允许开发者对此项工作进行优化。

1.2.2　使用 Go 语言的项目与企业

Go 语言可以代替 C 或 C++ 做一些系统编程，如处理日志、数据打包、虚拟机处理、文件系统等。Go 语言在网络编程方面的应用也非常广泛，包括 Web 应用、API 应用、下载应用。许多知名的开源项目中都用到了 Go，如分布式系统中的 Etcd、由 Google 开发的 Groupcache 数据库组件、云平台中的 Docker 和 Kubernetes、区块链中的 Ethereum 和 Hyperledger 等。

Go 发布之后，很多公司开始用 Go 重构基础架构，特别是云计算公司。很多公司直接采用 Go 进行开发，最近热火朝天的 Docker 就是采用 Go 语言进行开发的。

使用 Go 语言进行开发的国外公司有 Google、Docker、Apple、Cloud Foundry、Cloudflare、Couchbase、CoreOS、Dropbox、MongoDB、AWS 等。

使用 Go 语言进行开发的国内企业有阿里巴巴、百度、小米、PingCAP、华为、金山、猎豹移动、饿了么等。

1.3　安装和配置 Golang

广义的 Golang 就是指 Go 语言，后缀 lang 代表 language；狭义的 Golang 特指 Go 语言的开发环境。Mac、Windows 和 Linux 三个平台都支持 Golang。读者可以从 Golang 官网下载相应平台的安装包，如图 1.2 所示。该网站在国内不容易访问，可以访问 Go 语言中文网进行安装软件的下载，如图 1.3 所示。

图 1.2　Golang 官网下载页面

图 1.3　Go 语言中文网下载页面

1.3.1　Windows 版本安装

　　Windows 环境下（以 Windows 7 为例），下载格式为 MSI 的安装程序。双击启动安装并遵循提示。在位置 C:\Go 中安装 Golang，并且添加目录 C:\Go\bin 到 path 环境变量。如果安装文件是 MSI 格式，Go 语言的环境变量会自动设置完成，如图 1.4 所示。

图 1.4　默认配置信息

　　（1）右键单击【我的电脑】，选择【属性】选项，进入系统窗口，如图 1.5 所示。

图 1.5　系统基本信息

　　（2）单击【高级系统设置】，打开【系统属性】窗口，如图 1.6 所示。

（3）单击【环境变量】按钮，打开【环境变量】窗口，如图 1.7 所示。

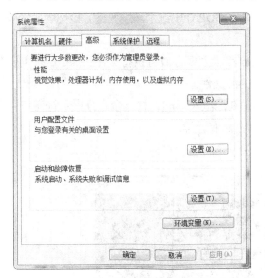

图 1.6　系统属性

图 1.7　环境变量

（4）在【系统变量】区域，单击【新建】按钮，打开【新建系统变量】窗口，如图 1.8 所示。假设 Go 安装于 C 盘根目录，新建系统变量如下。

- GOROOT：Go 安装路径（例：C:\Go\）。
- GOPATH：Go 工程的路径（例：D:\go\）。如果路径包含多个子目录，以分号进行分隔。

（5）在【系统变量】区域，选中系统变量 Path，单击【编辑】按钮，如图 1.9 所示，打开【编辑系统变量】窗口。

（6）编辑系统变量，如图 1.10 所示。

图 1.8　新建系统变量

图 1.9　编辑系统变量（1）

图 1.10　编辑系统变量（2）

- Path：在 Path 中增加 C:\Go\bin;%GOPATH%\bin。

需要把 GOPATH 中的可执行目录也配置到环境变量中，否则自行下载的第三方 Go 语言工具将无法使用。

工作目录用来存放开发者的代码，对应 Golang 里的 GOPATH 这个环境变量。该环境变量被指定之后，编译源代码所生成的文件都会放到此目录下。

GOPATH 主要包含三个目录：bin、pkg、src。bin 目录主要存放可执行文件；pkg 目录主要存放编译好的库文件，如*.a 文件；src 目录主要存放 Go 的源文件。

接下来查看安装配置是否成功，使用快捷键 Win+R，输入 cmd，打开命令行提示符窗口，在命令行中输入 go env，查看配置信息，不同环境下显示会略有差异。

如图 1.11 所示，可以看到 GOPATH 已经修改为 D:\go\。

图 1.11　环境配置信息

输入 go version 查看版本号，如图 1.12 所示。

图 1.12　版本号

1.3.2　Mac OS 版本安装

Mac OS 环境下，下载格式为 osx 的安装程序。双击启动安装。按照提示，在/usr/local/go 中安装 Golang，并且将文件夹/usr/local/go/bin 添加到 PATH 环境变量中。

1. Mac 系统下安装

双击 pkg 包，顺着指引，即可安装成功。在命令行输入 go version 后，如果获取到 Go 语言的版本号，则代表安装成功。

2. Mac 系统下配置环境变量

（1）打开终端输入 cd ~进入用户主目录。

（2）输入 ls -all 命令查看是否存在.bash_profile。

（3）使用 vim .bash_profile 打开文件。

（4）输入 i 进入 vim 编辑模式。

（5）输入下面代码，其中 GOPATH 是日常开发的根目录。GOBIN 是 GOPATH 下的 bin 目录。

- export GOPATH=/Users/steven/Documents/go_project
- export GOROOT= /Usr/local/go
- export GOBIN=$GOROOT/bin
- export PATH=$PATH:$GOBIN

（6）按 esc 键，并输入 wq 保存并退出编辑。可输入 vim .bash_profile 查看是否保存成功。

（7）输入 source ~/.bash_profile 完成对 Golang 环境变量的配置，配置成功没有提示。

（8）输入 go env 查看配置结果。

1.3.3 Linux 版本安装

Linux 环境下，打开官网下载界面，选择对应的系统版本，下载格式为 tar 的文件，并将该安装包解压到/usr/local。将/usr/local/go/bin 添加到 PATH 环境变量中。

1.4 搭建集成开发环境 GoLand

GoLand 由 JetBrains 公司推出，旨在为 Go 开发者提供一个符合人体工程学的新商业集成开发环境（Integrated Development Environment，IDE）。GoLand 具有以下特点：

（1）编码辅助功能；

（2）符合人体工程学的设计；

（3）工具的集成；

（4）IntelliJ 插件生态系统。

1.4.1 GoLand 的下载及安装

打开 GoLand 官方下载界面，如图 1.13 所示。单击网页中【Download】按钮，该网站自动识别计算机系统，并下载最新的编辑器；下载完成后，在本地执行解压、安装。

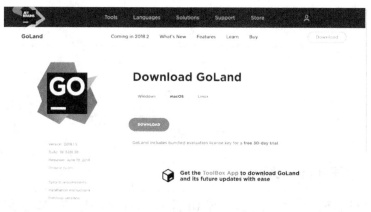

图 1.13　GoLand 下载界面

单击【Next】按钮，选择要安装的路径，然后单击【Next】，会出现安装选项。根据计算机的型号，选择合适的版本，继续单击【Next】按钮。保持默认的程序启动目录，单击【Install】进行安装。整个安装过程很快，几乎一路【Next】到底。

1.4.2　GoLand 的使用

（1）打开 GoLand 工具，如图 1.14 所示。

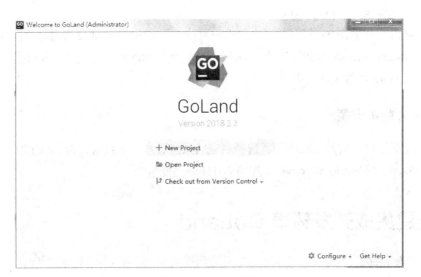

图 1.14　GoLand 界面

（2）单击【New Project】创建项目，如图 1.15 所示。

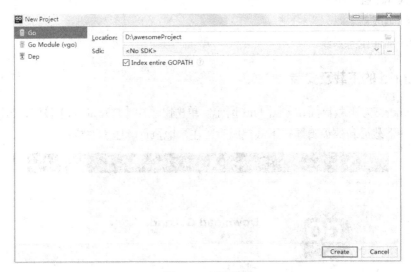

图 1.15　创建项目

1.4.3　编写第一个程序 HelloWorld

在 D:\go\ch01 目录下，新建一个文本文档（记事本），通常默认名为"新建文本文档.txt"。将文本重命名为后缀以.go 结尾的文件名，如 01_HelloWorld.go，并输入以下内容。

例 1-1

```
1  package main
2  import "fmt"
3  func main() {
4     /* 输出 */
5     fmt.Println("Hello, World!")
6  }
```

执行 Go 语言程序有如下几种方式。

（1）使用 go run 命令。

- 步骤 1：使用快捷键 Win+R，输入 cmd 打开命令行提示符窗口，如图 1.16 所示。

图 1.16　运行

- 步骤 2：进入 01_HelloWorld.go 所在的目录，如图 1.17 所示。

图 1.17　进入 HelloWorld 文件所在目录

- 步骤 3：输入 go run 01_HelloWorld.go 命令并观察执行结果，如图 1.18 所示。

（2）使用 go build 命令。

- 步骤 1：使用快捷键 Win+R，输入 cmd 打开命令行提示符窗口。
- 步骤 2：进入 01_HelloWorld.go 所在的目录。
- 步骤 3：输入 go build 01_HelloWorld.go 命令进行编译，产生同名的 01_HelloWorld.exe 文件，如图 1.19 和图 1.20 所示。

图 1.18　执行结果

图 1.19　编译 01_HelloWorld.go

图 1.20　HelloWorld.exe 所在目录

- 步骤 4：输入 01_HelloWorld.exe，执行结果如图 1.21 所示。

图 1.21　执行结果

（3）使用 GoLand。

单击 main() 函数左侧绿色小箭头（运行），如图 1.22 所示。

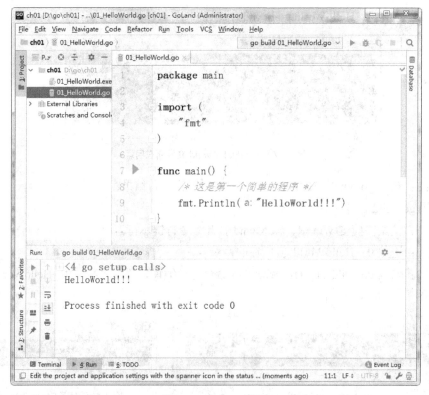

图 1.22　GoLand 运行

1.4.4　GoLand 的快捷键

工欲善其事，必先利其器。编辑器快捷键的使用有利于提高开发效率，在此列举常用的快捷键组合，如表 1.1 所示。

表 1.1　　　　　　　　　　　　　　　　GoLand 快捷键说明

快　捷　键	说　　明
Ctrl + J	快速提示
Ctrl + Shift +上下键	上下移动行内容
Alt +左右键	文件编辑窗口切换
Alt +上下键	光标在相邻函数跳转
Ctrl + D	向下复制行内容
Ctrl + Y	删除当前行
Ctrl + Shift + Backspace	返回上一次编辑位置
Ctrl + Alt + Enter	光标跳上，新建空白行
Ctrl + Enter	光标跳下，新建空白行
Ctrl + Alt + L	格式化代码
Ctrl + Alt + O	格式化包声明
按两次 Ctrl	打开最近操作文件
Ctrl +左键单击	跳转到选中函数的定义
Ctrl + Shift + P	选择内容，查看其返回类型
Ctrl + Alt + V	自动创建变量名，用于接收函数返回值
Ctrl + Alt + M	将当前选择的内容抽取函数
Ctrl + Alt + S	软件设置

如果需要其他的使用组合，请参考官方文档。

Go 语言的结构组成及编码规范

1.5　Go 语言的结构组成及编码规范

1.5.1　Go 语言的结构组成

硅谷创业之父保罗·格雷厄姆在《黑客与画家》中提到，软件工程师与画家、建筑师、作家一样，也是创造者。一个好的程序，不仅仅是技术的产物，更是技术与艺术相结合的产物。每个程序都有其自身的结构，而结构又深深地影响着程序的效率，毋庸置疑，程序的结构是功能与效率的承担者。下面通过一个简单的 Hello World 程序了解 Go 语言的基本结构。

```
1  package main
2  import "fmt"
3  func main() {
4  /* 这是第一个简单的程序 */
5      fmt.Println("Hello, World!")
6  }
```

第 1 行 package main 定义了包名。必须在源文件中非注释的第 1 行指明这个文件属于哪个包，如 package main。package main 表示一个可独立执行的程序，每个 Go 应用程序都需要包含一个名为 main 的包，并且该包包含一个叫 main()的函数（该函数是 Go 可执行程序的执行起点，既不能带参数，也不能定义返回值）。

第 2 行 import "fmt"，import 语句用于导入该程序所依赖的包。由于本示例程序用到了 Println()函数，所以需要导入该函数所属的 fmt 包。fmt 包实现了格式化 IO（输入/输出）。

第 3 行 func main()是程序入口。所有 Go 函数以关键字 func 开头，每一个可执行程序都必须包含 main()函数，通常是程序启动后第一个执行的函数，如果有 init()函数则会先执行 init()函数。

第 4 行 /*...*/ 是注释，代表在程序执行时，这部分代码将被忽略。

第 5 行 fmt.Println(...)，将字符串输出到控制台，并在最后自动增加换行字符\n。使用 fmt.Print("Hello, World!\n")也会得到相同的结果。

除此之外，还有以下几点值得注意。

（1）只有 package 名称为 main 的包可以包含 main()函数。

（2）一个可执行程序有且仅有一个 main 包。

（3）通过 import 关键字来导入其他非 main 包。

（4）可以通过 import 关键字单个导入，也可以同时导入多个。

1.5.2　Go 语言的标识符

1. 标识符

标识符就是标识某个实体的一个符号，也就是给实体起的名字，从而将其与其他实体区分开。例如，在日常生活中有许多交通工具，发明者给它们起了名字，如图 1.23 所示。

图 1.23　生活中的标识符

Go 语言中的标识符与现实生活中的标识符类似，都是用来表示某个特定的事物或概念，但是在编程世界中，Go 语言中的标识符更加具体和精确，通常用于表示变量、函数、类型、常量等。在现实生活中我们可以用汽车品牌标识照来表示一辆汽车，如图 1.24 所示。

2. 预定义标识符

预定义标识符是 Go 语言系统预先定义的标识符，具有见名知义的特点，如函数"输出"（printf）、"新建"（new）、"复制"（copy）等。预定义标识符可以作为用户标识符使用，只是这样会失去系统规定的原意，使用不当还会使程序出错。下面列举了 36 个预定义标识符，如表 1.2 所示。

图 1.24 红旗轿车

表 1.2 Go 语言预定义标识符

append	bool	byte	cap	close	complex	complex64	complex128	uint16
copy	false	float32	float64	imag	int	int8	int16	uint32
int32	int64	iota	len	make	new	nil	panic	uint64
print	println	real	recover	string	true	uint	uint8	uintptr

3. 关键字

Go 语言的关键字是系统自带的，是具有特殊含义的标识符。Go 语言内置了 25 个关键字用于开发。下面列举了 Go 代码中会使用到的 25 个关键字或保留字，如表 1.3 所示。

表 1.3 Go 语言关键字或保留字

break	default	func	interface	select
case	defer	go	map	struct
chan	else	goto	package	switch
const	fallthrough	if	range	type
continue	for	import	return	var

4. 自定义标识符

用户根据需要自定义的标识符，一般用来给变量、类型、函数等程序实体起名字。

自定义标识符实际上是一个或多个字母（A～Z 和 a～z）、数字（0～9）、下画线（_）组成的序列，但是第一个字符必须是字母或下画线，而不能是数字。

Go 不允许在自定义标识符中使用@、$和%等符号，也不允许将关键字用作自定义标识符。如果将预定义标识符用作自定义标识符，那么自定义标识符的含义会覆盖预定义标识符，容易造成程序混乱。Go 是一种区分大小写的编程语言。因此，Manpower 和 manpower 是两个不同的标识符。

错误的自定义标识符示例如表 1.4 所示。

表 1.4 错误的自定义标识符示例

错误的自定义标识符	错误原因
1xy	以数字开头
case	Go 语言的关键字
chan	Go 语言的关键字
nil	预定义标识符

需要注意的是，在现实生活中，名字可以重复，比如可能有很多人叫作张三；但是在 Go 语言中，标识符绝对不能重复，要确保每个标识符都代表一个独立的个体。

1.5.3 Go 语言的编码规范

1. 注释

注释就是对代码的功能进行解释，方便开发人员理解被注释的代码。Go 语言中有以下两种形式。

（1）单行注释：最常见的注释形式，可以在任何位置使用以 // 开头的单行注释。

（2）多行注释：也叫块注释，均以 /* 开头，并以 */ 结尾，且不可以嵌套使用。多行注释一般用于文档描述或注释成块的代码片段。

2. 分隔符

程序中可能会使用到的分隔符：括号()、中括号[]和大括号{}。

程序中可能会使用到的标点符号，如表 1.5 所示。

表 1.5   程序中的标点、符号

符 号 名 称	符 号
点	.
逗号	,
分号	;
冒号	:
省略号	...

3. Go 语言的空格

Go 语言中变量的声明必须使用空格隔开，例如，var age int。

语句中适当使用空格能让程序更易阅读。在变量与运算符间加入空格，程序看起来更加美观，如：

```
a = x + y;
```

4. 语句的结尾

在 Go 程序中，换行代表一个语句结束。Go 语言中不需要像 Java 一样以分号结尾，因为这些工作都将由 Go 编译器自动完成。

如果打算将多个语句写在同一行，它们则必须使用分号";"人为区分；但在实际开发中并不鼓励这种做法。

5. 可见性规则

Go 语言中，使用大小写来决定标识符（常量、变量、类型、接口、结构或函数）是否可以被外部包所调用。

如果标识符以一个大写字母开头，那么其对象就可以被外部包的代码所使用（使用时程序需要先导入这个包），如同面向对象语言中的 public。

如果标识符以小写字母开头，则对包外是不可见的，但是它们在整个包的内部是可见并且可用

的，如同面向对象语言中的 private。

1.6 本章小结

本章小结

本章主要介绍了 Go 的开发环境，首先了解 Go 开发环境的安装，以及 GOROOT 和 GOPATH 的区别，然后介绍了 GoLand 的使用，并且演示了 Go 的第一个程序输出，最后通过 HelloWorld 案例的分析，详细地解释了 Go 语言的构成及编码规范。

1.7 习题

1. 填空题

（1）GOPATH 主要包含三个目录。_____目录主要存放可执行文件；_____目录主要存放编译好的库文件，如*.a 文件；_____目录主要存放 Go 的源文件。

（2）Go 语言定义包名的关键字是_____。

（3）Docker 采用_____语言进行开发。

（4）Go 函数以关键字_____开头。

（5）Go 语言中，使用_____来决定标识符是否可以被外部包所调用。

2. 选择题

（1）下列选项中，（　　）是 Go 语言中有效的标识符。

    A. 4bt　　　　B. case　　　　C. abc　　　　D. chan

（2）单行注释以（　　）开头。

    A. //　　　　B. /*　　　　C. */　　　　D. #

（3）下列选项中，（　　）不是 Go 语言的特性。

    A. 跨平台　　B. 垃圾自动回收　　C. 高性能　　D. 单线程

（4）导入包的关键字是（　　）。

    A. import　　　B. insert　　　C. package　　　D. func

（5）执行 Go 语言程序的命令是（　　）。

    A. go env　　　B. go run　　　C. go get　　　D. golang

3. 思考题

（1）尝试创建一个项目，新建一个程序，输出字符串“我爱 Go 语言”。

（2）列举 Go 语言有哪些优势。

第 2 章　Go 语言的基本语法

本章学习目标

- 掌握变量的定义与使用
- 掌握打印格式化
- 掌握数据类型转换
- 掌握常量与枚举
- 掌握 Go 语言运算符
- 掌握运算符优先级

介绍

荀子云："不积跬步，无以至千里；不积小流，无以成江海"。想要使用 Go 语言做出一款高性能的软件，就必须打好 Go 语言基础。如果读者没有其他计算机语言基础也没关系，本章概念简单易懂。

2.1 变量

变量

2.1.1 变量的概念

变量是计算机语言中储存数据的基本单元。变量的功能是存储数据。变量可通过变量名（标识符）访问，例如，小千的年龄是 18 岁，可以使用变量来引用 18，如图 2.1 所示。

变量的本质是计算机分配的一小块内存，专门用于存放指定数据，在程序运行过程中该数值可以发生改变；变量的存储往往具有瞬时性，或者说是临时存储，当程序运行结束，存

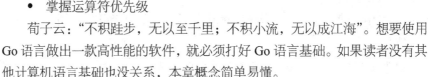

图 2.1　变量

放该数据的内存就会释放，该变量就会随着内存的释放而消失。就像日常生活中存放水的水杯，当水杯损坏的时候，装在里面的水也会流失掉。

变量又分为局部变量和全局变量。

- 局部变量，是定义在大括号（{}）内部的变量，大括号的内部也是局部变量的作用域。
- 全局变量，是定义在函数和大括号（{}）外部的变量。

Go 语言的变量名由字母、数字、下画线组成，首个字符不能为数字；Go 语法规定，定义的局部变量若没有被调用会发生编译错误。

编译报错如下。

```
a declared and not used
```

表达式是值和操作符的组合，它们可以通过求值成为单个值。"数据类型"是一类值，每个值都只属于一种数据类型。

2.1.2　变量声明

变量声明有多种形式，未初始化的标准格式如下所示。

```
var 变量名 变量类型
```

定义一个变量名为 a 的 int 型变量，示例如下。

```
var a int
```

批量声明未初始化的变量，不需要每行都通过 var 关键字声明，具体语法格式如下所示。

```
var (
    a int
    b string
    c []float32
    d func() bool
    e struct {
        x int
        y string
    }
)
```

未初始化变量的默认值有如下特点。
- 整型和浮点型变量默认值：0。
- 字符串默认值为空字符串。
- 布尔型默认值为 false。
- 函数、指针变量、切片默认值为 nil。

初始化变量的标准格式如下。

```
var 变量名 变量类型 = 表达式
```

初始化变量的编译器自动推断类型格式如下。

```
var 变量名 = 表达式
```

初始化变量的简短声明格式（短变量声明格式）如下。

```
变量名 := 表达式
```

分别使用以上三种方式定义一个名为 a 的变量，并初始化为 10，示例如下。

```
var a int = 10    //初始化变量的标准格式
var b = 10        //初始化变量的编译器自动推断类型格式
c := 10           //初始化变量的简短声明格式
```

使用 := 赋值操作符可以高效地创建一个新的变量，称为初始化声明。声明语句省略了 var 关键字，变量类型将由编译器自动推断。这是声明变量的首选形式，但是它只能被用在函数体内，而不可以用于全局变量的声明与赋值。该变量名必须是没有定义过的变量，若定义过，将发生编译错误。

```
var a = 10
a := 20           //重复定义变量a
```

编译报错如下。

```
no new variables on left side of :=
```

多个短变量声明和赋值中，至少有一个新声明的变量出现在左侧，那么即便其他变量名可能是重复声明的，编译器也不会报错。情况如下所示。

```
var a = 10
a, b := 100, 200
```

虽然这种方法不会报错，但是在使用过程中应尽量避免。

2.1.3 变量多重赋值

变量多重赋值是指多个变量同时赋值。Go 语法中，变量初始化和变量赋值是两个不同的概念。Go 语言的变量赋值与其他语言一样，但是 Go 提供了其他程序员期待已久的多重赋值功能，可以实现变量交换。多重赋值让 Go 语言比其他语言减少了代码量。

以简单的算法交换变量为例，传统写法如下所示。

```
var a int = 10
var b int = 20
var tmp int
tmp = a
a = b
b = t
```

新定义的变量是需要内存的，于是有人设计了新的算法来取代中间变量，其中一种写法如下所示。

```
var a int = 10
var b int = 20
```

```
a = a ^ b
b = b ^ a
a = a ^ b
```

以 Go 语言的多重赋值功能为例，写法如下所示。

```
var a int = 10
var b int = 20
b, a = a, b
```

从以上例子来看，Go 语言的写法明显简洁了许多，需要注意的是，多重赋值时，左值和右值按照从左到右的顺序赋值。这种方法在错误处理和函数当中会大量使用。

2.1.4　匿名变量

Go 语言的函数可以返回多个值，而事实上并不是所有的返回值都用得上。那么就可以使用匿名变量，用下画线 "_" 替换即可。

例如，定义一个函数，功能为返回两个 int 型变量，第一个返回 10，第二个返回 20，第一次调用舍弃第二个返回值，第二次调用舍弃第一个返回值，具体语法格式如下所示。

```
func GetData() (int, int){
    return 10, 20
}
a, _ := GetData()        //舍弃第二个返回值
_, b := GetData()        //舍弃第一个返回值
```

匿名变量既不占用命名空间，也不会分配内存。

2.2　数据类型

在计算机中，操作的对象是数据，那么大家来思考一下，如何选择合适的容器来存放数据才不至于浪费空间？先来看一个生活中的例子，某公司要快递一本书，文件袋和纸箱都可以装载，但是，如果使用纸箱装一本书，显然有点大材小用，浪费纸箱的空间，如图 2.2 所示。

生活中的容器不仅仅有容量大小的差别，还有类型上的区别，比如纸箱不能直接用来装液体。在 Go 语言中，有以下几种数据类型。

基本数据类型（原生数据类型）：整型、浮点型、复数型、布尔型、字符串、字符（byte、rune）。

复合数据类型（派生数据类型）：数组（array）、切片（slice）、映射（map）、函数（function）、结构体（struct）、通道（channel）、接口（interface）、指针（pointer）。

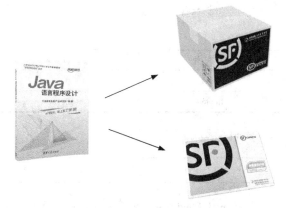

图 2.2　一本书，一个快递箱子和一个快递袋子

2.2.1 整型

整型分两大类。

有符号整型：int8、int16、int32、int64、int。

无符号整型：uint8、uint16、uint32、uint64、uint。

其中 uint8 就是 byte 型，int16 对应 C 语言的 short 型，int64 对应 C 语言的 long 型。

对整型的详细描述，如表 2.1 所示。

表 2.1　　　　　　　　　　　　　　　　Go 语言中的整型

类型	字节数	取 值 范 围	说　　明
int8	1	−128～127	有符号 8 位整型
uint8	1	0～255	无符号 8 位整型
int16	2	−32768～32767	有符号 16 位整型
uint16	2	0～65535	无符号 16 位整型
int32	4	−2147483648～2147483647	有符号 32 位整型
uint32	4	0～4294967295	无符号 32 位整型
int64	8	−9223372036854775808～9223372036854775807	有符号 64 位整型
uint64	8	0～18446744073709551615	无符号 64 位整型
int	4 或 8	取决于平台	有符号 32 或 64 位整型
uint	4 或 8	取决于平台	无符号 32 或 64 位整型
uintptr	4 或 8	取决于平台	用于存放一个指针

声明方式如下所示。

```
var a int8        //声明有符号8位整型
var b uint8       //声明无符号8位整型
```

2.2.2 浮点型

浮点型表示存储的数据是实数，如 3.145。关于浮点型的说明，如表 2.2 所示。

表 2.2　　　　　　　　　　　　　　　　浮点型

类　　型	字　节　数	说　　明
float32	4	32 位的浮点型
float64	8	64 位的浮点型

声明方式如下所示。

```
var x float32       //声明 32 位浮点型
```

常量 math.MaxFloat32 表示 float32 能获取的最大值，大约是 3.4×10^{38}；常量 math.SmallestNonzeroFloat32 表示 float32 能获取的最小值，大约为 1.4×10^{-45}。

常量 math.MaxFloat64 表示 float64 能获取的最大值，大约是 1.8×10^{308}；常量 math.SmallestNonzeroFloat64 表示 float64 能获取的最小值，大约为 4.9×10^{-324}。

2.2.3　复数型

复数型用于表示数学中的复数，如 1+2j、1−2j、−1−2j 等。关于复数型的说明，如表 2.3 所示。

表 2.3　　　　　　　　　　　　　　　　　　　　复数型

类　　　型	字　节　数	说　　　明
complex64	8	64 位的复数型，由 float32 类型的实部和虚部联合表示
complex128	16	128 位的复数型，由 float64 类型的实部和虚部联合表示

2.2.4　布尔型

布尔型用预定义标识符 bool 表示。在 C 语言中，对于布尔型的值定义，非 0 表示真，0 表示假。而在 Go 语言中，布尔型的值只可以是常量 true 或者 false。

声明方式如下所示。

```
var flag bool
```

布尔型无法参与数值运算，也无法与其他类型进行转换。

2.2.5　字符串

字符串在 Go 语言中是以基本数据类型出现的，使用字符串就像使用其他原生基本数据类型 int、float32、float64、bool 一样。

字符串在 C++语言中，以类的方式进行封装，不属于基本数据类型。

```
var str string        //定义名为 str 的字符串类型变量
str = "Hello World!"  //将变量赋值
student := "学生"     //以自动推断方式初始化
```

有些字符串没有现成的文字代号，所以只能用转义字符来表示。常用的转义字符如表 2.4 所示。

表 2.4　　　　　　　　　　　　　　　　　　　　转义字符

转　义　字　符	含　　　义
\r	回车符 return，返回行首
\n	换行符 new line，直接跳到下一行的同列位置
\t	制表符 TAB
\'	单引号
\"	双引号
\\	反斜杠

定义多行字符串的方法如下。

- 双引号书写字符串被称为字符串字面量（string literal），这种字面量不能跨行。

- 多行字符串需要使用反引号 "`"，多用于内嵌源码和内嵌数据。
- 在反引号中的所有代码不会被编译器识别，而只是作为字符串的一部分。

多行字符串定义方式如例 2-1 所示。

例 2-1 字符串定义。

```
1   package main
2   import "fmt"
3   func main(){
4        var temp string
5        temp =`
6            x := 10
7            y := 20
8            z := 30
9            fmt.Println(x, "     ", y, "     ", z)
10           x, y, z = y, z, x
11           fmt.Println(x, "     ", y, "     ", z)`
12       fmt.Println(temp)
13  }
```

运行结果如图 2.3 所示。

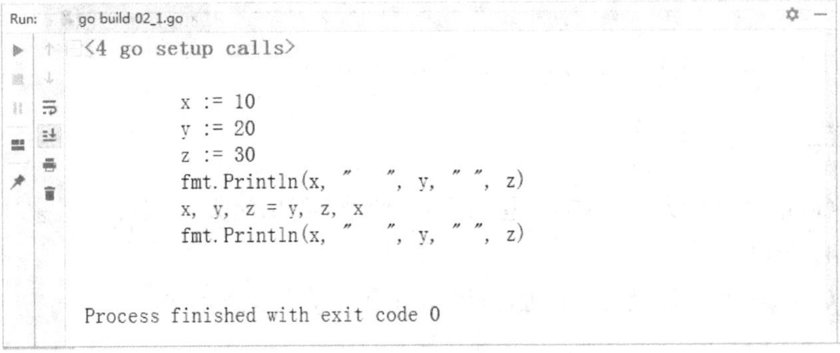

```
Run:    go build 02_1.go                              ☼ —
▶  ↑    <4 go setup calls>
▦  ↓
‡↓ ⇥            x := 10
               y := 20
▤              z := 30
📌 🖶          fmt.Println(x, "     ", y, "     ", z)
   🗑          x, y, z = y, z, x
               fmt.Println(x, "     ", y, "     ", z)


       Process finished with exit code 0
```

图 2.3　运行结果

2.2.6　字符

字符串中的每一个元素叫作"字符"，定义字符时使用单引号。Go 语言的字符有两种，如表 2.5 所示。

表 2.5　　　　　　　　　　　　　　　　　　字符

类　　型	字　节　数	说　　　明
byte	1	表示 UTF-8 字符串的单个字节的值，uint8 的别名类型
rune	4	表示单个 unicode 字符，int32 的别名类型

声明示例如下。

```
var a byte = 'a'
var b rune = '一'
```

2.3 打印格式化

2.3.1 通用打印格式

打印格式化通常使用 fmt 包，通用的打印格式如表 2.6 所示。

表 2.6   通用打印格式

打 印 格 式	打 印 内 容
%v	值的默认格式表示
%+v	类似%v，但输出结构体时会添加字段名
%#v	值的 Go 语法表示
%T	值的类型的 Go 语法表示

具体的使用方法，如例 2-2 所示。

例 2-2 通用打印格式。

```
1   package main
2   import "fmt"
3   func main(){
4           str := "steven"
5           fmt.Printf("%T , %v \n", str, str)
6           var a rune = '一'
7           fmt.Printf("%T , %v \n", a, a)
8           var b byte = 'b'
9           fmt.Printf("%T , %v \n", b, b)
10          var c int32 = 98
11          fmt.Printf("%T , %v \n", c, c)
12  }
```

运行结果如图 2.4 所示。

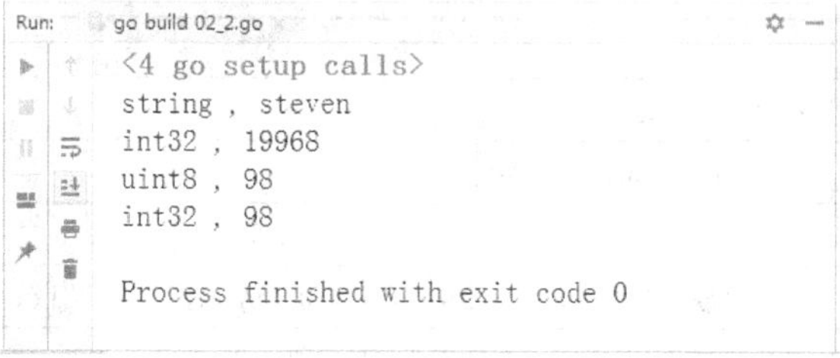

图 2.4 运行结果

通过例 2-2 可以看出，使用通用的格式打印，输出的结果可能不是自己想要的，为了确保输出结果与需求一致，还需要学习具体格式的打印方式。

2.3.2 布尔型打印格式

布尔型的具体打印格式如表 2.7 所示。

表 2.7   布尔型打印格式

打 印 格 式	打 印 内 容
%t	单词 true 或 false

具体的使用方法，如例 2-3 所示。

例 2-3 布尔型打印格式。

```
1  package main
2  import "fmt"
3  package main
4  import "fmt"
5  func main(){
6         var flag bool
7         fmt.Printf("%T , %t \n", flag, flag)
8         flag = true
9         fmt.Printf("%T , %t \n", flag, flag)
10 }
```

运行结果如图 2.5 所示。

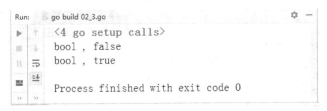

图 2.5 运行结果

2.3.3 整型打印格式

整型的具体打印格式如表 2.8 所示。

表 2.8   整型打印格式

打 印 格 式	打 印 内 容
%b	表示为二进制
%c	该值对应的 unicode 码值
%d	表示为十进制
%8d	表示该整型长度是 8，不足 8 则在数值前补空格；如果超出 8，则以实际为准
%08d	表示该整型长度是 8，不足 8 则在数值前补 0；如果超出 8，则以实际为准
%o	表示为八进制
%q	该值对应的单引号括起来的 Go 语法字符字面值，必要时会采用安全的转义表示
%x	表示为十六进制，使用 a~f
%X	表示为十六进制，使用 A~F
%U	表示为 unicode 格式：U+1234，等价于 "U+%04X"

具体的使用方法，如例 2-4 所示。

例 2-4　整型打印格式。

```
1   package main
2   import "fmt"
3   func main(){
4          fmt.Printf("%T , %d \n", 123, 123)
5          fmt.Printf("%T , %5d \n", 123, 123)
6          fmt.Printf("%T , %05d \n", 123, 123)
7          fmt.Printf("%T , %b \n", 123, 123)
8          fmt.Printf("%T , %o \n", 123, 123)
9          fmt.Printf("%T , %c \n", 97, 97)
10         fmt.Printf("%T , %q \n", 97, 97)
11         fmt.Printf("%T ,%x \n", 123, 123)
12         fmt.Printf("%T ,%X \n", 123,123)
13         fmt.Printf("%T ,%U \n",'一' ,'一')
14  }
```

运行结果如图 2.6 所示。

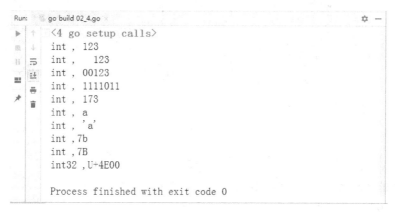

图 2.6　运行结果

2.3.4　浮点型与复数型的打印格式

浮点型的具体打印格式如表 2.9 所示。

表 2.9　　　　　　　　　　　　　　　**浮点型打印格式**

打 印 格 式	打 印 内 容
%b	无小数部分、二进制指数的科学计数法，如−123456p−78
%e	（=%.6e）有 6 位小数部分的科学计数法，如−1234.456e+78
%E	科学计数法，如−1234.456E+78
%f	（=%.6f）有 6 位小数部分，如 123.456123
%F	等价于%f
%g	根据实际情况采用%e 或%f 格式（获得更简洁、准确的输出）
%G	根据实际情况采用%E 或%F 格式（获得更简洁、准确的输出）

具体的使用方法，如例 2-5 所示。

例 2-5 浮点型打印格式。

```
1   package main
2   import "fmt"
3   func main(){
4       fmt.Printf("%b \n", 123.123456)
5       fmt.Printf("%f \n", 123.1)
6       fmt.Printf("%.2f \n", 123.125456)
7       fmt.Printf("%e \n", 123.123456)
8       fmt.Printf("%E \n", 123.123456)
9       fmt.Printf("%.1e \n", 123.125456)
10      fmt.Printf("%F \n", 123.123456)
11      fmt.Printf("%g \n", 123.123456)
12      fmt.Printf("%G \n", 123.123456)
13  }
```

运行结果如图 2.7 所示。

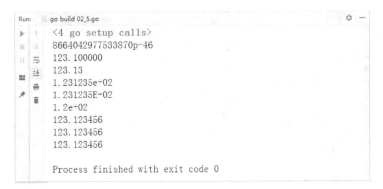

图 2.7 运行结果

关于复数型的打印演示，如例 2-6 所示。

例 2-6 复数型打印格式。

```
1   package main
2   import "fmt"
3   func main() {
4       var value complex64 = 2.1 + 12i
5       value2 :=complex(2.1,12)
6       fmt.Println(real(value))
7       fmt.Println(imag(value))
8       fmt.Println(value2)
9   }
```

输出结果如图 2.8 所示。

```
Run:    go build 02_6.go                    ✿ —
  ▶   ↑   <4 go setup calls>
          2.1
          12
          (2.1+12i)

          Process finished with exit code 0
```

图 2.8 运行结果

2.3.5　字符串与字节数组的打印格式

字符串和字节数组的具体打印格式如表 2.10 所示。

表 2.10　　　　　　　　　　　　字符串打印格式

打 印 格 式	打 印 内 容
%s	直接输出字符串或者字节数组
%q	该值对应的双引号括起来的 Go 语法字符串字面值，必要时会采用安全的转义表示
%x	每个字节用两字符十六进制数表示，使用 a～f
%X	每个字节用两字符十六进制数表示，使用 A～F

具体的使用方法，如例 2-7 所示。

例 2-7　字符串打印格式。

```
1   package main
2   import "fmt"
3   func main(){
4       arr := []byte{'x', 'y', 'z', 'Z'}
5       fmt.Printf("%s \n", "欢迎大家学习区块链")
6       fmt.Printf("%q \n", "欢迎大家学习区块链")
7       fmt.Printf("%x\n", "欢迎大家学习区块链")
8       fmt.Printf("%X \n", "欢迎大家学习区块链")
9       fmt.Printf("%T , %s \n", arr, arr)
10      fmt.Printf("%T , %q \n", arr, arr)
11      fmt.Printf("%T , %x \n", arr, arr)
12      fmt.Printf("%T , %X \n", arr, arr)
13  }
```

运行结果如图 2.9 所示。

图 2.9　运行结果

2.4　数据类型转换

2.4.1　基本语法

数据类型转换

Go 语言采用数据类型前置加括号的方式进行类型转换，格式如：T（表达式）。T 表示要转换的类型；表达式包括变量、数值、函数返回值等。

类型转换时，需要考虑两种类型之间的关系和范围，是否会发生数值截断。就像将 1000 毫升的水倒入容积为 500 毫升的瓶子里，余出来 500 毫升的水便会流失。值得注意的是，布尔型无法与其他类型进行转换。

使用示例如下。

```
var a int = 100
b:= float64(a)              //将 int 型转换成 float64 型
c:= string(a)              //将 int 型转换成 string 型
```

2.4.2　浮点型与整型之间转换

float 和 int 的类型精度不同，使用时需要注意 float 转 int 时精度的损失。

具体的使用方法，如例 2-8 所示。

例 2-8　类型转换。

```
1   package main
2   import "fmt"
3   func main(){
4       chinese := 90
5       english := 80.9
6       avg := (chinese + int(english))/2
7       avg2 := (float64(chinese) + english)/2
8       fmt.Printf("%T, %d\n",avg, avg)
9     fmt.Printf("%T, %f\n",avg2, avg2)
10  }
```

运行结果如图 2.10 所示。

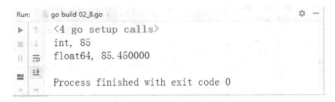

图 2.10　运行结果

2.4.3　整型转字符串类型

这种类型的转换，其实相当于 byte 或 rune 转 string。int 数值是 ASCII 码的编号或 unicode 字符集的编号，转成 string 就是根据字符集，将对应编号的字符查找出来。当该数值超出 unicode 编号范围，则转成的字符串显示为乱码。例如，19968 转 string，就是"一"。

备注：
- ASCII 字符集中数字的十进制范围是 48～57；
- ASCII 字符集中大写字母的十进制范围是 65～90；

- ASCII 字符集中小写字母的十进制范围是 97～122；
- unicode 字符集中汉字的范围是 4e00～9fa5，十进制范围是 19968～40869。

详情如表 2.11 所示。

表 2.11　　　　　　　　　　　　　　　ASCII 字符集

ASCII 值	控制字符	ASCII 值	控制字符	ASCII 值	控制字符	ASCII 值	控制字符
0	NUT	32	(space)	64	@	96	、
1	SOH	33	!	65	A	97	a
2	STX	34	”	66	B	98	b
3	ETX	35	#	67	C	99	c
4	EOT	36	$	68	D	100	d
5	ENQ	37	%	69	E	101	e
6	ACK	38	&	70	F	102	f
7	BEL	39	,	71	G	103	g
8	BS	40	(	72	H	104	h
9	HT	41	)	73	I	105	i
10	LF	42	*	74	J	106	j
11	VT	43	+	75	K	107	k
12	FF	44	,	76	L	108	l
13	CR	45	-	77	M	109	m
14	SO	46	.	78	N	110	n
15	SI	47	/	79	O	111	o
16	DLE	48	0	80	P	112	p
17	DCI	49	1	81	Q	113	q
18	DC2	50	2	82	R	114	r
19	DC3	51	3	83	X	115	s
20	DC4	52	4	84	T	116	t
21	NAK	53	5	85	U	117	u
22	SYN	54	6	86	V	118	v
23	TB	55	7	87	W	119	w
24	CAN	56	8	88	X	120	x
25	EM	57	9	89	Y	121	y
26	SUB	58	:	90	Z	122	z
27	ESC	59	;	91	[	123	{
28	FS	60	<	92	/	124		
29	GS	61	=	93	]	125	}
30	RS	62	>	94	^	126	~
31	US	63	?	95	—	127	DEL

具体的使用方法，如例 2-9 所示。

例 2-9　类型转换。

```
1  package main
2  import "fmt"
3  func main(){
4      a := 97
5      x := 19968
6      result := string(a)
7      fmt.Println(result)
8      result= string(x)
```

```
9        fmt.Println(result)
10 }
```

运行结果如图 2.11 所示。

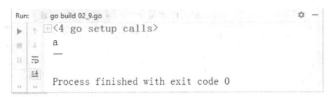

图 2.11　运行结果

注意：在 Go 语言中，不允许字符串转 int，会产生如下错误。

```
cannot convert str (type string) to type int
```

2.5　常量

2.5.1　声明方式

相对于变量，常量是恒定不变的值，如圆周率。

常量是一个简单值的标识符，在程序运行时，不会被修改。

常量中的数据类型只可以是布尔型、数字型（整型、浮点型和复数型）和字符串。常量的定义格式如下。

```
const 标识符 [类型] = 值
```

可以省略类型说明符[type]，因为编译器可以根据变量的值来自动推断其类型。

显式类型定义如下。

```
const B string = "Steven"
```

隐式类型定义如下。

```
const C = "Steven"
```

多个相同类型的声明可以简写如下。

```
const WIDTH , HEIGHT = value1, value2
```

常量定义后未被使用，不会在编译时报错。

2.5.2　常量用于枚举

Go 语言现阶段没有提供枚举，可以使用常量组模拟枚举。假设数字 0、1 和 2 分别代表未知性别、女性和男性。格式如例 2-10 所示。

例 2-10　枚举。

```
1  package main
2  import "fmt"
3  const (
4      Unknown = 0
5      Female = 1
6      Male = 2
7  )
8  func main(){
9      fmt.Println(Unknown, Female, Male)
10 }
```

运行结果如图 2.12 所示。

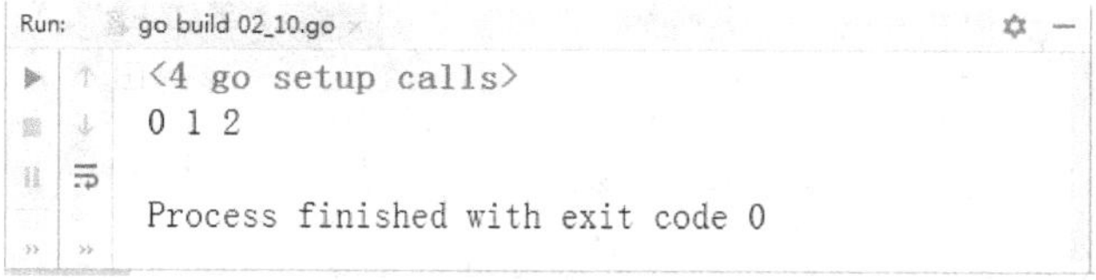

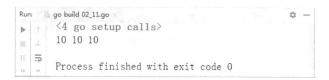

图 2.12　运行结果

常量组中如果不指定类型和初始值，则与上一行非空常量的值相同，如例 2-11 所示。

例 2-11　枚举。

```
1  package main
2  import "fmt"
3  const (
4      a = 10
5      b
6      c
7  )
8  func main(){
9      fmt.Println(a, b, c)
10 }
```

运行结果如图 2.13 所示。

图 2.13　运行结果

2.5.3　iota

iota，特殊常量值，是一个系统定义的可以被编译器修改的常量值。iota 只能被用在常量的赋值中，在每一个 const 关键字出现时，被重置为 0，然后每出现一个常量，iota 所代表的数值会自动增加 1。iota 可以理解成常量组中常量的计数器，不论该常量的值是什么，只要有一个常量，那么 iota 就加 1。

iota 可以被用作枚举值，如例 2-12 所示。

例 2-12　iota 枚举。

```
1  package main
2  import "fmt"
3  const (
4      a = iota
5      b = iota
6      c = iota
7  )
8  func main(){
9      fmt.Println(a, b, c)
10 }
```

运行结果如图 2.14 所示。

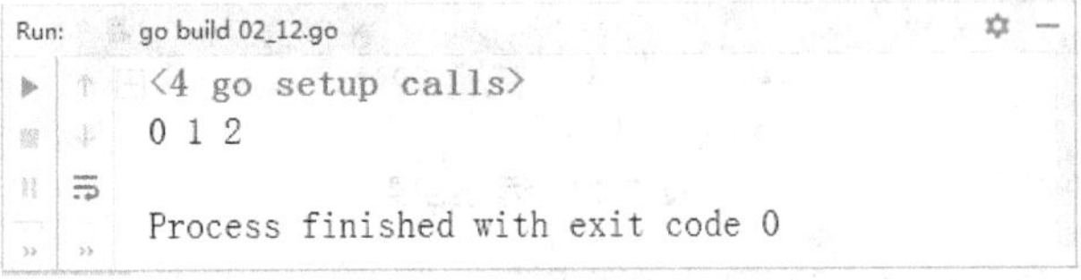

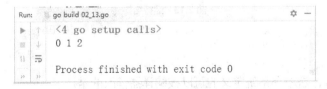

图 2.14　运行结果

第一个 iota 等于 0，每当 iota 在新的一行被使用时，它的值都会自动加 1，因此 a=0，b=1，c=2。

常量组中如果不指定类型和初始值，则与上一行非空常量的值相同。所以上述的枚举可以简写，如例 2-13 所示。

例 2-13　iota 枚举。

```
1  package main
2  import "fmt"
3  const (
4      a = iota
5      b
6      c
7  )
8  func main(){
9      fmt.Println(a, b, c)
10 }
```

运行结果如图 2.15 所示。

Run:　go build 02_13.go　　　　☆　—
▶　↑　<4 go setup calls>
■　↓　0 1 2
⊪　⇥
»　»　Process finished with exit code 0

图 2.15　运行结果

2.6　类型别名与类型定义

类型别名与
类型定义

类型别名是 Go1.9 版本添加的新功能。说到类型别名，无非是给类型名取一个有特殊含义的外号而已，就像武侠小说中的东邪西毒。假如在教室中，有两个同学叫张三，老师为了区分他们，通常会给他们起个别名：大张三、小张三。对于编程而言，类型别名主要用于解决兼容性的问题。

在 Go1.9 版本前内建类型定义的代码如下。

```
type byte uint8
type rune int32
```

而在 Go1.9 版本之后变更为如下代码。

```
type byte = uint8
type rune = int32
```

类型别名的语法格式如下。

```
type  类型别名  = 类型
```

定义类型的语法格式如下。

```
type  新的类型名  类型
```

具体的使用方法，举例如下。

```
type NewString string
```

该语句是将 NewString 定义为 string 类型。通过 type 关键字，NewString 会形成一种新的类型。NewString 本身依然具备 string 的特性。

```
type StringAlias = string
```

该语句是将 StringAlias 定义为 string 的一个别名。使用 StringAlias 与 string 等效。别名类型只会在代码中存在，编译完成时，不会有别名类型。

出于对程序性能的考虑，建议如下。

- 尽可能地使用 := 去初始化声明一个变量（在函数内部）。
- 尽可能地使用字符代替字符串。

2.7　Go 语言的运算符

Go 语言的
运算符

运算符用于在程序运行时执行数学或逻辑运算。

Go 语言内置的运算符包括算术运算符、关系运算符、逻辑运算符、位运算符、赋值运算符、其他运算符。

2.7.1　算术运算符

Go 语言的算术运算符如表 2.12 所示。假定 A 值为 10，B 值为 20。

表 2.12　　　　　　　　　　　　　Go 语言的算术运算符

运　算　符	描　述	实　　例
+	相加	A + B 输出结果 30
−	相减	A − B 输出结果 −10
*	相乘	A * B 输出结果 200
/	相除	B / A 输出结果 2
%	求余	B % A 输出结果 0
++	自增	A++输出结果 11
——	自减	A——输出结果 9

算术运算符的用法如例 2-14 所示。

例 2-14　算术运算符。

```
1   package main
2   import "fmt"
3   func main() {
4      var a int = 21
5      var b int = 10
6      var c int
7      c = a + b
8      fmt.Printf("第一行 - c 的值为 %d\n", c )
9      c = a - b
10     fmt.Printf("第二行 - c 的值为 %d\n", c )
11     c = a * b
12     fmt.Printf("第三行 - c 的值为 %d\n", c )
13     c = a / b
14     fmt.Printf("第四行 - c 的值为 %d\n", c )
15     c = a % b
16     fmt.Printf("第五行 - c 的值为 %d\n", c )
17     a++
18     fmt.Printf("第六行 - a 的值为 %d\n", a )
19     a=21    // 为了方便测试，a 这里重新赋值为 21
20     a--
21     fmt.Printf("第七行 - a 的值为 %d\n", a )
22  }
```

运行结果如图 2.16 所示。

```
Run:    go build 02_14.go                                    ⚙ —
   ▶  ↑   <4 go setup calls>
   ⏸  ↓   第一行 - c 的值为 31
   ▦  ⇛   第二行 - c 的值为 11
         第三行 - c 的值为 210
   ▣  ⇟   第四行 - c 的值为 2
   ✕  ▤   第五行 - c 的值为 1
         第六行 - a 的值为 22
         第七行 - a 的值为 21

         Process finished with exit code 0
```

图 2.16   运行结果

2.7.2   关系运算符

Go 语言的关系运算符如表 2.13 所示。假定 A 值为 10，B 值为 20。

表 2.13   关系运算符

运　算　符	描　　　述	实　　　例
==	检查两个值是否相等，如果相等返回 True 否则返回 False	(A == B) 为 False
!=	检查两个值是否不相等，如果不相等返回 True 否则返回 False	(A != B) 为 True
>	检查左边值是否大于右边值，如果是返回 True 否则返回 False	(A > B) 为 False
<	检查左边值是否小于右边值，如果是返回 True 否则返回 False	(A < B) 为 True
>=	检查左边值是否大于等于右边值，如果是返回 True 否则返回 False	(A >= B) 为 False
<=	检查左边值是否小于等于右边值，如果是返回 True 否则返回 False	(A <= B) 为 True

关系运算符的用法如例 2-15 所示。

例 2-15   关系运算符。

```
1    package main
2    import "fmt"
3    func main() {
4       var a int = 21
5       var b int = 10
6       if( a == b ) {
7          fmt.Printf("第一行 - a 等于 b\n" )
8       } else {
9          fmt.Printf("第一行 - a 不等于 b\n" )
10      }
11      if ( a < b ) {
12         fmt.Printf("第二行 - a 小于 b\n" )
13      } else {
14         fmt.Printf("第二行 - a 不小于 b\n" )
15      }
16      if ( a > b ) {
17         fmt.Printf("第三行 - a 大于 b\n" )
18      } else {
19         fmt.Printf("第三行 - a 不大于 b\n" )
20      }
21      /* Lets change value of a and b */
22      a = 5
```

```
23    b = 20
24    if ( a <= b ) {
25        fmt.Printf("第四行 - a 小于等于 b\n" )
26    }
27    if ( b >= a ) {
28        fmt.Printf("第五行 - b 大于等于 a\n" )
29    }
30 }
```

运行结果如图 2.17 所示。

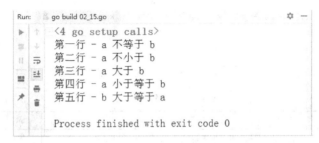

图 2.17 运行结果

2.7.3 逻辑运算符

Go 语言的逻辑运算符如表 2.14 所示。假定 A 值为 True，B 值为 False。

表2.14 逻辑运算符

运　算　符	描　　　　　述	实　　　例
&&	逻辑 AND 运算符。如果两边的操作数都是 True，则条件 True，否则为 False	(A && B) 为 False
||	逻辑 OR 运算符。如果两边的操作数有一个 True，则条件 True，否则为 False	(A || B) 为 True
!	逻辑 NOT 运算符。如果条件为 True，则逻辑 NOT 条件 False，否则为 True	!(A && B) 为 True

逻辑运算符的用法如例 2-16 所示。

例 2-16 逻辑运算符。

```
1  package main
2  import "fmt"
3  func main() {
4      var a bool = true
5      var b bool = false
6      if ( a && b ) {
7          fmt.Printf("第一行 - 条件为 true\n" )
8      }
9      if ( a || b ) {
10         fmt.Printf("第二行 - 条件为 true\n" )
11     }
12     /* 修改 a 和 b 的值 */
13     a = false
```

```
14      b = true
15      if ( a && b ) {
16          fmt.Printf("第三行 - 条件为 true\n" )
17      } else {
18          fmt.Printf("第三行 - 条件为 false\n" )
19      }
20      if ( !(a && b) ) {
21          fmt.Printf("第四行 - 条件为 true\n" )
22      }
23  }
```

运行结果如图 2.18 所示。

图 2.18　运行结果

2.7.4　位运算符

位运算符对整数在内存中的二进制位进行操作。

位运算符比一般的算术运算符速度要快，而且可以实现一些算术运算符不能实现的功能。如果要开发高效率程序，位运算符是必不可少的。位运算符用来对二进制位进行操作，包括：按位与（ & ）、按位或（ | ）、按位异或（ ^ ）、按位左移（ << ）、按位右移（ >> ）。

假定 A = 60，B = 13，其二进制数转换如下。

```
A = 0011 1100
B = 0000 1101
-----------------
A&B = 0000 1100
A|B = 0011 1101
A^B = 0011 0001
```

Go 语言支持的位运算符如表 2.15 所示。假定 A 为 60，B 为 13。

表 2.15　　　　　　　　　　　　　　　　位运算符

运　算　符	描　　述	实　　例
&	按位与运算符 "&" 是双目运算符。其功能是参与运算的两数各对应的二进制位相与	(A & B) 结果为 12，二进制为 0000 1100
|	按位或运算符 "|" 是双目运算符。其功能是参与运算的两数各对应的二进制位相或	(A | B) 结果为 61，二进制为 0011 1101
^	按位异或运算符 "^" 是双目运算符。其功能是参与运算的两数各对应的二进制位相异或，当两对应的二进制位相异时，结果为 1	（A^B）结果为 49，二进制为 0011 0001

续表

运 算 符	描 述	实 例
<<	左移运算符 "<<" 是双目运算符。左移 *n* 位就是乘以 2 的 *n* 次方。其功能是把 "<<" 左边的运算数的各二进制位全部左移若干位，由 "<<" 右边的数指定移动的位数，高位舍弃，低位补 0	（A << 2）结果为 240，二进制为 1111 0000
>>	右移运算符 ">>" 是双目运算符。右移 *n* 位就是除以 2 的 *n* 次方。其功能是把 ">>" 左边的运算数的各二进制位全部右移若干位，">>" 右边的数指定移动的位数	（A >> 2）结果为 15，二进制为 0000 1111

1. 按位与

按位与（&）：对两个数进行操作，然后返回一个新的数，这个数的每一位都需要两个输入数的同一位都为 1 时才为 1。简单说就是：同一位同时为 1 则为 1。如图 2.19 所示。

252 的二进制可以表示为 11111100，63 的二进制可以表示为 00111111，将每一位都进行与运算后结果为 00111100，转换为十进制的结果为 60。

252&63								
252	1	1	1	1	1	1	0	0
63	0	0	1	1	1	1	1	1
60	0	0	1	1	1	1	0	0

图 2.19　按位与

2. 按位或

按位或（|）：对两个数进行操作，然后返回一个新的数，这个数的每一位只要任意一个输入数的同一位为 1 则为 1。简单说就是：同一位其中一个为 1 则为 1。如图 2.20 所示。

178 的二进制可以表示为 10110010，94 的二进制可以表示为 01011110，将每一位都进行或运算后结果为 11111110，转换为十进制的结果为 254。

3. 按位异或

按位异或（^）：对两个数进行操作，然后返回一个新的数，这个数的每一位只要两个输入数的同一位不同则为 1，如果相同就为 0。简单说就是：同一位不相同则为 1。如图 2.21 所示。

178|94								
178	1	0	1	1	0	0	1	0
94	0	1	0	1	1	1	1	0
254	1	1	1	1	1	1	1	0

图 2.20　按位或

20^5								
20	0	0	0	1	0	1	0	0
5	0	0	0	0	0	1	0	1
17	0	0	0	1	0	0	0	1

图 2.21　按位异或

20 的二进制可以表示为 00010100，5 的二进制可以表示为 00000101，将每一位都进行异或运算后结果为 00010001，转换为十进制的结果为 17。

4. 左移运算符（<<）

按二进制形式把所有的数字向左移动对应的位数，高位移出（舍弃），低位的空位补 0。

（1）语法格式

需要移位的数字 << 移位的次数

例如，3 << 4，则是将数字 3 左移 4 位。

（2）计算过程

```
3 << 4
```

首先把 3 转换为二进制数字 0000 0000 0000 0000 0000 0000 0000 0011，然后把该数字高位（左侧）的 4 个 0 移出，其他的数字都朝左平移 4 位，最后在低位（右侧）的 4 个空位补 0。则得到的最终结果是 0000 0000 0000 0000 0000 0000 0011 0000，转换为十进制是 48。

（3）数学意义

在数字没有溢出的前提下，对于正数和负数，左移 1 位都相当于乘以 2 的 1 次方，左移 n 位就相当于乘以 2 的 n 次方。如图 2.22 所示。

3 的二进制可以表示为 00000011，将每一位向左移动 4 位，高位移出（舍弃），低位的空位补 0，运算结果为 00110000，转换为十进制的结果为 48。

5. 右移运算符（>>）

按二进制形式把所有的数字向右移动对应的位数，低位移出（舍弃），高位的空位补符号位，即正数补 0，负数补 1。

（1）语法格式

```
需要移位的数字 >> 移位的次数
```

例如，11 >> 2，则是将数字 11 右移 2 位。

（2）计算过程

11 的二进制形式为：0000 0000 0000 0000 0000 0000 0000 1011，然后把低位的最后 2 个数字移出，因为该数字是正数，所以在高位补 0。则得到的最终结果是 0000 0000 0000 0000 0000 0000 0000 0010。转换为十进制是 2。

（3）数学意义

右移 1 位相当于除以 2，右移 n 位相当于除以 2 的 n 次方。如图 2.23 所示。

3<<4								
3	0	0	0	0	0	0	1	1
3<<4	0	0	1	1	0	0	0	0
48	3×2^4							

图 2.22　左移运算

11>>2								
11	0	0	0	0	1	0	1	1
11>>2	0	0	0	0	0	0	1	0
2	$11 \div 2^2$							

图 2.23　右移运算

11 的二进制可以表示为 00001011，每一位向右移动 2 位，低位移出（舍弃），高位正数补 0，运算结果为 00000010，转换为十进制的结果为 2。

位运算符的用法，如例 2-17 所示。

例 2-17　位运算符。

```
1  package main
2  import "fmt"
3  func main() {
```

```
4    var a uint = 60      /* 60 = 0011 1100 */
5    var b uint = 13      /* 13 = 0000 1101 */
6    var c uint = 0
7    c = a & b            /* 12 = 0000 1100 */
8    fmt.Printf("第一行 - c 的值为 %d\n", c )
9    c = a | b            /* 61 = 0011 1101 */
10   fmt.Printf("第二行 - c 的值为 %d\n", c )
11   c = a ^ b            /* 49 = 0011 0001 */
12   fmt.Printf("第三行 - c 的值为 %d\n", c )
13   c = a << 2           /* 240 = 1111 0000 */
14   fmt.Printf("第四行 - c 的值为 %d\n", c )
15   c = a >> 2           /* 15 = 0000 1111 */
16   fmt.Printf("第五行 - c 的值为 %d\n", c )
17   }
```

运行结果如图 2.24 所示。

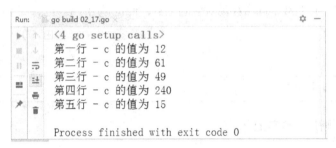

图 2.24　运行结果

2.7.5　赋值运算符

Go 语言的赋值运算符如表 2.16 所示。

表 2.16　　　　　　　　　　　　　　　赋值运算符

运　算　符	描　　述	实　　例
=	简单的赋值运算符，将一个表达式的值赋给一个左值	C = A + B 将 A + B 表达式结果赋值给 C
+=	相加后再赋值	C += A 等于 C = C + A
-=	相减后再赋值	C - A 等于 C = C - A
*=	相乘后再赋值	C *= A 等于 C = C * A
/=	相除后再赋值	C /= A 等于 C = C / A
%=	求余后再赋值	C %= A 等于 C = C % A
<<=	左移后赋值	C <<= 2 等于 C = C << 2
>>=	右移后赋值	C >>= 2 等于 C = C >> 2
&=	按位与后赋值	C &= 2 等于 C = C & 2
^=	按位异或后赋值	C ^= 2 等于 C = C ^ 2
|=	按位或后赋值	C |= 2 等于 C = C | 2

赋值运算符的用法，如例 2-18 所示。

例 2-18　赋值运算符。

```
1  package main
2  import "fmt"
3  func main() {
4    var a int = 21
5    var c int
6    c = a
7    fmt.Printf("第 1 行 - =  运算符实例, c 值为 = %d\n", c )
8    c += a
9    fmt.Printf("第 2 行 - += 运算符实例, c 值为 = %d\n", c )
10   c -= a
11   fmt.Printf("第 3 行 - -= 运算符实例, c 值为 = %d\n", c )
12   c *= a
13   fmt.Printf("第 4 行 - *= 运算符实例, c 值为 = %d\n", c )
14   c /= a
15   fmt.Printf("第 5 行 - /= 运算符实例, c 值为 = %d\n", c )
16   c  = 200;
17   c <<= 2
18   fmt.Printf("第 6行  - <<= 运算符实例, c 值为 = %d\n", c )
19   c >>= 2
20   fmt.Printf("第 7 行 - >>= 运算符实例, c 值为 = %d\n", c )
21   c &= 2
22   fmt.Printf("第 8 行 - &= 运算符实例, c 值为 = %d\n", c )
23   c ^= 2
24   fmt.Printf("第 9 行 - ^= 运算符实例, c 值为 = %d\n", c )
25   c |= 2
26   fmt.Printf("第 10 行 - |= 运算符实例, c 值为 = %d\n", c )
27 }
```

运行结果如图 2.25 所示。

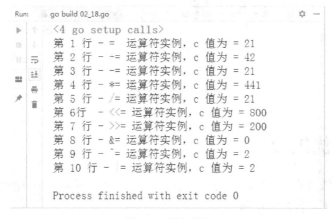

图 2.25　运行结果

2.7.6　其他运算符

Go 语言的其他运算符如表 2.17 所示。

表 2.17 其他运算符

运 算 符	描 述	实 例
&	返回变量存储地址	&a 将给出变量的实际地址
*	指针变量	*a 是一个指针变量

其他运算符的用法如例 2-19 所示。

例 2-19 其他运算符。

```
1   package main
2   import "fmt"
3   func main() {
4       var a int = 4
5       var b int32
6       var c float32
7       var ptr *int
8       /* 运算符实例 */
9       fmt.Printf("第 1 行 - a 变量类型为 = %T\n", a );
10      fmt.Printf("第 2 行 - b 变量类型为 = %T\n", b );
11      fmt.Printf("第 3 行 - c 变量类型为 = %T\n", c );
12      /*  & 和 * 运算符实例 */
13      ptr = &a     /* 'ptr' 包含了 'a' 变量的地址 */
14      fmt.Printf("a 的值为  %d\n", a);
15      fmt.Printf("*ptr 为 %d\n", *ptr);
16  }
```

运行结果如图 2.26 所示。

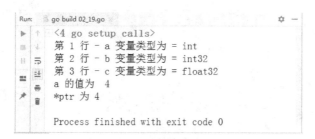

图 2.26 运行结果

2.8 运算符优先级

运算符优先级

有些运算符拥有较高的优先级，二元运算符的运算方向均是从左至右。所有运算符以及它们的优先级如表 2.18 所示。

表 2.18 运算符优先级

优 先 级	运 算 符
7	^ !
6	* / % << >> & &^
5	+ − | ^

优　先　级	运　算　符
4	== != < <= >= >
3	<-
2	&&
1	‖

当然，读者可以通过使用括号来临时提升某个表达式的整体运算优先级。

运算符优先级的用法，如例 2-20 所示。

例 2-20　运算符优先级。

```
1   package main
2   import "fmt"
3   func main() {
4       var a int = 20
5       var b int = 10
6       var c int = 15
7       var d int = 5
8       var e int;
9       e = (a + b) * c / d;        // ( 30 * 15 ) / 5
10      fmt.Printf("(a + b) * c / d 的值为 : %d\n", e);
11      e = ((a + b) * c) / d;      // (30 * 15 ) / 5
12      fmt.Printf("((a + b) * c) / d 的值为  : %d\n" , e );
13      e = (a + b) * (c / d);      // (30) * (15/5)
14      fmt.Printf("(a + b) * (c / d) 的值为  : %d\n", e );
15      e = a + (b * c) / d;        //  20 + (150/5)
16      fmt.Printf("a + (b * c) / d 的值为  : %d\n" , e );
17  }
```

运行结果如图 2.27 所示。

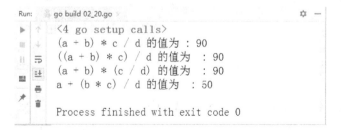

图 2.27　运行结果

2.9　本章小结

本章详细介绍 Go 语言的基本语法，包括变量、常量、数据类型及运算符。但是值得注意的是，本章包含了其他编程语言所没有的内容。首先是变量的多重赋值，其次是匿名变量，再次是格式化打印输出的用法，最后是常量中 iota 的用法。

本章小结

2.10 习题

1. 填空题

（1）_____是计算机语言中储存数据的基本单元。

（2）浮点型 80.9 转换成整型，值为_____。

（3）_____符号可以取出变量的内存地址值。

（4）多重赋值时，左值和右值按照_____的顺序赋值。

（5）_____可以理解成常量组中常量的计数器。

2. 选择题

（1）下列选项中，不属于 Go 运算符的是（　　）。

　　A. +　　　　　　　B. %=　　　　　　　C. &　　　　　　　D. ?

（2）关于类型转化，下列语法正确的是（　　）。

　　A.

```
type MyInt int
var i int = 1000
var j Myint = i
```

　　B.

```
type MyInt int
var i int = 1000
var j Myint = (Myint)i
```

　　C.

```
type MyInt int
var i int = 1000
var j Myint = Myint(i)
```

　　D.

```
type MyInt int
var i int = 1000
var j Myint = i.Myint
```

（3）下列选项中，（　　）可以作为 bool 类型的值。

　　A. true　　　　　B. false　　　　　　C. 0　　　　　　　D. 1

（4）使用匿名变量时，用（　　）符号替换即可。

　　A. _　　　　　　　B. =　　　　　　　　C. -　　　　　　　D. |

（5）下列运算符优先级最高的是（　　）。

　　A. *　　　　　　　B. =　　　　　　　　C. &　　　　　　　D. !

3. 思考题

（1）简述声明变量有哪几种方式。

（2）简述 Go 语言有哪些数据类型。

03

第3章 Go语言的流程控制

本章学习目标

- 掌握 if 条件判断语句
- 掌握 switch 分支语句
- 掌握 for 循环语句
- 掌握嵌套循环语句
- 掌握循环控制语句

介绍

流程控制，就是对事物执行的次序、次数进行安排，在生活中有很多这样的例子，比如到十字路口向左转还是向右转，在超市里找出过期商品，在班级里按照身高排座位，按照高考成绩报志愿，世界杯的比赛流程，等等。本章将详解 Go 语言程序如何控制执行任务的流程。

3.1 流程控制概述

流程控制概述

流程控制是每种编程语言控制逻辑走向和执行次序的重要部分，是一门语言的经脉。Go 语言常用的流程控制有条件语句、循环语句。

3.1.1 条件判断语句

Go 语言提供了以下几种条件判断语句，如表 3.1 所示。

表 3.1 条件判断语句

语　　句	描　　述
if 语句	if 语句由一个布尔表达式后紧跟一个或多个语句组成
if...else 语句	if 语句后可以使用可选的 else 语句，else 语句中的表达式在布尔表达式为 false 时执行
if 嵌套语句	可以在 if 或 else if 语句中嵌入一个或多个 if 或 else if 语句

3.1.2 条件分支语句

Go 语言提供了以下几种条件分支语句，如表 3.2 所示。

表 3.2   条件分支语句

语　　　句	描　　述
switch 语句	switch 语句用于基于不同条件执行不同动作
select 语句	select 语句类似于 switch 语句，但是 select 会随机执行一个可运行的 case。如果没有 case 可运行，它将阻塞，直到有 case 可运行

3.1.3　循环语句

在实际问题中，存在许多具有规律性的重复操作，因此在程序中需要重复执行某些语句。

Go 语言提供了以下几种循环语句，如表 3.3 所示。

表 3.3   循环语句

循　环　类　型	描　　述
for 循环	重复执行语句块
循环嵌套	在 for 循环中嵌套一个或多个 for 循环

3.1.4　循环控制语句

Go 语言支持以下几种循环控制语句，如表 3.4 所示。

表 3.4   循环控制语句

控　制　语　句	描　　述
break 语句	经常用于中断当前 for 循环或跳出 switch 语句
continue 语句	跳过当前循环的剩余语句，然后继续进行下一轮循环
goto 语句	将控制转移到被标记的语句

3.2　if 条件判断语句

if 条件判断
语句

3.2.1　语法结构

Go 语言中 if 语句的语法如下所示。

```
if 布尔表达式 {
   /* 在布尔表达式为 true 时执行 */
}
```

if 在布尔表达式为 true 时，其后紧跟的语句块执行，如果为 false 则不执行。

Go 语言中 if...else 语句的语法如下所示。

```
if 布尔表达式 {
   /* 在布尔表达式为 true 时执行 */
} else {
   /* 在布尔表达式为 false 时执行 */
}
```

if 在布尔表达式为 true 时，其后紧跟的语句块执行，如果为 false 则执行 else 语句块。

Go 语言中 if...else if ... else 语句的语法如下所示。

```
if 布尔表达式 {
   /* 在布尔表达式为 true 时执行 */
} else if {
  /* 在布尔表达式为 true 时执行 */
…
} else {
  /* 在布尔表达式为 false 时执行 */
}
```

先判断 if 的布尔表达式，如果为 true，其后紧跟的语句块执行，如果为 false，再判断 else if 的布尔表达式，如果为 true，其后紧跟的语句块执行，如果为 false，再判断下一个 else if 的布尔表达式，以此类推，当最后一个 else if 的表达式为 false 时，执行 else 语句块。

在 if 语句的使用过程中，应注意以下细节。

- 不需使用括号将条件包含起来。
- 大括号{}必须存在，即使只有一行语句。
- 左括号必须在 if 或 else 的同一行。
- 在 if 之后，条件语句之前，可以添加变量初始化语句，使用 ";" 进行分隔。

3.2.2　使用案例

第一个例子是 if...else 语句的语法，判断奇数偶数，如例 3-1 所示。

例 3-1　判断奇数偶数。

```
1  package main
2  import "fmt"
3  func main() {
4     num := 20
5     if num%2 == 0 {
6         fmt.Println(num, "偶数")
7     } else {
8         fmt.Println(num, "奇数")
9     }
10 }
```

运行结果如图 3.1 所示。

图 3.1　运行结果

第二个例子是 if...else if ... else 语句的语法，判断学生成绩。有优秀、良好、中等、及格、不及格等 5 档，如例 3-2 所示。

例 3-2 判断学生成绩。

```
1  package main
2  import "fmt"
3  func main() {
4     score := 88
5     if score >= 90 {
6        fmt.Println("优秀")
7     } else if score >= 80 {
8        fmt.Println("良好")
9     } else if score >= 70 {
10       fmt.Println("中等")
11    } else if score >= 60 {
12       fmt.Println("及格")
13    } else if score < 60 {
14       fmt.Println("不及格")
15    }
16 }
```

运行结果如图 3.2 所示。

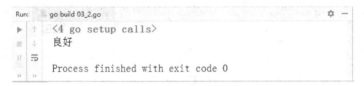

图 3.2 运行结果

3.2.3 特殊写法

if 语句还有一个变体。它的语法如下所示。

```
if statement; condition {
//代码块
}
```

还是以判断奇数偶数为例，如例 3-3 所示。

例 3-3 判断奇数偶数。

```
1  package main
2  import "fmt"
3  func main() {
4     if num := 10; num%2 == 0 {
5        fmt.Println(num, "偶数")
6     } else {
7        fmt.Println(num, "奇数")
8     }
9  }
```

运行结果如图 3.3 所示。

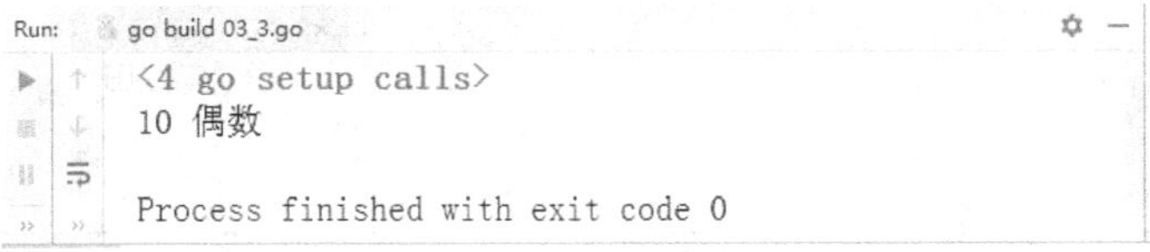

```
Run:      go build 03_3.go
 ▶  ↑     <4 go setup calls>
 ▦  ↓     10 偶数
 ▐  ▤
 »  ⇥     Process finished with exit code 0
```

图 3.3　运行结果

需要注意的是，num 的定义在 if 里，那么只能够在该 if...else 语句块中使用，否则编译器会报错。

if 嵌套语句

3.3　if 嵌套语句

Go 语言中可以在 if 或 else if 语句中嵌入若干个 if 或 else if 语句。

3.3.1　语法结构

Go 语言中 if...else 语句的语法如下所示。

```
if 布尔表达式 1 {
   /* 在布尔表达式 1 为 true 时执行 */
   if 布尔表达式 2 {
      /* 在布尔表达式 2 为 true 时执行 */
   }
}
```

可以以同样的方式在 if 语句中嵌套 else if...else 语句。

3.3.2　使用案例

以嵌套的方式判断学生成绩，如例 3-4 所示。

例 3-4　判断学生成绩。

```
 1  package main
 2  import "fmt"
 3  func main() {
 4    if score := 98; score >= 60 {
 5      if score >= 70 {
 6        if score >= 80 {
 7          if score >= 90 {
 8            fmt.Println("优")
 9          } else {
10            fmt.Println("良")
11          }
12        } else {
13          fmt.Println("中等")
14        }
15      } else {
```

```
16        fmt.Println("及格")
17    }
18  } else {
19    fmt.Println("不及格")
20  }
21 }
```

运行结果如图 3.4 所示。

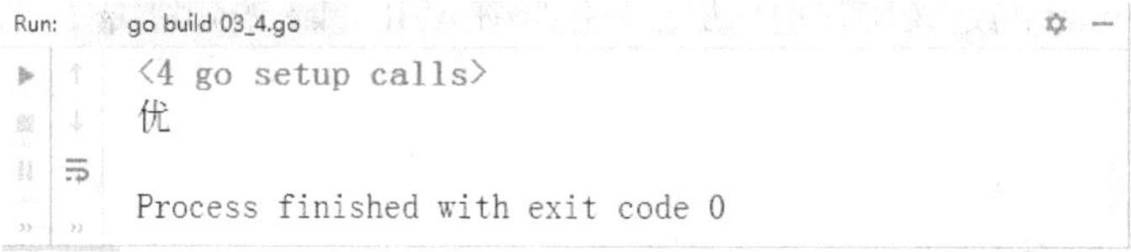

```
Run:      go build 03_4.go                              ✿ —
  ▶  ↑    <4 go setup calls>
  ■  ↓    优
  Ⅱ  ⇥
     »»    Process finished with exit code 0
```

图 3.4 运行结果

3.4 switch 分支语句

switch 分支
语句

3.4.1 语法结构

Go 语言中 switch 语句的语法如下所示。

```
switch var1 {
  case val1:
     ...
  case val2:
     ...
  default:
     ...
}
```

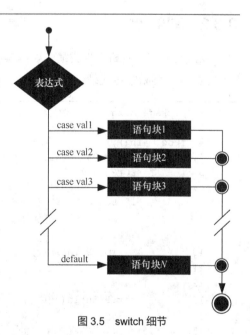

switch 语句的执行流程如图 3.5 所示。

switch 语句执行的过程自上而下，直到找到 case 匹配项，匹配项中无须使用 break，因为 Go 语言中的 switch 默认给每个 case 自带 break。因此匹配成功后不会向下执行其他的 case 分支，而是跳出整个 switch。可以添加 fallthrough（中文含义是：贯穿），强制执行后面的 case 分支。fallthrough 必须放在 case 分支的最后一行。如果它出现在中间的某个地方，编译器就会报错。

变量 var1 可以是任何类型，而 val1 和 val2 则可以是同类型的任意值。类型不局限于常量或整数，但必须是相同类型或最终结果为相同类型的表达式。

case 后的值不能重复，但可以同时测试多个符合条件的值，也就是说 case 后可以有多个值，这些值之间使用逗号分隔，例如：case val1, val2, val3。

图 3.5 switch 细节

switch 后的表达式可以省略，默认是 switch true。

3.4.2　使用案例

首先还是以判断学生成绩为例，如例 3-5 所示。

例 3-5　判断学生成绩。

```
1  package main
2  import "fmt"
3  func main() {
4     /* 定义局部变量 */
5     grade := ""
6     score := 78.5
7     switch { //switch 后面省略不写，默认相当于: switch  true
8     case score >= 90:
9        grade = "A"
10    case score >= 80:
11       grade = "B"
12    case score >= 70:
13       grade = "C"
14    case score >= 60:
15       grade = "D"
16    default:
17       grade = "E"
18    }
19    fmt.Printf("你的等级是: %s\n", grade)
20    fmt.Print("最终评价是: ")
21    switch grade {
22    case "A":
23       fmt.Printf("优秀!\n")
24    case "B":
25       fmt.Printf("良好\n")
26    case "C":
27       fmt.Printf("中等\n")
28    case "D":
29       fmt.Printf("及格\n")
30    default:
31       fmt.Printf("差\n")
32    }
33 }
```

运行结果如图 3.6 所示。

图 3.6　运行结果

接下来再看一个案例，判断某年某月的天数，如例 3-6 所示。

例 3-6　判断某年某月的天数。

```
1   package main
2   import "fmt"
3   func main() {
4       /* 定义局部变量:年、月、日 */
5       year := 2008
6       month := 2
7       days := 0
8       switch month {
9       case 1, 3, 5, 7, 8, 10, 12:
10          days = 31
11      case 4, 6, 9, 11:
12          days = 30
13      case 2:
14          if (year%4 == 0 && year%100 != 0) || year%400 == 0 {
15              days = 29
16          } else {
17              days = 28
18          }
19      default:
20          days = -1
21      }
22      fmt.Printf("%d 年 %d 月的天数为: %d\n", year, month, days)
23  }
```

运行结果如图 3.7 所示。

图 3.7　运行结果

3.4.3　类型转换

switch 语句还可以被用于 type switch（类型转换）来判断某个 interface 变量中实际存储的变量类型。关于 interface 变量的知识将在后续的章节中介绍。下面演示 type switch 的语法。其语法结构如下所示。

```
switch x.(type){
    case type:
        statement(s);
    case type:
        statement(s);
    /* 你可以定义任意个数的 case */
    default: /* 可选 */
        statement(s);
}
```

示例代码如例 3-7 所示。

例 3-7　判断 interface 变量中存储的变量类型。

```
1  package main
2  import "fmt"
3  func main() {
4     var x interface{}
5     switch i := x.(type) {
6       case nil:
7           fmt.Printf(" x 的类型 :%T",i)
8       case int:
9           fmt.Printf("x 是 int 型")
10      case float64:
11          fmt.Printf("x 是 float64 型")
12      case func(int) float64:
13          fmt.Printf("x 是 func(int) 型")
14      case bool, string:
15          fmt.Printf("x 是 bool 或 string 型" )
16      default:
17          fmt.Printf("未知型")
18    }
19 }
```

运行结果如图 3.8 所示。

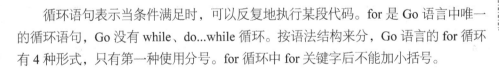

图 3.8　运行结果

3.5　for 循环语句

循环语句表示当条件满足时，可以反复地执行某段代码。for 是 Go 语言中唯一的循环语句，Go 没有 while、do...while 循环。按语法结构来分，Go 语言的 for 循环有 4 种形式，只有第一种使用分号。for 循环中 for 关键字后不能加小括号。

3.5.1　语法结构

1. 语法结构一

for 关键字后有 3 个表达式——基本 for 循环语法结构。其语法结构如下所示。

```
for  初始语句 init; 条件表达式 condition;  结束语句 post  {
//循环体代码
 }
```

先执行初始语句，对控制变量赋初始值。初始语句只执行一次。

其次根据控制变量判断条件表达式的返回值，若其值为 true，满足循环条件，则执行循环体内语句，之后执行结束语句，开始下一次循环。

执行结束语句之后，将重新计算条件表达式的返回值，如果是 true，循环将继续执行，否则循环终止。然后执行循环体外语句。

使用方式如例 3-8 所示。

例 3-8　for 循环。

```
1  package main
2  import "fmt"
3  func main(){
4      for i := 0; i <= 10; i++ {
5          fmt.Printf("%d ", i)
6      }
7  }
```

运行结果如图 3.9 所示。

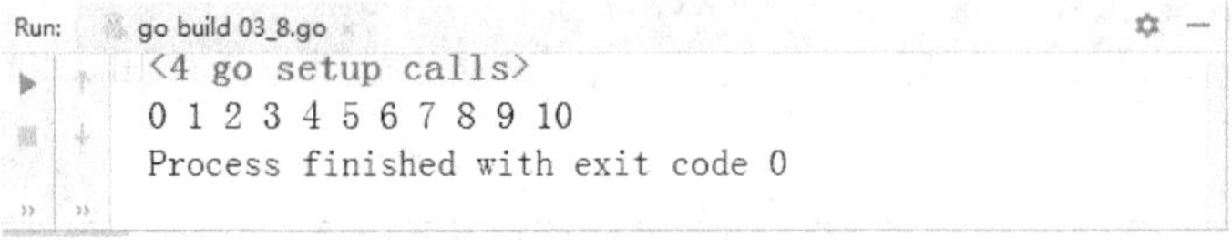

图 3.9　运行结果

初始语句、条件表达式和结束语句 3 种组成部分都是可选的。因此这种基本的 for 循环语法结构又能演化出 4 种略有不同的写法。

初始语句是在第一次循环前执行的语句，一般为赋值表达式，给控制变量赋初始值。如果控制变量在此处被声明，其作用域将被局限在这个 for 的范围内——在 for 循环中声明的变量仅在循环范围内可用。初始语句可以省略不写，但是初始语句之后的分号必须要写。

省略初始语句写法如例 3-9 所示。

例 3-9　省略初始语句。

```
1  package main
2  import "fmt"
3  func main(){
4      i := 0
5      for ; i <= 10; i++ {
6          fmt.Printf("%d ", i)
7      }
8  }
```

运行结果如图 3.10 所示。

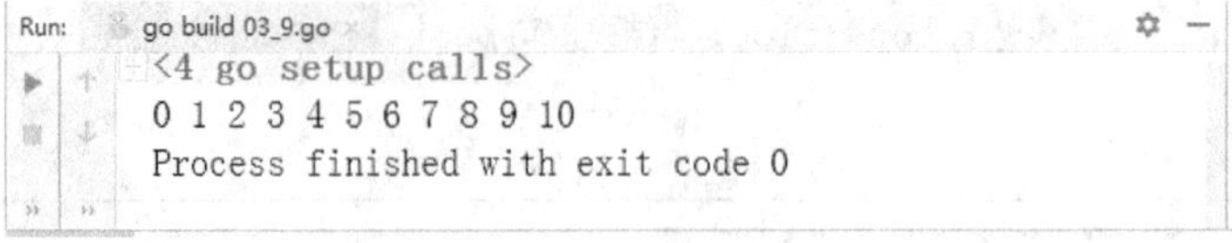

图 3.10　运行结果

条件表达式（condition）是控制循环与否的开关：如果表达式为 true，则循环继续；否则结束循环。条件表达式可以省略不写，之后的分号必须要写。省略条件表达式默认形成无限循环。

省略条件表达式写法如例 3-10 所示。

例 3-10 省略条件表达式。

```
1  package main
2  import "fmt"
3  func main(){
4     i := 0
5     for ; ; i++ {
6        if (i > 20) {//使用break跳出循环
7           break
8        }
9        fmt.Printf("%d ", i)
10    }
11 }
```

运行结果如图 3.11 所示。

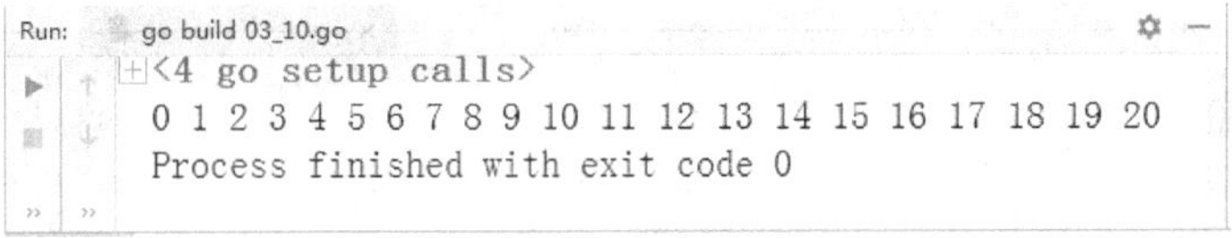

```
Run:    go build 03_10.go
        <4 go setup calls>
        0 1 2 3 4 5 6 7 8 9 10 11 12 13 14 15 16 17 18 19 20
        Process finished with exit code 0
```

图 3.11 运行结果

结束语句（post），一般为赋值表达式，使控制变量递增或者递减。post 语句将在循环的每次成功迭代之后执行。

2. 语法形式二

for 关键字后只有 1 个条件表达式，效果类似其他编程语言中的 while 循环。其语法结构如下所示。

```
for 循环条件 condition {
//循环体代码
}
```

使用方式如例 3-11 所示。

例 3-11 for 关键字后只有一个表达式。

```
1  package main
2  import "fmt"
3  func main(){
4     var i int
5     for i <= 10 {
6        fmt.Print(i)
7        i++
8     }
9  }
```

运行结果如图 3.12 所示。

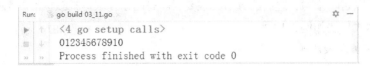

图 3.12　运行结果

3. 语法形式三

for 关键字后无表达式，效果与其他编程语言的 for(;;) {}一致，此时 for 执行无限循环。其语法结构如下所示。

```
for {
//循环体代码
}
```

使用方式如例 3-12 所示。

例 3-12　关键字后无表达式。

```
1   package main
2   import "fmt"
3   func main(){
4       var i int
5       for  {
6           if (i > 10) {
7               break
8           }
9           fmt.Print(i)
10          i++
11      }
12  }
```

运行结果如图 3.13 所示。

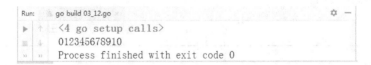

图 3.13　运行结果

4. 语法形式四（for ... range）

for 循环的 range 格式对 string、slice、array、map、channel 等进行迭代循环。array、slice、string 返回索引和值；map 返回键和值；channel 只返回通道内的值。其语法结构如下所示。

```
for key, value := range oldMap {
    newMap[key] = value
}
```

使用方式如例 3-13 所示。

例 3-13   遍历字符串获得字符。

```
1  package main
2  import "fmt"
3  func main(){
4      str := "123ABCabc 一丁丂"
5      for i, value := range str {
6          fmt.Printf("第 %d 位的 ASCII 值=%d ，字符是%c \n", i, value ,value)
7      }
8  }
```

运行结果如图 3.14 所示。

图 3.14   运行结果

3.5.2   使用案例

例 3-14   求 1～100 的和。

```
1  package main
2  import "fmt"
3  func main(){
4      sum := 0
5      for i := 1; i <= 100; i++ {
6          sum += i;
7      }
8      fmt.Println(sum)
9  }
```

运行结果如图 3.15 所示。

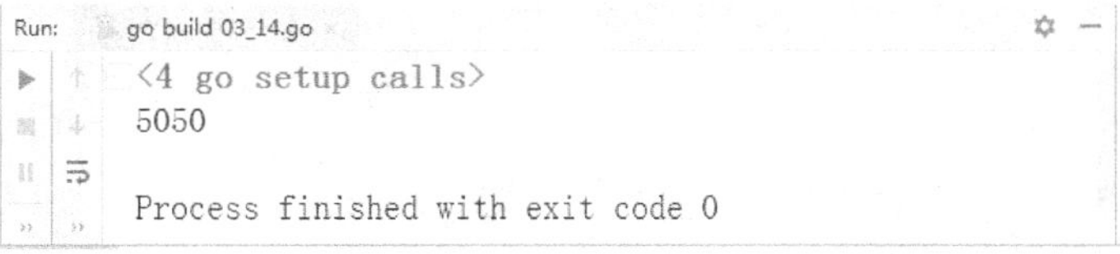

图 3.15   运行结果

例 3-15   求 1~40 所有 3 的倍数的和。

```
1   package main
2   import "fmt"
3   func main(){
4       i := 1
5       sum := 0
6       for i <= 40 {
7           if i%3 == 0 {
8               sum += i
9               fmt.Print(i)
10              if i < 39 {
11                  fmt.Print("+")
12              } else {
13                  fmt.Printf(" = %d \n", sum)
14              }
15          }
16          i++
17      }
18  }
```

运行结果如图 3.16 所示。

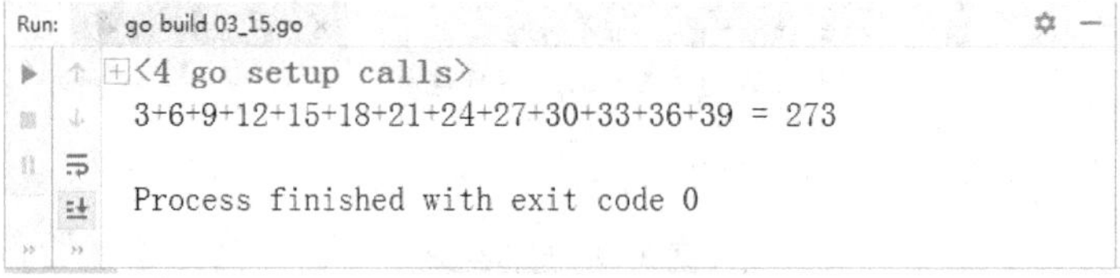

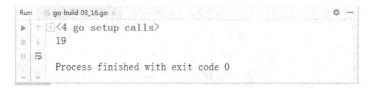

图 3.16   运行结果

例 3-16   截竹竿。32 米竹竿，每次截 1.5 米，至少截几次之后剩余竹竿不足 4 米？

```
1   package main
2   import "fmt"
3   func main(){
4       count := 0;
5       for i := 32.0; i >= 4; i -= 1.5 {
6           count++;
7       }
8       fmt.Println(count)
9   }
```

运行结果如图 3.17 所示。

图 3.17   运行结果

3.6　for 嵌套循环语句

for 嵌套循环
结构

3.6.1　语法结构

Go 语言允许在循环体内使用循环。其语法结构如下所示。

```
for [condition |  ( init; condition; increment ) | Range] {
    for [condition |  ( init; condition; increment ) | Range]  {
        statement(s);
    }
    statement(s);
}
```

3.6.2　使用案例

例 3-17　打印直角三角形。

```
1   package main
2   import "fmt"
3   func main(){
4       // 定义行数
5       lines := 8
6       for i := 0; i < lines; i++ {
7           for n := 0; n < 2*i+1; n++ {
8               fmt.Print("* ");
9           }
10          fmt.Println()
11      }
12  }
```

运行结果如图 3.18 所示。

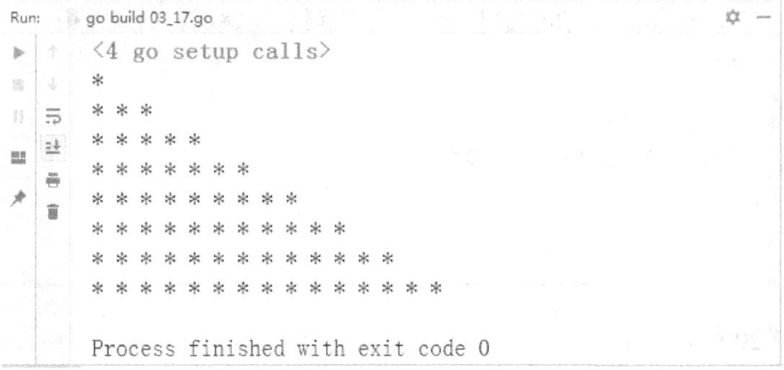

```
Run:    go build 03_17.go                                    ✿ —
  ▶  ↑    <4 go setup calls>
     ↓    *
     ⇥    * * *
          * * * * *
          * * * * * * *
     🖶    * * * * * * * * *
     🗑    * * * * * * * * * * *
          * * * * * * * * * * * * *
          * * * * * * * * * * * * * * *

          Process finished with exit code 0
```

图 3.18　运行结果

例 3-18　打印九九乘法表。

```
1   package main
2   import "fmt"
```

```
3   func main(){
4       for i := 1; i <= 9; i++ {    // i 控制行数，是乘法中的第二个数
5           for j := 1; j <= i; j++ {    // j 控制每行的列数，是乘法中的第一个数
6               fmt.Printf("%d*%d=%d ", j, i, i*j);
7           }
8           fmt.Println()
9       }
10  }
```

运行结果如图 3.19 所示。

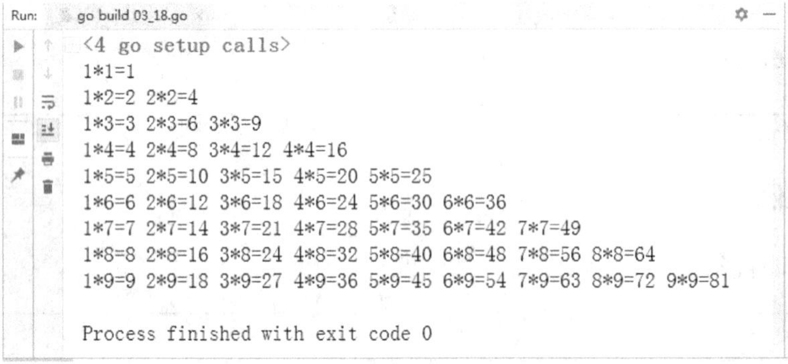

图 3.19　运行结果

例 3-19　使用循环嵌套来输出 2～50 的素数。

```
1   package main
2   import "fmt"
3   func main(){
4       /* 定义局部变量 */
5       fmt.Print("1-50的素数: ")
6       var a, b int
7       for a = 2; a <= 50; a++ {
8           for b = 2; b <= (a / b); b++ {
9               if a%b == 0 {
10                  break // 如果发现因子，则不是素数
11              }
12          }
13          if b > (a / b) {
14              fmt.Printf("%d\t", a)
15          }
16      }
17  }
```

运行结果如图 3.20 所示。

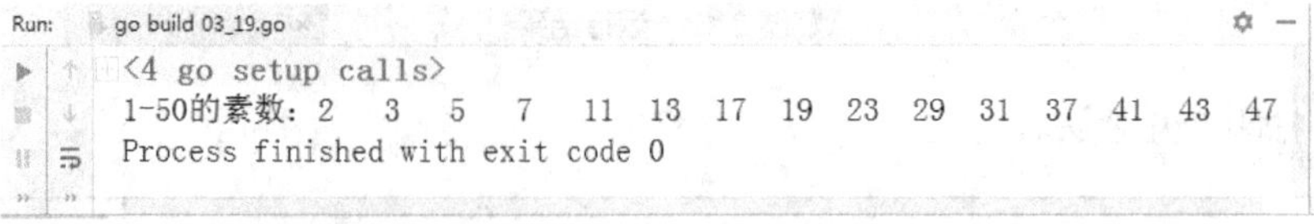

图 3.20　运行结果

循环控制语句

3.7　循环控制语句

3.7.1　break 语句

break，跳出循环体。break 语句用于终止当前正在执行的 for 循环，并开始执行循环之后的语句。流程如图 3.21 所示。

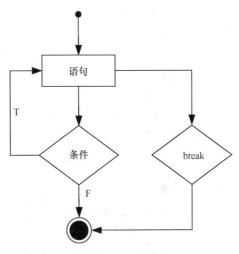

图 3.21　break 流程

使用方式如例 3-20 所示。

例 3-20　break 使用示例。

```
1  package main
2  import "fmt"
3  func main(){
4      for i := 1; i <= 10; i++ {
5          if i > 5 {
6              break // 如果 i > 5，则循环终止（loop is terminated ）
7          }
8          fmt.Printf("%d ", i)
9      }
10     fmt.Printf("\nline after for loop")
11 }
```

运行结果如图 3.22 所示。

```
Run:    go build 03_20.go
▶  ↑   <4 go setup calls>
■  ↓   1 2 3 4 5
‖  ≡   line after for loop
        Process finished with exit code 0
»  »
```

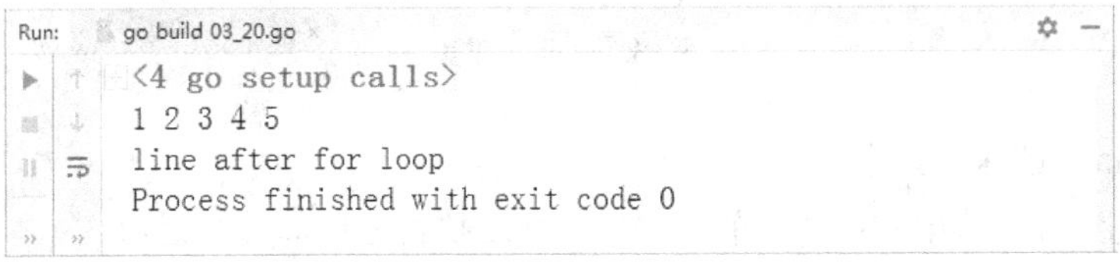

图 3.22　运行结果

3.7.2　continue 语句

Go 语言的 continue 语句有点像 break 语句。但是 continue 不是跳出循环，而是跳过当前循环，执行下一次循环语句。for 循环中，执行 continue 语句会触发 for 增量语句的执行。换言之，continue 语句用于跳过 for 循环的当前迭代，循环将继续到下一个迭代。流程如图 3.23 所示。

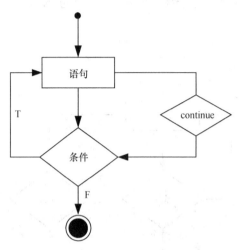

图 3.23　continue 流程

使用方式如例 3-21 所示。

例 3-21　continue 使用示例。

```
1  package main
2  import "fmt"
3  func main(){
4      for i := 1; i <= 10; i++ {
5          if i%2 == 0 {
6              continue
7          }
8          fmt.Printf("%d ", i)
9      }
10 }
```

运行结果如图 3.24 所示。

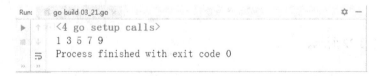

图 3.24　运行结果

break 与 continue 的区别如下。

- break 语句无条件跳出并结束当前的循环，然后执行循环体后的语句。
- continue 语句跳过当前的循环，而开始执行下一次循环。

3.7.3　goto 语句

Go 语言的 goto 语句可以无条件地转移到程序指定的行。

goto 语句通常与条件语句配合使用。可用来实现条件转移、构成循环、跳出循环体等功能。但是，在结构化程序设计中一般不建议使用 goto 语句，以免造成程序流程的混乱，使理解和调试程序都产生困难。使用流程如图 3.25 所示。

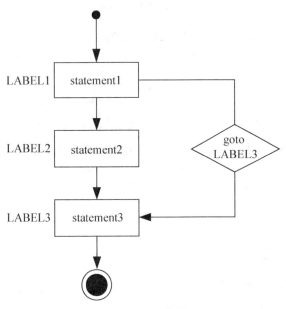

图 3.25　goto 流程

goto 语法格式如下所示。

```
LABEL: statement
 goto LABEL
```

使用方式如例 3-22 所示。

例 3-22　借助 goto 跳转来输出 1～50 的素数。

```
1  package main
2  import "fmt"
3  func main(){
4      var C, c int //声明变量
5      C = 1           /*这里不写入 for 循环是因为 for 语句执行之初会将 C 的值变为 1，当 goto A 时 for
语句会重新执行（不是重新一轮循环）*/
6      LOOP:
7      for C < 50 {
8          C++ //C=1 不能写入 for 这里就不能写入
9          for c = 2; c < C; c++ {
10             if C%c == 0 {
11                 goto LOOP //若发现因子则不是素数
12             }
13         }
```

```
14              fmt.Printf("%d \t" , C)
15          }
16 }
```

运行结果如图 3.26 所示。

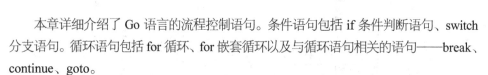

图 3.26　运行结果

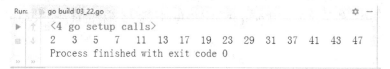

3.8　本章小结

本章小结

本章详细介绍了 Go 语言的流程控制语句。条件语句包括 if 条件判断语句、switch 分支语句。循环语句包括 for 循环、for 嵌套循环以及与循环语句相关的语句——break、continue、goto。

3.9　习题

1．填空题

（1）在 Go 语言中循环控制语句包括_____、_____、_____。

（2）Go 语言的_____语句可以无条件地转移到程序指定的行。

（3）if 在布尔表达式为_____时，其后紧跟的语句块执行。

（4）_____语句用在循环体中，可以结束本层循环。

（5）break 语句只能用于_____语句中。

2．选择题

（1）下列选项中，不属于 Go 条件判断语句的是（　　　）。

 A．if   B．else   C．else if   D．for

（2）下列选项中，属于 Go 循环语句的是（　　　）。

 A．while   B．do while   C．for   D．foreach

（3）flag 是整型变量，下面 if 表达式符合编码规范的是（　　　）。

 A．if flag == 0 B．if flag   C．if flag != true D．if !flag

（4）关于 switch 语句，下面说法正确的是（　　　）。

 A．单个 case 中，不能有多个选项结果

 B．需要用 break 来显式地退出一个 case

 C．条件表达式必须为整数或者常量

 D．只有在 case 中明确添加 fallthrough 关键字，才能继续执行紧跟的下一个 case

（5）flag 是 bool 型变量，下面 if 表达式符合编码规范的是（　　　）。

 A．if flag == 1   B．if flag

　　C.　if flag != true　　　　　　　　　　D.　if flag == false

3．思考题

（1）使用 switch 需要注意哪些细节？

（2）具体说明 for 循环语句有哪些语法形式。

4．编程题

（1）打印左上直角三角形。

（2）编程打印出所有的"水仙花数"。所谓水仙花数，是指一个 3 位数，其各位数字的立方之和等于该数。

04 第4章 Go 语言的函数与指针

本章学习目标
- 掌握函数的使用
- 掌握变量作用域
- 掌握匿名函数
- 掌握闭包
- 掌握指针
- 掌握函数参数传递（值传递与引用传递）

介绍

随着编程经验的增加，很多同学常常会发现自己写的代码有很多重复，一旦决定要更新代码，就必须修改每个重复的部分，费时费力。因此，大家希望可以避免代码的重复。本章内容可以帮助读者消除重复，使程序更短，更易读，更容易更新。

函数

4.1 函数

很久以前的人们想要制作果汁，每次都用手挤，非常麻烦；后来有人发明了榨汁机，人们只要把水果放进去，榨汁机就会把果汁榨出来。函数的功能就像榨汁机一样，帮助人们做重复的任务。函数是组织好的、可重复使用的执行特定任务的代码块。它可以提高应用程序的模块性和代码的重复利用率。Go 语言从设计上对函数进行了优化和改进，让函数使用起来更加方便。因为 Go 语言的函数本身可以作为值进行传递，既支持匿名函数和闭包，又能满足接口，所以 Go 语言的函数属于一等公民。

4.1.1 函数声明

普通函数需要先声明才能调用，一个函数的声明包括参数和函数名等。编译器通过声明才能了解函数应该怎样在调用代码和函数体之间传入参数和返回参数。语法格式如下所示。

```
func 函数名 (参数列表)(返回参数列表) {
//函数体
}
func  funcName (parametername type1, parametername type2...)  (output1 type1, output
2 type2...) {
        //逻辑代码
        //返回多个值
        return value1, value2...
        }
```

1. 函数定义解析

func：函数关键字。函数由 func 开始声明。

funcName：函数名。函数名和参数列表一起构成了函数签名。函数名由字母、数字和下画线组成。函数名的第一个字母不能为数字。在同一个包内，函数不能重名。

parametername type：参数列表。定义函数时的参数叫作形式参数，形参变量是函数的局部变量；函数被调用时，可以将值传递给参数，这个值被称为实际参数。参数列表指定的是参数类型、顺序及参数个数。参数是可选的，也就是说函数可以不包含参数。

output1 type1, output2 type2：返回值列表。返回值返回函数的结果，结束函数的执行。Go 语言的函数可以返回多个值。返回值可以是返回数据的数据类型，也可以是变量名+变量类型的组合。函数声明时有返回值，必须在函数体中使用 return 语句提供返回值列表。如果只有一个返回值并且没有声明返回值变量，那么可以省略包括返回值的括号。return 后的数据，要保持和声明的返回值类型、数量、顺序一致。如果函数没有声明返回值，函数中也可以使用 return 关键字，用于强制结束函数。

函数体：函数定义的代码集合，是能够被重复调用的代码片段。

2. 参数类型简写

在参数列表中，如果有多个参数变量，则以逗号分隔；如果相邻变量是同类型，则可以将类型省略。语法格式如下所示。

```
func add (a , b int) {}
```

Go 语言的函数支持可变参数。接受变参的函数有着不定数量的参数。语法格式如下所示。

```
func myfunc(arg ...int) {}
```

arg ...int 告诉 Go 这个函数接受不定数量的参数。注意，这些参数的类型全部是 int。在函数体中，变量 arg 是一个 int 的 slice（切片）。

4.1.2 变量作用域

作用域是变量、常量、类型、函数的作用范围。

在函数体内声明的变量称为局部变量，它们的作用域只在函数体内，生命周期同所在的函数。参数和返回值变量也是局部变量。

在函数体外声明的变量称为全局变量，全局变量可以在整个包甚至外部包（被导出后）使用。

全局变量的生命周期同 main()。

全局变量可以在任何函数中使用。Go 语言程序中全局变量与局部变量名称可以相同，但是函数内的局部变量会被优先考虑。

函数中定义的参数称为形式参数，形式参数会作为函数的局部变量来使用。

为了让大家更直观地理解作用域，下面通过一个案例加以分析，如例 4-1 所示。

例 4-1 变量作用域。

```
1   package main
2   import "fmt"
3   /* 声明全局变量 */
4   var a1 int = 7
5   var b1 int = 9
6   func main() {
7       /* main 函数中声明局部变量 */
8       a1, b1, c1 := 10, 20, 0
9       fmt.Printf("main()函数中 a1 = %d\n", a1) //10
10      fmt.Printf("main()函数中 b1 = %d\n", b1) //20
11      fmt.Printf("main()函数中 c1 = %d\n", c1) //0
12      c1 = sum(a1, b1)
13      fmt.Printf("main()函数中 c1 = %d\n", c1) //33
14  }
15  /* 函数定义-两数相加 */
16  func sum(a1, b1 int) (c1 int) {
17      a1++
18      b1 += 2
19      c1 = a1 + b1
20      fmt.Printf("sum() 函数中 a1 = %d\n", a1) //11
21      fmt.Printf("sum() 函数中 b1 = %d\n", b1) //22
22      fmt.Printf("sum() 函数中 c1 = %d\n", c1) //33
23      return c1
24  }
```

运行结果如图 4.1 所示。

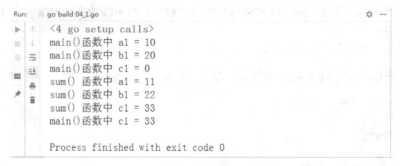

图 4.1　运行结果

由图 4.1 的运行结果可以看出，同样变量名的局部变量和全局变量，同一作用域内优先使用局部变量，正所谓"强龙不压地头蛇"。

4.1.3　函数变量（函数作为值）

在 Go 语言中，函数也是一种类型，可以和其他类型（如 int32、float 等等）一样被保存在变量中。

在 Go 语言中可以通过 type 来定义一个自定义类型。函数的参数完全相同（包括参数类型、个数、顺序），函数返回值相同。

函数变量的使用方式如例 4-2、例 4-3 所示。

例 4-2　函数变量案例一。

```
1   package main
2   import (
3     "fmt"
4     "strings"
5   )
6   func main() {
7       result := StringToLower("AbcdefGHijklMNOPqrstUVWxyz", processCase)
8       fmt.Println(result)
9       result = StringToLower2("AbcdefGHijklMNOPqrstUVWxyz", processCase)
10      fmt.Println(result)
11  }
12  //处理字符串，奇数偶数依次显示为大小写
13  func processCase(str string) string {
14      result := ""
15      for i, value := range str {
16        if i%2 == 0 {
17          result += strings.ToUpper(string(value))
18        } else {
19          result += strings.ToLower(string(value))
20        }
21      }
22      return result
23  }
24  func StringToLower(str string, f func(string) string) string {
25      fmt.Printf("%T \n", f)
26      return f(str)
27  }
28  type caseFunc func(string) string // 声明了一个函数类型，通过 type 关键字，caseFunc 会形
成一种新的类型
29  func StringToLower2(str string, f caseFunc) string {
30      fmt.Printf("%T \n", f)//打印变量 f 的类型
31      return f(str)
32  }
```

运行结果如图 4.2 所示。

在例 4-2 中，第 24 行声明了函数 StringToLower()，第二个传入参数为一个函数类型变量 f。第 7 行调用了函数 StringToLower()，第二个参数传入了在第 13 行声明的函数 processCase()。这样在函数 StringToLower()中可以通过函数变量 f 执行函数 processCase()。第 28 行将参数相同的函数类型声明为新的类型 caseFunc，那么 caseFunc 就代表着这一种函数变量使用在 StringToLower2()中。

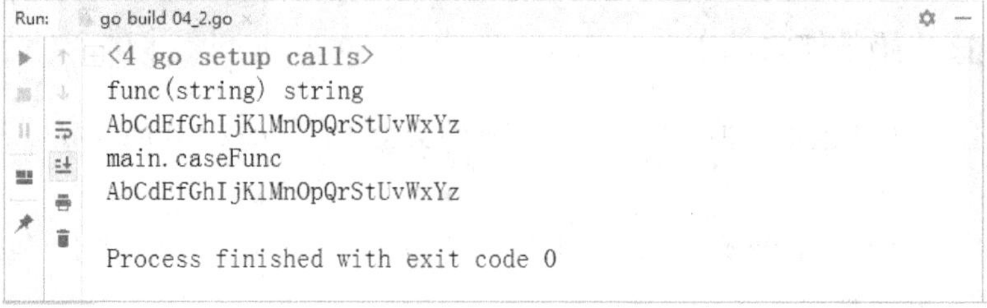

图 4.2 运行结果

例 4-3 函数变量案例二。

```
1   package main
2   import "fmt"
3   type processFunc func(int) bool  // 声明了一个函数类型
4   func main() {
5       slice := []int{1, 2, 3, 4, 5, 7}
6       fmt.Println("slice = ", slice)
7       odd := filter(slice, isOdd)  // 函数当作值来传递
8       fmt.Println("奇数元素: ", odd)
9       even := filter(slice, isEven)  // 函数当作值来传递
10      fmt.Println("偶数元素: ", even)
11  }
12  //判断元素是否是偶数
13  func isEven(integer int) bool {
14      if integer%2 == 0 {
15        return true
16      }
17      return false
18  }
19  //判断元素是否是奇数
20  func isOdd(integer int) bool {
21      if integer%2 == 0 {
22        return false
23      }
24      return true
25  }
26  //根据函数来处理切片，根据元素奇数偶数分组，返回新的切片
27  func filter(slice []int, f processFunc) []int {
28      var result []int
29      for _, value := range slice {
30        if f(value) {
31          result = append(result, value)
32        }
33      }
34      return result
35  }
```

运行结果如图 4.3 所示。

函数变量的使用步骤及意义如下。

- 定义一个函数类型。

- 实现定义的函数类型。
- 作为参数调用。

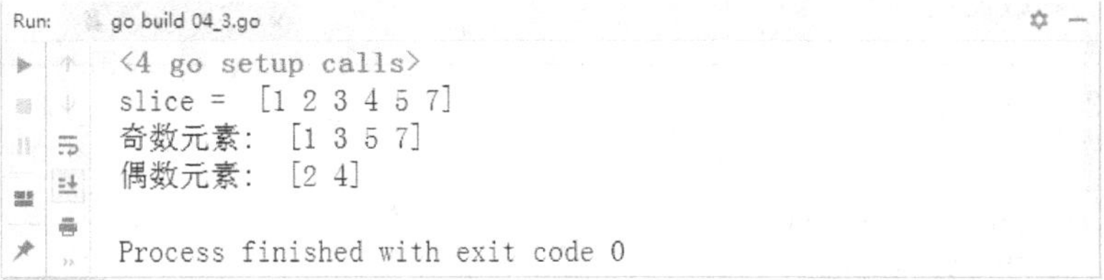

图 4.3　运行结果

函数变量的用法类似接口的用法。

函数当作值和类型在写一些通用接口的时候非常有用，通过上面的例子可以看到 processFunc 这个类型是一个函数类型，然后两个 filter 函数的参数和返回值与 processFunc 类型是一样的。用户可以实现很多种逻辑，这样使得程序变得非常灵活。

4.1.4　匿名函数

Go 语言支持匿名函数，即在需要使用函数时再定义函数。匿名函数没有函数名，只有函数体，函数可以作为一种类型被赋值给变量，匿名函数也往往以变量方式被传递。

匿名函数经常被用于实现回调函数、闭包等。语法格式如下所示。

```
func(参数列表) (返回参数列表) {
//函数体
}
```

1. 在定义时调用匿名函数

使用方式如例 4-4 所示。

例 4-4　匿名函数使用方式一。

```
1  package main
2  import "fmt"
3  func main() {
4      func(data int) {
5          fmt.Println("hello" , data)
6      }(100)
7  }
```

运行结果如图 4.4 所示。

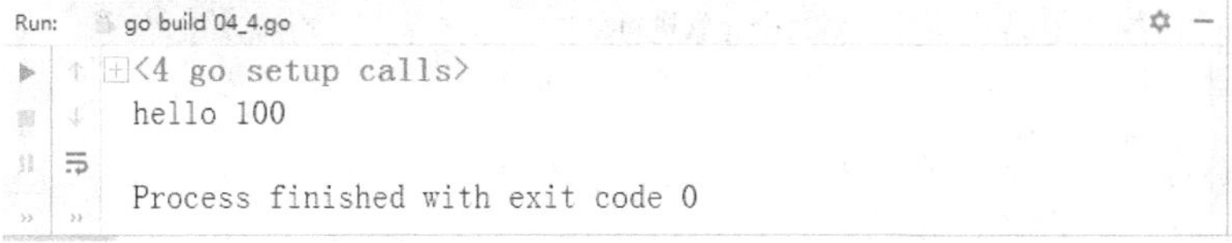

图 4.4　运行结果

2. 将匿名函数赋值给变量

使用方式如例 4-5 所示。

例 4-5 匿名函数使用方式二。

```
1   package main
2   import "fmt"
3   func main() {
4       f:= func(data string) {
5           fmt.Println(data)
6       }
7       f("欢迎学习 Go 语言! ")
8   }
```

运行结果如图 4.5 所示。

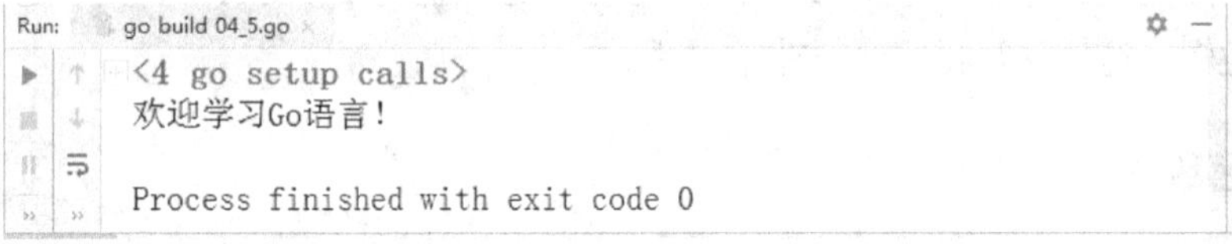

图 4.5　运行结果

3. 匿名函数用作回调函数

使用方式如例 4-6 所示。

例 4-6 匿名函数使用方式三。

```
1   package main
2   import (
3       "fmt"
4       "math"
5   )
6   func main() {
7       //调用函数，对每个元素进行求平方根操作
8       arr := []float64{1, 9, 16, 25, 30}
9       visit(arr, func(v float64) {
10          v = math.Sqrt(v)
11          fmt.Printf("%.2f \n", v)
12      })
13      //调用函数，对每个元素进行求平方操作
14      visit(arr, func(v float64) {
15          v = math.Pow(v , 2)
16          fmt.Printf("%.0f \n", v)
17      })
18  }
19  //定义一个函数，遍历切片元素，对每个元素进行处理
20  func visit(list []float64, f func(float64)) {
21      for _, value := range list {
22          f(value)
23      }
24  }
```

运行结果如图 4.6 所示。

图 4.6 运行结果

第 20 行定义了函数 visit()，第二个参数为函数变量。第 9 行调用了 visit()函数，第二个参数传入了匿名函数，后面的大括号实现了匿名函数的功能。

4.1.5 闭包

1. 闭包的概念

闭包并不是什么新奇的概念，它早在高级语言开始发展的年代就产生了。闭包（Closure）是词法闭包（Lexical Closure）的简称。

闭包是由函数和与其相关的引用环境组合而成的实体。在实现深约束时，需要创建一个能显式表示引用环境的东西，并将它与相关的子程序捆绑在一起，这样捆绑起来的整体被称为闭包。函数 + 引用环境 = 闭包。

闭包只是在形式和表现上像函数，但实际上不是函数。函数是一些可执行的代码，这些代码在函数被定义后就确定了，不会在执行时发生变化，所以一个函数只有一个实例。

闭包在运行时可以有多个实例，不同的引用环境和相同的函数组合可以产生不同的实例。闭包在某些编程语言中被称为 Lambda 表达式。

函数本身不存储任何信息，只有与引用环境结合后形成的闭包才具有"记忆性"。函数是编译器静态的概念，而闭包是运行期动态的概念。

对象是附有行为的数据，而闭包是附有数据的行为。

2. 闭包的优点

（1）加强模块化。闭包有益于模块化编程，便于以简单的方式开发较小的模块，从而提高开发速度和程序的可复用性。和没有使用闭包的程序相比，使用闭包可将模块划分得更小。

比如要计算一个数组中所有数字的和，只需要循环遍历数组，把遍历到的数字加起来就行了。如果现在要计算所有元素的积，又或者要打印所有的元素呢？解决这些问题都要对数组进行遍历，如果是在不支持闭包的语言中，程序员不得不一次又一次重复地写循环语句。而这在支持闭包的语言中是不必要的。这种处理方法多少有点像回调函数，不过要比回调函数写法更简单，功能更强大。

（2）抽象。闭包是数据和行为的组合，这使得闭包具有较好的抽象能力。

（3）简化代码。一个编程语言需要以下特性来支持闭包。

- 函数是一阶值（First-class value，一等公民），即函数可以作为另一个函数的返回值或参数，还可以作为一个变量的值。
- 函数可以嵌套定义，即在一个函数内部可以定义另一个函数。
- 允许定义匿名函数。
- 可以捕获引用环境，并把引用环境和函数代码组成一个可调用的实体。

接下来通过三个案例的对比来更清晰地了解闭包的作用，如例 4-7、例 4-8、例 4-9 所示。

例 4-7 没有使用闭包进行计数的代码。

```
1   package main
2   import "fmt"
3   func main() {
4       for i := 0; i < 5; i++ {
5           fmt.Printf("i=%d \t", i)
6           fmt.Println(add2(i))
7       }
8   }
9   func add2(x int) int {
10      sum := 0
11      sum += x
12      return sum
13  }
```

运行结果如图 4.7 所示。

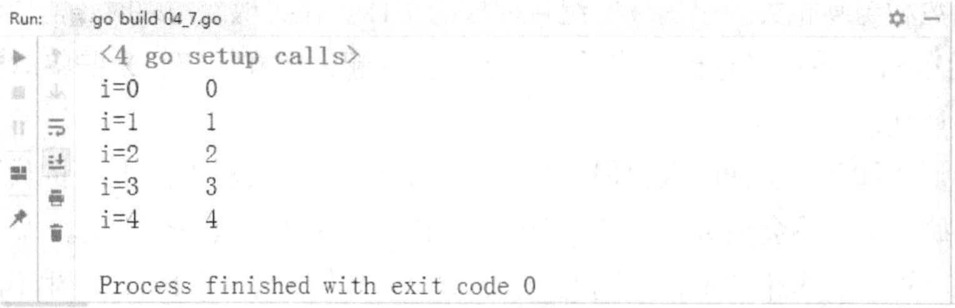

```
Run:    go build 04_7.go
        <4 go setup calls>
        i=0     0
        i=1     1
        i=2     2
        i=3     3
        i=4     4

        Process finished with exit code 0
```

图 4.7　运行结果

由例 4-7 可以看出，for 循环每执行一次，sum 都会清零，没有实现 sum 累加计数。

例 4-8 使用闭包函数实现计数器。

```
1   package main
2   import "fmt"
3   func main() {
4       pos := adder()
5       for i := 0; i < 10; i++ {
6           fmt.Printf("i=%d \t", i)
7           fmt.Println(pos(i))
8       }
9       fmt.Println("---------------------")
10      for i := 0; i < 10; i++ {
11          fmt.Printf("i=%d \t", i)
12          fmt.Println(pos(i))
```

```
13     }
14 }
15 func adder() func(int) int {
16     sum := 0
17     return func(x int) int {
18         fmt.Printf("sum1=%d \t", sum)
19         sum += x
20         fmt.Printf("sum2=%d \t", sum)
21         return sum
22     }
23 }
```

运行结果如图 4.8 所示。

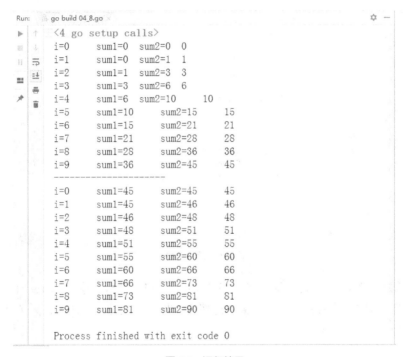

图 4.8　运行结果

例 4-9　闭包案例。

```
1  package main
2  import "fmt"
3  func main() {
4      myfunc := Counter()
5      //fmt.Printf("%T\n", myfunc)
6      fmt.Println("myfunc", myfunc)
7      /* 调用 myfunc 函数, i 变量自增 1 并返回 */
8      fmt.Println(myfunc())
9      fmt.Println(myfunc())
10     fmt.Println(myfunc())
11     /* 创建新的函数 nextNumber1, 并查看结果 */
12     myfunc1 := Counter()
13     fmt.Println("myfunc1", myfunc1)
```

```
14      fmt.Println(myfunc1())
15      fmt.Println(myfunc1())
16  }
17  //计数器.闭包函数
18  func Counter() func() int {
19      i := 0
20      res := func() int {
21          i += 1
22          return i
23      }
24      //fmt.Printf("%T , %v \n" , res , res)  //func() int , 0x1095af0
25      fmt.Println("Counter 中的内部函数:", res) //0x1095af0
26      return res
27  }
```

运行结果如图 4.9 所示。

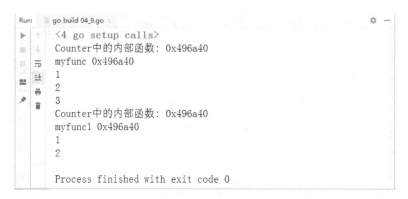

图 4.9　运行结果

由于闭包函数"捕获"了和它在同一作用域的其他常量和变量，所以当闭包在任何地方被调用，闭包都可以使用这些常量或者变量。它不关心这些变量是否已经超出作用域，只要闭包还在使用这些变量，这些变量就依然存在。

4.1.6　可变参数

如果一个函数的参数，类型一致，但个数不定，可以使用函数的可变参数。语法格式如下所示。

```
func 函数名(参数名 ...类型) [(返回值列表)] {
//函数体
}
```

该语法格式定义了一个接受任何数目、任何类型参数的函数。这里特殊的语法是三个点"..."，在一个变量后面加上三个点，表示从该处开始接受可变参数。

当要传递若干个值到可变参数函数中时，可以手动书写每个参数，也可以将一个 slice 传递给该函数，通过"..."可以将 slice 中的参数对应地传递给函数。

使用方式如例 4-10 所示。

例 4-10　计算学员考试总成绩及平均成绩。

```
1  package main
2  import (
3      "fmt"
4  )
5  func main() {
6      sum, avg, count := GetScore(90, 82.5, 73, 64.8)
7      fmt.Printf("学员共有%d门成绩，总成绩为：%.2f，平均成绩为：%.2f", count, sum, avg)
8      fmt.Println()
9      scores := []float64{92, 72.5, 93, 74.5, 89, 87, 74}
10     sum, avg, count = GetScore(scores...)
11     fmt.Printf("学员共有%d门成绩，总成绩为：%.2f，平均成绩为：%.2f", count, sum, avg)
12 }
13 func GetScore(scores ...float64) (sum, avg float64, count int) {
14     for _, value := range scores {
15         sum += value
16         count++
17     }
18     avg = sum / float64(count)
19     return
20 }
```

运行结果如图 4.10 所示。

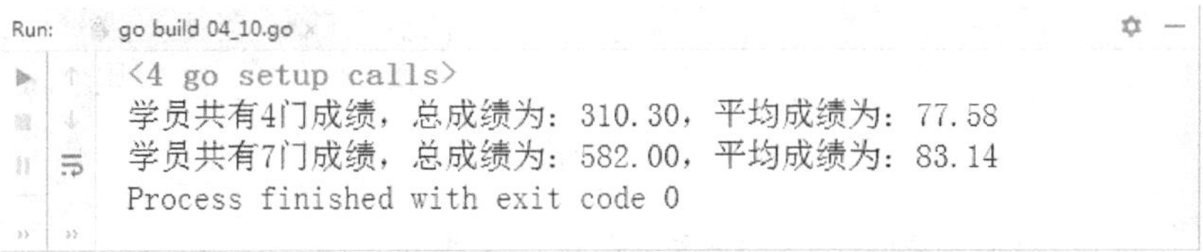

图 4.10　运行结果

使用可变参数应注意如下细节。

- 一个函数最多只能有一个可变参数。
- 若参数列表中还有其他类型参数，则可变参数写在所有参数的最后。

4.1.7　递归函数

在函数内部，可以调用其他函数。如果一个函数在内部调用自身，那么这个函数就是递归函数。递归函数必须满足以下两个条件。

（1）在每一次调用自己时，必须是（在某种意义上）更接近于解。

（2）必须有一个终止处理或计算的准则。

下面通过案例来理解递归函数的作用。

计算阶乘 $n! = 1 \times 2 \times 3 \times ... \times n$，用函数 fact($n$) 表示，可以看出：fact($n$) = $n!$ = $1 \times 2 \times 3 \times ... \times (n-1) \times n = (n-1)! \times n = $ fact($n-1$) $\times n$。所以，fact(n) 可以表示为 $n \times$ fact($n-1$)，只有 $n=1$ 时需要特殊处理。如例 4-11 所示。

例 4-11　阶乘。

```
1   package main
2   import "fmt"
3   func main() {
4     fmt.Println(factorial(5))
5     fmt.Println(getMultiple(5))
6   }
7   //通过递归实现阶乘
8   func factorial(n int) int {
9     if n == 0 {
10        return 1
11    }
12    return n * factorial(n-1)
13  }
14  //通过循环实现阶乘
15  func getMultiple(num int) (result int) {
16    result = 1
17    for i:=1; i<= num; i++ {
18        result *= i
19    }
20    return
21  }
```

运行结果如图 4.11 所示。

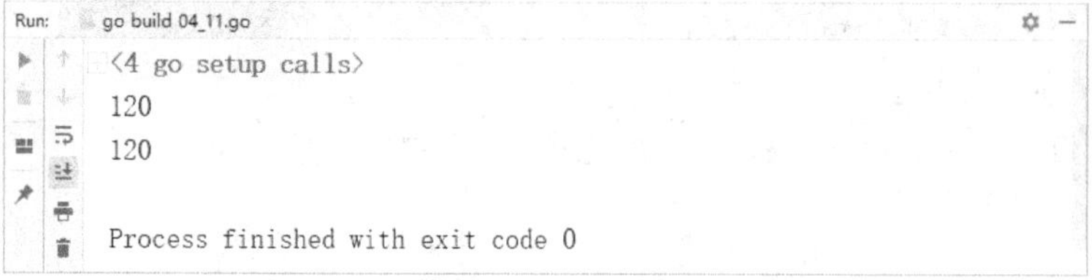

图 4.11　运行结果

递归的计算过程如下所示。

```
===> factorial(5)
===> 5 * factorial(4)
===> 5 * (4 * factorial(3))
===> 5 * (4 * (3 * factorial(2)))
===> 5 * (4 * (3 * (2 * factorial(1))))
===> 5 * (4 * (3 * (2 * 1)))
===> 5 * (4 * (3 * 2))
===> 5 * (4 * 6)
===> 5 * 24
===> 120
```

使用递归需要注意如下事项。

• 递归函数的优点是定义简单，逻辑清晰。理论上，所有的递归函数都可以用循环的方式实现，但循环的逻辑不如递归清晰。

• 使用递归函数需要注意防止栈溢出。在计算机中，函数调用是通过栈（stack）这种数据结构实现的，每当进入一个函数调用，栈就会加一层，每当函数返回，栈就会减一层。由于栈的大小不是无限的，所以，递归调用的次数过多，会导致栈溢出。

- 使用递归函数的优点是逻辑简单清晰，缺点是过深的调用会导致栈溢出。

4.2　指针

4.2.1　指针的概念

指针是存储另一个变量的内存地址的变量。变量是一种使用方便的占位符，变量都指向计算机的内存地址。一个指针变量可以指向任何一个值的内存地址。

例如：变量 b 的值为 156，存储在内存地址 0x1040a124。变量 a 持有 b 的地址，则 a 被认为指向 b。如图 4.12 所示。

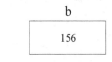

图 4.12　指针变量

在 Go 语言中使用取地址符（＆）来获取变量的地址，一个变量前使用&，会返回该变量的内存地址。如例 4-12 所示。

例 4-12　取地址。

```
1  package main
2  import "fmt"
3  func main(){
4      a := 10
5      fmt.Printf("变量的地址: %x \n", &a)
6  }
```

运行结果如图 4.13 所示。

图 4.13　运行结果

注意：在不同的环境下输出结果可能不同。

Go 语言指针的特点如下。

- Go 语言指针的最大特点是：指针不能运算（不同于 C 语言）。
- 在 Go 语言中如果对指针进行运算会报错。

```
nvalid operation: p++ (non-numeric type *int)
```

4.2.2　声明指针

声明指针，*T 是指针变量的类型，它指向 T 类型的值。

```
var 指针变量名 *指针类型
```

* 号用于指定变量是一个指针。

```
var ip *int        //指向整型的指针
var fp *float32    //指向浮点型的指针
```

指针使用流程如下。

- 定义指针变量。
- 为指针变量赋值。
- 访问指针变量中指向地址的值。

获取指针指向的变量值：在指针类型的变量前加上 * 号（前缀），如*a。

使用方式如例 4-13、例 4-14 所示。

例 4-13 指针示例一。

```
1  package main
2  import "fmt"
3  func main() {
4      //声明实际变量
5      var a int = 120
6      //声明指针变量
7      var ip *int
8      //给指针变量赋值，将变量 a 的地址赋值给 ip
9      ip = &a
10     //打印 a 的类型和值
11     fmt.Printf("a 的类型是%T, 值是%v \n", a, a)
12     //打印&a 的类型和值
13     fmt.Printf("&a 的类型是%T, 值是%v \n", &a, &a)
14     //打印 ip 的类型和值
15     fmt.Printf("ip 的类型是%T, 值是%v \n", ip, ip)
16     //打印变量*ip 的类型和值
17     fmt.Printf("*ip 变量的类型是%T, 值是%v \n", *ip, *ip)
18     //打印变量*&a 的类型和值
19     fmt.Printf("*&a 变量的类型是%T, 值是%v \n", *&a, *&a)
20     fmt.Println(a, &a, *&a)
21     fmt.Println(ip, &ip, *ip, *(&ip), &(*ip))
22  }
```

运行结果如图 4.14 所示。

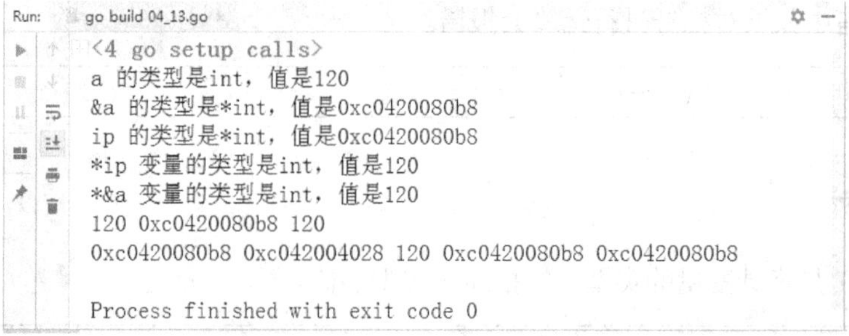

图 4.14 运行结果

例 4-14　指针示例二。

```
1   package main
2   import "fmt"
3   type Student struct {
4       name    string
5       age     int
6       married bool
7       sex     int8
8   }
9   func main() {
10      var s1 = Student{"Steven", 35, true, 1}
11      var s2 = Student{"Sunny", 20, false, 0}
12      var a *Student = &s1 //将 s1 的内存地址赋值给 Student 指针变量 a
13      var b *Student = &s2 //将 s2 的内存地址赋值给 Student 指针变量 b
14      fmt.Printf("s1 类型为%T，值为%v \n", s1, s1)
15      fmt.Printf("s2 类型为%T，值为%v \n", s2, s2)
16      fmt.Printf("a 类型为%T，值为%v \n", a, a)
17      fmt.Printf("b 类型为%T，值为%v \n", b, b)
18      fmt.Printf("*a 类型为%T，值为%v \n", *a, *a)
19      fmt.Printf("*b 类型为%T，值为%v \n", *b, *b)
20      fmt.Println(s1.name, s1.age, s1.married, s1.sex)
21      fmt.Println(a.name, a.age, a.married, a.sex)
22      fmt.Println(s2.name, s2.age, s2.married, s2.sex)
23      fmt.Println(b.name, b.age, b.married, b.sex)
24      fmt.Println((*a).name, (*a).age, (*a).married, (*a).sex)
25      fmt.Println((*b).name, (*b).age, (*b).married, (*b).sex)
26      fmt.Printf("&a 类型为%T，值为%v\n", &a, &a)
27      fmt.Printf("&b 类型为%T，值为%v\n", &b, &b)
28      fmt.Println(&a.name, &a.age, &a.married, &a.sex)
29      fmt.Println(&b.name, &b.age, &b.married, &b.sex)
30  }
```

运行结果如图 4.15 所示。

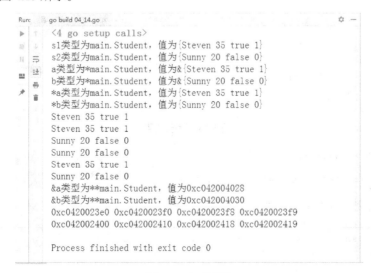

图 4.15　运行结果

4.2.3　空指针

在 Go 语言中，当一个指针被定义后没有分配到任何变量时，它的值为 nil。nil 指针也称为空指针。nil 在概念上和其他语言的 null、None、NULL 一样，都指代零值或空值。

假设指针变量命名为 ptr。空指针判断如下。

```
if(ptr != nil)    // ptr 不是空指针
if(ptr == nil)    // ptr 是空指针
```

4.2.4　使用指针

1.　通过指针修改变量的数值

使用方式如例 4-15 所示。

例 4-15　通过指针修改变量的值。

```
1   package main
2   import (
3       "fmt"
4   )
5   func main() {
6       b := 3158
7       a := &b
8       fmt.Println("b 的地址: ", a)
9       fmt.Println("*a 的值: ", *a)
10      *a++
11      fmt.Println("b 的新值: ", b)
12  }
```

运行结果如图 4.16 所示。

图 4.16　运行结果

2.　使用指针作为函数的参数

基本数据类型指针的使用方式如例 4-16 所示。

例 4-16　基本数据类型指针作为函数参数。

```
1   package main
2   import (
3       "fmt"
4   )
```

```
5  func main() {
6     a := 58
7     fmt.Println("函数调用之前 a 的值: ", a)
8     fmt.Printf("%T \n", a)
9     fmt.Printf("%x \n", &a)
10    //b := &a
11    var b *int = &a
12    change(b)
13    fmt.Println("函数调用之后的 a 的值: ", a)
14 }
15 func change(val *int) {
16    *val = 15
17 }
```

运行结果如图 4.17 所示。

图 4.17　运行结果

将基本数据类型的指针作为函数的参数，可以实现对传入数据的修改，这是因为指针作为函数的参数只是复制了一个指针，指针指向的内存没有发生改变。

4.2.5　指针数组

指针数组：就是元素为指针类型的数组。

定义一个指针数组，语法格式如下所示。

```
var ptr [3]*string
```

有一个元素个数与之相同的数组，将该数组中每个元素的地址赋值给该指针数组。也就是说该指针数组与某一个数组完全对应。可以通过*指针变量获取到该地址所对应的数值。

使用方式如例 4-17 所示。

例 4-17　指针数组。

```
1  package main
2  import "fmt"
3  const COUNT int = 4
4  func main() {
5     a := [COUNT]string{"abc", "ABC", "123", "一二三"}
6     i := 0
7     //定义指针数组
8     var ptr [COUNT]*string
9     fmt.Printf("%T , %v \n", ptr, ptr)
```

```
10    for i = 0; i < COUNT; i++ {
11        //将数组中每个元素的地址赋值给指针数组
12        ptr[i] = &a[i]
13    }
14    fmt.Printf("%T , %v \n", ptr, ptr)
15    //获取指针数组中第一个值，其实就是一个地址
16    fmt.Println(ptr[0])
17    //根据数组元素的每个地址获取该地址所指向的元素的数值
18    for i = 0; i < COUNT; i++ {
19        fmt.Printf("a[%d] = %s \n", i, *ptr[i])
20    }
21 }
```

运行结果如图 4.18 所示。

```
Run:    go build 04_17.go                                        ☼ —
  ▶  ↑  <4 go setup calls>
  ▦  ↓  [4]*string , [<nil> <nil> <nil> <nil>]
  ▯  ⇥  [4]*string , [0xc0420300c0 0xc0420300d0 0xc0420300e0 0xc0420300f
  ⊞  ≡↓  0xc0420300c0
  ⊠     a[0] = abc
  ⚲  🖨  a[1] = ABC
      🗑  a[2] = 123
          a[3] = 一二三

          Process finished with exit code 0
```

图 4.18　运行结果

4.2.6　指针的指针

如果一个指针变量存放的又是另一个指针变量的地址，则称这个指针变量为指向指针的指针变量。当定义一个指向指针的指针变量时，第一个指针存放第二个指针的地址，第二个指针存放变量的地址，如图 4.19 所示。

图 4.19　指针的指针

指向指针的指针变量声明格式如下。

```
var ptr **int
```

以上指向指针的指针变量为整型。

访问指向指针的指针变量值需要使用两个 * 号。使用方式如例 4-18 所示。

例 4-18　指针的指针。

```
1  package main
2  import "fmt"
3  func main() {
```

```
4     var a int
5     var ptr *int
6     var pptr **int
7     a = 1234
8     /* 指针 ptr 地址 */
9     ptr = &a
10    fmt.Println("ptr" , ptr)
11    /* 指向指针 ptr 地址 */
12    pptr = &ptr
13    fmt.Println("pptr" , ptr)
14    /* 获取 pptr 的值 */
15    fmt.Printf("变量 a = %d\n", a)
16    fmt.Printf("指针变量 *ptr = %d\n", *ptr)
17    fmt.Printf("指向指针的指针变量 **pptr = %d\n", **pptr)
18 }
```

运行结果如图 4.20 所示。

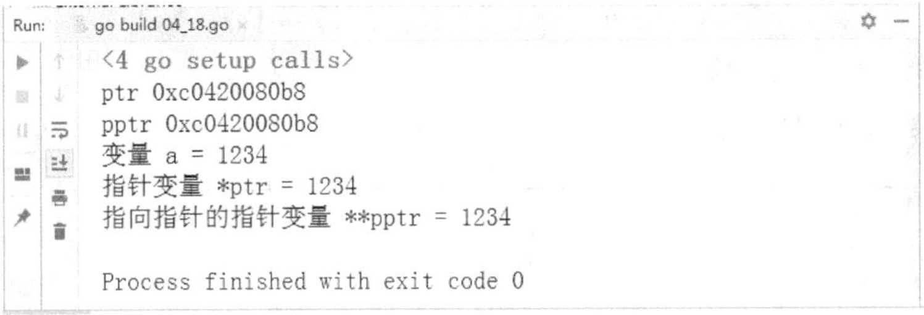

```
Run:    go build 04_18.go
        <4 go setup calls>
        ptr 0xc0420080b8
        pptr 0xc0420080b8
        变量 a = 1234
        指针变量 *ptr = 1234
        指向指针的指针变量 **pptr = 1234

        Process finished with exit code 0
```

图 4.20　运行结果

4.3　函数的参数传递

函数如果使用参数，该参数变量称为函数的形参。形参就像定义在函数体内的局部变量。调用函数，可以通过两种方式来传递参数，即值传递和引用传递，或者叫作传值和传引用。

4.3.1　值传递（传值）

值传递是指在调用函数时将实际参数复制一份传递到函数中，这样在函数中如果对参数进行修改，将不会影响到原内容数据。

默认情况下，Go 语言使用的是值传递，即在调用过程中不会影响到原内容数据。

每次调用函数，都将实参复制一份再传递到函数中。每次都复制一份，性能会下降，但是 Go 语言中使用指针和值传递配合就避免了性能降低问题，也就是通过传指针参数来解决实参复制的问题。

4.3.2　引用传递（传引用）

引用传递是指在调用函数时将实际参数的地址传递到函数中，那么在函数中对参数所进行的修改，将影响到原内容数据。

严格来说 Go 语言只有值传递这一种传参方式，Go 语言是没有引用传递的。

Go 语言中可以借助传指针来实现引用传递的效果。函数参数使用指针参数，传参的时候其实是复制一份指针参数，也就是复制了一份变量地址。

函数的参数如果是指针，当函数调用时，虽然参数仍然是按复制传递的，但是此时仅仅只是复制一个指针，也就是一个内存地址，这样就不用担心实参复制造成的内存浪费、时间开销、性能降低。

引用传递的作用如下。

- 传指针使得多个函数能操作同一个对象。
- 传指针更轻量级（8 bytes），只需要传内存地址。如果参数是非指针参数，那么值传递的过程中，每次在复制上面就会花费相对较多的系统开销（内存和时间）。所以要传递大的结构体的时候，用指针是一个明智的选择。

Go 语言中 slice、map、chan 类型的实现机制都类似指针，所以可以直接传递，而不必取地址后传递指针。

函数传 int 类型的值与引用的对比，如例 4-19 所示。

例 4-19 函数传 int 型参数。

```
1   package main
2   import "fmt"
3   func main() {
4       a := 10
5       fmt.Printf("1. 变量 a 的内存地址：%p，值为：%v \n\n", &a, a)
6       fmt.Printf("========int 型变量 a 的内存地址：%p \n\n", a)
7       changeIntVal(a)
8       fmt.Printf("2. changeIntVal 函数调用之后：变量 a 的内存地址：%p，值为：%v \n\n", &a, a)
9       changeIntPtr(&a)
10      fmt.Printf("3. changeIntPtr 函数调用之后：变量 a 的内存地址：%p，值为：%v \n\n", &a, a)
11  }
12  func changeIntVal(a int) {
13      fmt.Printf("--------changeIntVal 函数内：值参数 a 的内存地址：%p，值为：%v \n", &a, a)
14      a = 90
15  }
16  func changeIntPtr(a *int) {
17      fmt.Printf("--------changeIntPtr 函数内：指针参数 a 的内存地址：%p，值为：%v \n", &a, a)
18      *a = 50
19  }
```

运行结果如图 4.21 所示。

在例 4-19 中，第 6 行打印的信息并不是内存地址，通过值传递的方式调用函数后变量 a 没有发生改变，通过引用传递的方式调用函数后变量 a 发生了变化，因此 int 是值类型。

函数传 slice 类型的值与引用的对比，如例 4-20 所示。

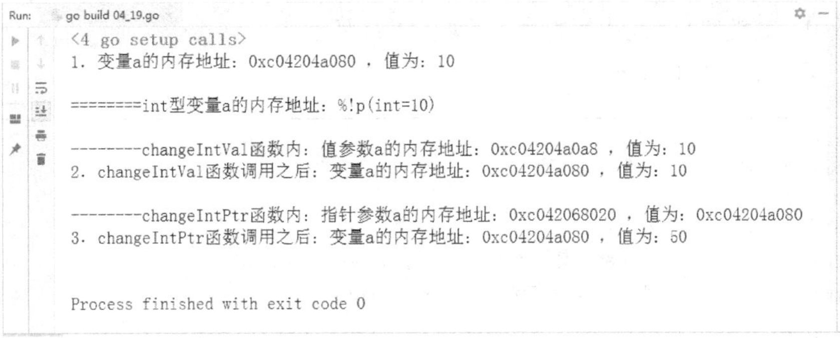

图 4.21　运行结果

例 4-20　函数传 slice 型参数。

```
1   package main
2   import "fmt"
3   func main() {
4       a := []int{1, 2, 3, 4}
5       fmt.Printf("1. 变量a的内存地址是：%p ，值为：%v \n\n", &a, a)//[1,2,3,4]
6       fmt.Printf("切片型变量a内存地址是：%p \n\n", a)//可以获取到地址，类似：0xc420018080
7       //传值
8       changeSliceVal(a)
9       fmt.Printf("2. changeSliceVal 函数调用后：变量 a 的内存地址是：%p ，值为：%v \n\n", &a, a)
10      //传引用
11      changeSlicePtr(&a)
12      fmt.Printf("3. changeSlicePtr 函数调用后：变量 a 的内存地址是：%p ，值为：%v \n\n", &a, a)
13  }
14  func changeSliceVal(a []int) {
15      fmt.Printf("----------changeSliceVal 函数内：值参数 a 的内存地址是：%p ，值为：%v \n", &a, a)
16      fmt.Printf("----------changeSlicePtr 函数内：值参数 a 的内存地址是：%p \n", a)
17      a[0] = 99
18  }
19  func changeSlicePtr(a *[]int) {
20      fmt.Printf("----------changeSlicePtr 函数内：指针参数 a 的内存地址是：%p ，值为：%v \n", &a, a)
21      (*a)[1] = 250
22  }
```

运行结果如图 4.22 所示。

图 4.22　运行结果

函数传数组，其类型的值与引用的对比，如例 4-21 所示。

例 4-21　函数传数组（array）。

```
1   package main
2   import "fmt"
3   func main() {
4       a := [4]int{1, 2, 3, 4}
5       fmt.Printf("1. 变量 a 的内存地址是：%p ，值为：%v \n\n", &a, a)
6       fmt.Printf("数组型变量 a 内存地址是：%p \n\n", a)
7       //传值
8       changeArrayVal(a)
9       fmt.Printf("2. changeArrayVal 函数调用后：变量 a 的内存地址是：%p ，值为：%v \n\n", &a, a)
10      //传引用
11      changeArrayPtr(&a)
12      fmt.Printf("3. changeArrayPtr 函数调用后：变量 a 的内存地址是：%p ，值为：%v \n\n", &a, a)
13  }
14  func changeArrayVal(a [4]int) {
15      fmt.Printf("----------changeArrayVal 函数内:值参数 a 的内存地址是：%p ,值为:%v \n", &a, a)
16      fmt.Printf("----------changeArrayPtr 函数内: 值参数 a 的内存地址是：%p \n", a) //获取
不到地址
17      a[0] = 99
18  }
19  func changeArrayPtr(a *[4]int) {
20      fmt.Printf("----------changeArrayPtr 函数内：指针参数 a 的内存地址是：%p ，值为：
%v \n", &a, a)
21      (*a)[1] = 250
22  }
```

运行结果如图 4.23 所示。

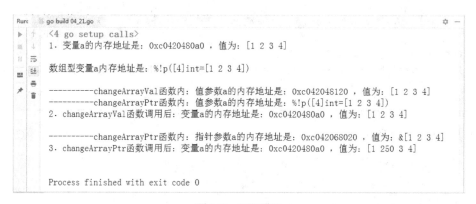

图 4.23　运行结果

函数传结构体，其类型的值与引用的对比，如例 4-22 所示。

例 4-22　函数传结构体（struct）。

```
1   package main
2   import "fmt"
3   type Teacher struct {
4       name    string
5       age     int
```

```
 6      married bool
 7      sex     int8
 8  }
 9  func main() {
10      a := Teacher{"Steven", 35, true, 1}
11      fmt.Printf("1. 变量 a 的内存地址是: %p , 值为: %v \n\n", &a, a)//{Steven 35 true 1}
12      fmt.Printf("struct 型变量 a 内存地址是: %p \n\n", a)//可以获取到地址?
13      //传值
14      changeStructVal(a)
15      fmt.Printf("2. changeArrayVal 函数调用后: 变量 a 的内存地址是: %p , 值为: %v \n\n", &a, a)
16      //传引用
17      changeStructPtr(&a)
18      fmt.Printf("3. changeArrayPtr 函数调用后: 变量 a 的内存地址是: %p , 值为: %v \n\n", &a, a)
19  }
20  func changeStructVal(a Teacher) {
21      fmt.Printf("----------changeArrayVal 函数内: 值参数 a 的内存地址是: %p , 值为:
%v \n", &a, a)
22      fmt.Printf("----------changeArrayPtr 函数内: 值参数 a 的内存地址是: %p \n", a) //获取不
到地址?
23      a.name = "Josh"
24      a.age = 29
25      a.married = false
26  }
27  func changeStructPtr(a *Teacher) {
28      fmt.Printf("----------changeArrayPtr 函数内:指针参数 a 的内存地址是:%p ,值为:%v \n", &a, a)
29      (*a).name = "Daniel"
30      (*a).age = 20
31      (*a).married = false
32  }
```

运行结果如图 4.24 所示。

```
Run:    go build 04_22.go
        <4 go setup calls>
        1. 变量a的内存地址是: 0xc0420023e0 , 值为: {Steven 35 true 1}

        struct型变量a内存地址是: %!p(main.Teacher={Steven 35 true 1})

        ----------changeArrayVal函数内: 值参数a的内存地址是: 0xc042002460 , 值为: {Steven 35 true 1}
        ----------changeArrayPtr函数内: 值参数a的内存地址是: %!p(main.Teacher={Steven 35 true 1})
        2. changeArrayVal函数调用后: 变量a的内存地址是: 0xc0420023e0 , 值为: {Steven 35 true 1}

        ----------changeArrayPtr函数内: 指针参数a的内存地址是: 0xc042004030 , 值为: &{Steven 35 true 1}
        3. changeArrayPtr函数调用后: 变量a的内存地址是: 0xc0420023e0 , 值为: {Daniel 20 false 1}


        Process finished with exit code 0
```

图 4.24　运行结果

4.3.3　值传递和引用传递的细节问题

Go 语言中所有的传参都是值传递（传值），都是一个副本。副本的内容有的是值类型（int、string、bool、array、struct 属于值类型），这样在函数中就无法修改原内容数据；有的是引用类型（pointer、slice、map、chan 属于引用类型），这样就可以修改原内容数据。

是否可以修改原内容数据，和传值、传引用没有必然的关系。在 C++中，传引用肯定是可以修改原内容数据的；在 Go 语言里，虽然只有传值，但是也可以修改原内容数据，因为参数可以是引用类型。

传引用和引用类型是两个概念。虽然 Go 语言只有传值一种方式，但是可以通过传引用类型变量达到与传引用一样的效果。

4.4　本章小结

本章详细介绍了 Go 语言的函数和指针，函数部分包括函数的定义、函数的参数、函数的返回值、匿名函数、闭包、可变参数和递归调用。指针部分包括指针的定义、指针的使用方式、指针数组和指针的指针。最后通过案例对函数的传参方式进行对比。在实际编程时，应尽量使用函数来提高代码的复用性，对于占用内存较大的变量应尽量使用指针来减少资源的消耗。

4.5　习题

1. 填空题

（1）普通函数需要先_____才能调用。

（2）函数内定义的变量称为_____，函数外定义的变量称为_____，函数中定义的参数称为_____。

（3）_____是存储另一个变量的内存地址的变量。

（4）用来结束函数并返回函数值的是_____关键字。

（5）_____是函数直接或间接地调用函数自身。

2. 选择题

（1）下列选项中，定义指针变量语法正确的是（　　　　）。

    A. var ip *int　　　B. var p int　　　C. var pp string　　　D. var ppp float64

（2）在 Go 语言中空指针的值是（　　　　）。

    A. NULL　　　B. null　　　C. nil　　　D. ""

（3）下列选项中，声明函数正确的是（　　　　）。

    A. var p int　　　　　　　　　　B. var flag bool

    C. func myName(a string){}　　　D. var str string

（4）下列选项中，对 Go 语言中指针运算的说法正确的是（　　　　）。

    A. 可对指针进行下标运算　　　　　　B. 可通过 "&" 取指针指向的数据

    C. 可通过 "*" 取指针指向的数据　　　D. 可对指针进行自减或自增运算

（5）下列选项中，声明函数语法错误的是（　　　　）。

    A.

```
func test(a, b int)   (result int, err error)
```

    B.

```
func test(a int, b int)   (result int, err error)
```

C.

```
func test(a int, b int)   (int, int, error)
```

D.

```
func test(a , b int) (result int, error)
```

3. 思考题

（1）简述在函数中，值传递与引用传递的区别。

（2）简述什么是闭包。

4. 编程题

（1）斐波那契数列是由 0 和 1 开始，之后的斐波那契数列系数就由之前的两数相加。在数学上定义为：$F0=0$，$F1=1$，$Fn=F(n-1)+F(n-2)$（$n \geq 2$，$n \in N^*$）。下面请使用闭包实现斐波那契数列，并输出前 10 个数据。

（2）递归实现 $n!$。

05

第 5 章　Go 语言的内置容器

本章学习目标

- 掌握数组的用法
- 掌握切片的用法
- 掌握 map 的用法

介绍

在日常生活中有这样的场景，超市批量运输酒水，搬运工通常不会一瓶一瓶地搬，他们会将瓶子放到箱子里一起搬，这样省时省力。在 Go 语言中也有这样的"箱子"，就是内置容器，开发者可以将变量放在容器里一起操作。

数组

5.1　数组

通过前面章节的学习，相信读者已经掌握了变量的定义。但是，有一些场景却很难应付，例如，统计 1000 个学生的成绩。定义 1000 个变量既麻烦又容易出错，因此 Go 语言提供了数组，1000 个变量可以存放在一个数组中，在使用的时候定义一个数组就可以了。

5.1.1　数组的概念

数组是相同类型的一组数据构成的长度固定的序列，其中数据类型包含了基本数据类型、复合数据类型和自定义类型。数组中的每一项被称为数组的元素。数组名是数组的唯一标识符，数组的每一个元素都是没有名字的，只能通过索引下标（位置）进行访问。因为数组的内存是一段连续的存储区域，所以数组的检索速度是非常快的，但是数组也有一定的缺陷，就是定义后长度不能更改。

5.1.2　数组的语法

Go 语言数组声明需要指定元素类型及元素个数，语法格式如下。

```
var 变量名　[数组长度] 数据类型
```

以上为一维数组的定义方式，数组长度必须是整数且大于 0，未初始化的数组不是 nil，也就是说没有空数组（与切片不同）。

初始化数组语法格式如下。

```
var nums = [5]int{1 , 2 , 3 , 4 , 5 }
```

初始化数组中 {} 中的元素个数不能大于 [] 中的数字。

如果忽略 [] 中的数字，不设置数组长度，Go 语言会根据元素的个数来设置数组的长度。可以忽略声明中数组的长度并将其替换为 "..."。编译器会自动计算长度。语法格式如下。

```
var nums = [...]int{1 , 2 , 3 , 4 ,5 }
```

以上两种初始化方式效果相同，虽然第二种没有设置数组的长度。

修改数组内容，语法格式如下。

```
nums[4] = 4
```

以上实例读取数组第 5 个元素。数组元素可以通过索引（位置）来读取（或者修改），索引从 0 开始，第 1 个元素索引为 0，第 2 个索引为 1，以此类推。

5.1.3　数组的长度

数组的长度是数组的一个内置常量，通过将数组作为参数传递给 len() 函数，可以获得数组的长度。忽略声明中数组的长度并将其替换为 "..."，编译器可以找到长度。接下来使用案例演示获取数组长度的方式，具体如例 5-1 所示。

例 5-1　获取数组长度。

```
1  package main
2  import "fmt"
3  func main() {
4      a := [4]float64{67.7, 89.8, 21, 78}
5      b := [...]int{2, 3, 5}
6      fmt.Printf("数组 a 的长度为 %d，数组 b 的长度为 %d\n", len(a), len(b))
7  }
```

运行结果如图 5.1 所示。

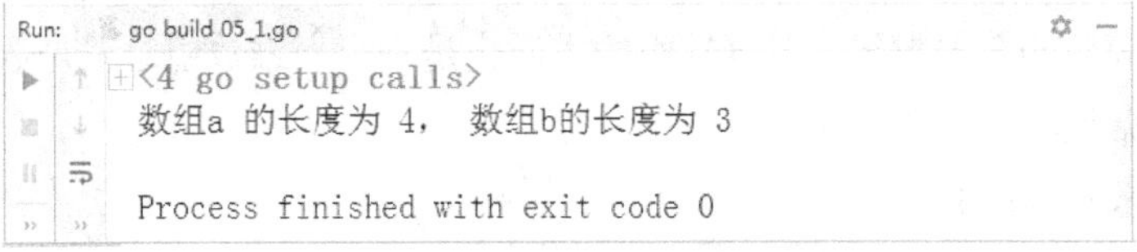

图 5.1　运行结果

5.1.4 遍历数组

在数组中查找目标元素，需要进行遍历，在 Go 语言中数组的遍历方式如例 5-2 所示。

例 5-2 遍历数组。

```
25  package main
26  import "fmt"
27  func main() {
28      a := [4]float64{67.7, 89.8, 21, 78}
29      b := [...]int{2, 3, 5}
30      //遍历数组方式 1
31      for i := 0; i < len(a); i++ {
32          fmt.Print(a[i], "\t")
33      }
34      fmt.Println()
35      // 遍历数组方式 2
36      for _, value := range b {
37          fmt.Print(value, "\t")
38      }
39  }
```

运行结果如图 5.2 所示。

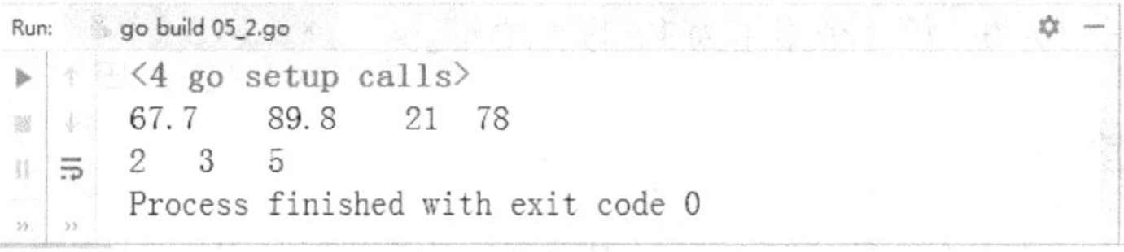

图 5.2 运行结果

5.1.5 多维数组

由于数据的复杂程度不一样，数组可能有多个下标。一般将数组元素下标的个数称为维数，根据维数，可将数组分为一维数组、二维数组、三维数组、四维数组等。二维及以上的数组可称为多维数组。

Go 语言的多维数组声明方式：

```
var variable_name [SIZE1][SIZE2]...[SIZEn] variable_type
```

1. 二维数组

在实际的工作中，仅仅使用一维数组是远远不够的，例如，一个学习小组有 10 个人，每个人有 3 门课的考试成绩，如果使用一维数组解决是很麻烦的。这时，可以使用二维数组。

二维数组是最简单的多维数组，二维数组的本质也是一个一维数组，只是数组成员由基本数据类型变成了构造数据类型（一维数组）。

二维数组的定义方式如下。

```
var arrayName [ x ][ y ] variable_type
```

二维数组初始化，语法格式如下。

```
a = [3][4]int{
  {0, 1, 2, 3} ,   /*  第一行索引为 0 */
  {4, 5, 6, 7} ,   /*  第二行索引为 1 */
  {8, 9, 10, 11}   /*  第三行索引为 2 */
}
```

上述定义的二维数组共包含 3×4 个元素，即 12 个元素。接下来，我们通过一张图来描述二维数组 a 的元素分布情况，如图 5.3 所示。

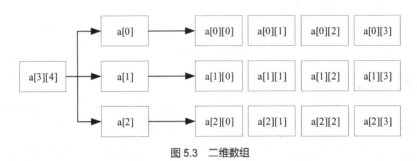

图 5.3   二维数组

二维数组元素通过指定坐标来访问，如数组中的行索引与列索引。语法格式如下。

```
int val = a[2][3]
```

以上实例访问了二维数组 val 第 3 行的第 4 个元素。

二维数组可以使用循环嵌套来输出元素，具体语法通过案例演示，如例 5-3 所示。

例 5-3   二维数组嵌套循环输出。

```
1  package main
2  import "fmt"
3  func main() {
4     /* 数组 - 5 行 2 列*/
5     var a = [5][2]int{ {0,0}, {1,2}, {2,4}, {3,6},{4,8}}
6     fmt.Println(len(a))
7     fmt.Println(len(a[0]))
8     /* 输出数组元素 */
9     for  i := 0; i < len(a); i++ {
10       for j := 0; j < len(a[0]); j++ {
11         fmt.Printf("a[%d][%d] = %d\n", i,j, a[i][j] )
12       }
13     }
14 }
```

运行结果如图 5.4 所示。

2. 三维数组

三维数组的本质也是一个一维数组，只是数组成员由基本数据类型变成了构造数据类型（二维数组），如同阅兵仪式的多个方阵。

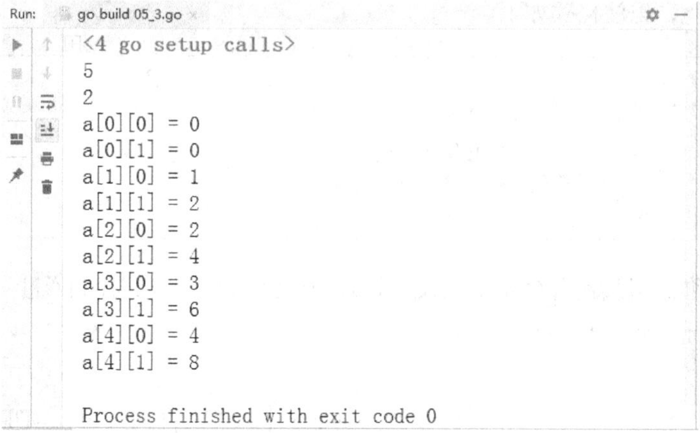

图 5.4　运行结果

定义三维数组的语法格式如下。

```
var threedim [5][10][4]int
```

多维数组在实际的工作中极少使用，并且使用方法与二维数组相似，本书不再做详细的讲解，有兴趣的读者可以自己学习。

5.1.6　数组是值类型

Go 语言中的数组并非引用类型，而是值类型。当它们被分配给一个新变量时，会将原始数组复制出一份分配给新变量。因此对新变量进行更改，原始数组不会有反应。下面通过一个案例来验证原始数组是否被更改，具体如例 5-4 所示。

例 5-4　数组被分配给一个新变量。

```
1  package main
2  import "fmt"
3  func main() {
4      a := [...]string{"USA", "China", "India", "Germany", "France"}
5      b := a // a copy of a is assigned to b
6      b[0] = "Singapore"
7      fmt.Println("a : ", a)
8      fmt.Println("b : ", b)
9  }
```

运行结果如图 5.5 所示。

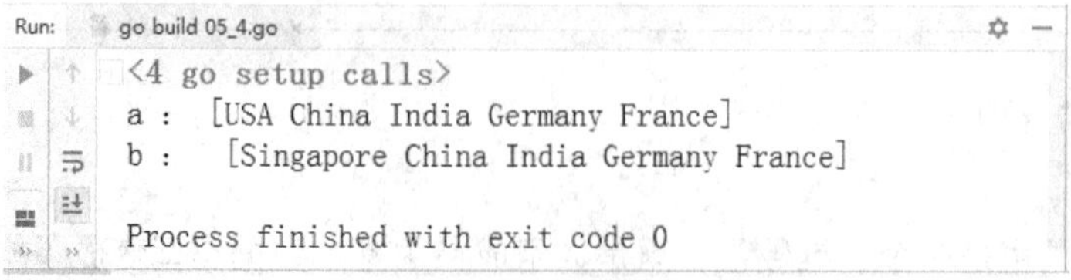

图 5.5　运行结果

注意：将数组作为函数参数进行传递，它们将通过值传递，原始数组依然保持不变。

5.2　切片

切片

5.2.1　切片的概念

Go 语言中数组的长度不可改变，但在很多应用场景中，在初始定义数组时，数组的长度并不可预知，这样的序列集合无法满足要求。Go 中提供了另外一种内置类型"切片（slice）"，弥补了数组的缺陷。切片是可变长度的序列，序列中每个元素都是相同的类型。切片的语法和数组很像。

从底层来看，切片引用了数组的对象。切片可以追加元素，在追加时可能使切片的容量增大。与数组相比，切片不需要设定长度，在[]中不用设定值，相对来说比较自由。

切片的数据结构可理解为一个结构体，这个结构体包含了三个元素。

- 指针，指向数组中切片指定的开始位置。
- 长度，即切片的长度。
- 容量，也就是切片开始位置到数组的最后位置的长度。

5.2.2　切片的语法

1.　声明切片

声明一个未指定长度的数组来定义切片，具体示例如下。

```
var identifier []type
```

切片不需要说明长度。采用该声明方式且未初始化的切片为空切片。该切片默认为 nil，长度为 0。使用 make() 函数来创建切片，语法格式如下。

```
var slice1 []type = make([]type, len)
```

使用 make() 函数来创建切片可以简写为如下格式。

```
slice1 := make([]type, len)
```

创建切片时可以指定容量，其中 capacity 为可选参数：make([]T, length, capacity)。详情如例 5-5 所示。

例 5-5　切片属性。

```
1  package main
2  import "fmt"
3  func main() {
4      var numbers = make([]int,3,5)
5      fmt.Printf("%T\n" , numbers)
6      fmt.Printf("len=%d cap=%d slice=%v\n",len(numbers),cap(numbers),numbers)
7  }
```

运行结果如图 5.6 所示。

图 5.6 运行结果

2. 初始化

（1）直接初始化切片，语法格式如下。

```
s :=[] int {1,2,3 }
```

（2）通过数组截取来初始化切片，语法格式如下。

```
arr := [5]int {1,2,3,4,5}
s := arr[:]
```

切片中包含数组所有元素，语法格式如下。

```
s := arr[startIndex:endIndex]
```

将 arr 中从下标 startIndex 到 endIndex-1 下的元素创建为一个新的切片（前闭后开），长度为 endIndex-startIndex。

缺省 endIndex 时表示一直到 arr 的最后一个元素，语法格式如下。

```
s := arr[startIndex:]
```

缺省 startIndex 时表示从 arr 的第一个元素开始，语法格式如下。

```
s := arr[:endIndex]
```

（3）通过切片截取来初始化切片。

可以通过设置下限及上限来设置截取切片：[lower-bound:upper-bound]，如例 5-6 所示。

例 5-6 截取切片。

```
1    package main
2    import "fmt"
3    func main() {
4        /* 创建切片 */
5        numbers := []int{0,1,2,3,4,5,6,7,8}
6        printSlice(numbers)
7        /* 打印原始切片 */
8        fmt.Println("numbers ==", numbers)
9        /* 打印子切片从索引1(包含) 到索引4(不包含)*/
10       fmt.Println("numbers[1:4] ==", numbers[1:4])
```

```
11      /* 默认下限为 0*/
12      fmt.Println("numbers[:3] ==", numbers[:3])
13      /* 默认上限为 len(s)*/
14      fmt.Println("numbers[4:] ==", numbers[4:])
15      /* 打印子切片从索引  0(包含) 到索引 2(不包含) */
16      number2 := numbers[:2]
17      printSlice(number2)
18      /* 打印子切片从索引 2(包含) 到索引 5(不包含) */
19      number3 := numbers[2:5]
20      printSlice(number3)
21  }
22  func printSlice(x []int){
23      fmt.Printf("len=%d cap=%d slice=%v\n",len(x),cap(x),x)
24  }
```

运行结果如图 5.7 所示。

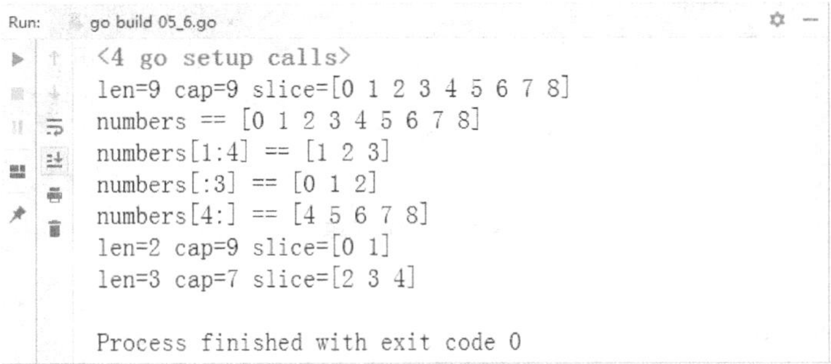

图 5.7   运行结果

5.2.3   len()和 cap()函数

切片的长度是切片中元素的数量。切片的容量是从创建切片的索引开始的底层数组中元素的数量。切片可以通过 len()方法获取长度,可以通过 cap()方法获取容量。数组计算 cap()结果与 len() 相同,具体使用细节如例 5-7 所示。

例 5-7   切片使用细节。

```
1   package main
2   import "fmt"
3   func main() {
4       sliceCap()
5   }
6   func sliceCap() {
7       arr0 := [...]string{"a", "b", "c", "d", "e", "f", "g", "h", "i", "j", "k"}
8       fmt.Println("cap(arr0)=", cap(arr0), arr0)
9       //截取数组,形成切片
10      s01 := arr0[2:8]
11      fmt.Printf("%T \n", s01)
12      fmt.Println("cap(s01)=", cap(s01), s01)
13      s02 := arr0[4:7]
14      fmt.Println("cap(s02)=", cap(s02), s02)
```

```
15    //截取切片，形成切片
16    s03 := s01[3:9]
17    fmt.Println("截取s01[3:9]后形成s03: ", s03)
18    s04 := s02[4:7]
19    fmt.Println("截取s02[4:7]后形成s04: ", s04)
20    //切片是引用类型
21    s04[0] = "x"
22    fmt.Print(arr0, s01, s02, s03, s04)
23 }
```

运行结果如图 5.8 所示。

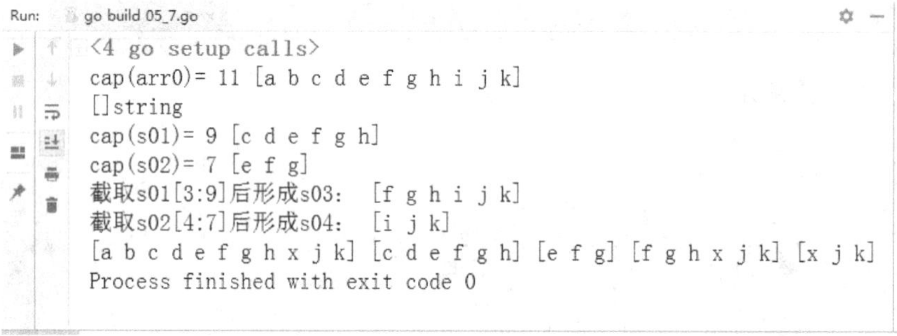

图 5.8　运行结果

5.2.4　切片是引用类型

切片没有自己的任何数据。它只是底层数组的一个引用。对切片所做的任何修改都将反映在底层数组中。数组是值类型，而切片是引用类型，两者的区别如例 5-8 所示。

例 5-8　数组与切片的区别。

```
1  package main
2  import "fmt"
3  func main() {
4     a := [4]float64{67.7, 89.8, 21, 78}
5     b := []int{2, 3, 5}
6     fmt.Printf("变量a —— 地址: %p , 类型: %T, 数值: %v, 长度: %d \n", &a, a, a, len(a))
7     fmt.Printf("变量b —— 地址: %p , 类型: %T, 数值: %v, 长度: %d \n", &b, b, b, len(b))
8     c := a
9     d := b
10    fmt.Printf("变量c —— 地址: %p , 类型: %T, 数值: %v, 长度: %d \n", &c, c, c, len(c))
11    fmt.Printf("变量d —— 地址: %p , 类型: %T, 数值: %v, 长度: %d \n", &d, d, d, len(d))
12    a[1] = 200
13    fmt.Println("a=", a, "c=", c)
14    d[0] = 100
15    fmt.Println("b=", b, "d=", d)
16 }
```

运行结果如图 5.9 所示。

图 5.9　运行结果

修改切片数值，当多个切片共享相同的底层数组时，对每个元素所做的更改将在数组中反映出来。如例 5-9 所示。

例 5-9　修改切片数值。

```
1   package main
2   import  "fmt"
3   func main() {
4       //定义数组
5       arr := [3]int{1, 2, 3}
6       //根据数组截取切片
7       nums1 := arr[:]
8       nums2 := arr[:]
9       fmt.Println("arr=", arr)
10      nums1[0] = 100
11      fmt.Println("arr=", arr)
12      nums2[1] = 200
13      fmt.Println("arr=", arr)
14  }
```

运行结果如图 5.10 所示。

```
Run:    go build 05_9.go                          ✿ —
  ▶  ↑   <4 go setup calls>
  ▣  ↓   arr= [1 2 3]
  ‖  ⇥   arr= [100 2 3]
     ⇥   arr= [100 200 3]
  ▦
  ⚏      Process finished with exit code 0
```

图 5.10　运行结果

5.2.5　append()和 copy()函数

函数 append()用于往切片中追加新元素，可以向切片里面追加一个或者多个元素，也可以追加一个切片。append()会改变切片所引用的数组的内容，从而影响到引用同一数组的其他切片。当使用 append()追加元素到切片时，如果容量不够（也就是(cap−len) == 0），Go 就会创建一个新的内存地址来储存元素。

函数 copy()会复制切片元素，将源切片中的元素复制到目标切片中，返回复制的元素的个数。

copy()方法不会建立源切片与目标切片之间的联系。也就是两个切片不存在联系，其中一个修改不影响另一个。

以上两个方法不适用于数组。

利用切片截取及 append()函数实现切片删除元素。

删除第一个元素，具体方法如下所示。

```
numbers = numbers[1:]
```

删除最后一个元素，具体方法如下所示。

```
numbers = numbers[:len(numbers)-1]
```

删除中间元素，具体方法如下所示。

```
a := int(len(numbers)/2)
fmt.Println(a)
numbers = append(numbers[:a] , numbers[a+1:]...)
```

接下来通过两个案例将 append()和 copy()进行对比，如例 5-10、例 5-11 所示。

例 5-10　对比案例一。

```
1   package main
2   import "fmt"
3   func main() {
4       fmt.Println("1. -----------------")
5       numbers := make([]int , 0 , 20)
6       printSlices("numbers:", numbers)
7       numbers = append(numbers, 0)
8       printSlices("numbers:", numbers)
9       /* 向切片添加一个元素 */
10      numbers = append(numbers, 1)
11      printSlices("numbers:", numbers)
12      /* 同时添加多个元素 */
13      numbers = append(numbers, 2, 3, 4, 5, 6, 7)
14      printSlices("numbers:", numbers)
15      fmt.Println("2. -----------------")
16      //追加一个切片
17      s1 := []int{100, 200, 300, 400, 500, 600, 700}
18      numbers = append(numbers, s1...)
19      printSlices("numbers:", numbers)
20      fmt.Println("3. -----------------")
21      //切片删除元素
22      //删除第一个元素
23      numbers = numbers[1:]
24      printSlices("numbers:", numbers)
25      //删除最后一个元素
26      numbers = numbers[:len(numbers)-1]
27      printSlices("numbers:", numbers)
28      //删除中间一个元素
```

```
29    a := int(len(numbers)/2)
30    fmt.Println("中间数: " , a)
31    numbers = append(numbers[:a] , numbers[a+1:]...)
32    printSlices("numbers:", numbers)
33    fmt.Println("4. =======================")
34    /* 创建切片 numbers1 是之前切片的两倍容量*/
35    numbers1 := make([]int, len(numbers), (cap(numbers))*2)
36    /* 复制 numbers 的内容到 numbers1 */
37    count := copy(numbers1, numbers)
38    fmt.Println("复制个数: ", count)
39    printSlices("numbers1:", numbers1)
40    numbers[len(numbers)-1] = 99
41    numbers1[0] = 100
42    /*numbers1 与 numbers 两者不存在联系, numbers 发生变化时,
43    numbers1 是不会随着变化的。也就是说 copy 方法是不会建立两个切片的联系的
44     */
45    printSlices("numbers1:", numbers1)
46    printSlices("numbers:", numbers)
47 }
48 //输出切片格式化信息
49 func printSlices(name string, x []int) {
50    fmt.Print(name, "\t")
51    fmt.Printf("addr:%p \t len=%d \t cap=%d \t slice=%v\n", x , len(x),cap(x),x)
52 }
```

运行结果如图 5.11 所示。

```
Run:    go build 05_10.go                                                              ⚙ —
   <4 go setup calls>
   1. -----------------
   numbers:     addr:0xc042070000     len=0    cap=20      slice=[]
   numbers:     addr:0xc042070000     len=1    cap=20      slice=[0]
   numbers:     addr:0xc042070000     len=2    cap=20      slice=[0 1]
   numbers:     addr:0xc042070000     len=8    cap=20      slice=[0 1 2 3 4 5 6 7]
   2. -----------------
   numbers:     addr:0xc042070000     len=15   cap=20      slice=[0 1 2 3 4 5 6 7 100 200 300 400 500 600 700]
   3. -----------------
   numbers:     addr:0xc042070008     len=14   cap=19      slice=[1 2 3 4 5 6 7 100 200 300 400 500 600 700]
   numbers:     addr:0xc042070008     len=13   cap=19      slice=[1 2 3 4 5 6 7 100 200 300 400 500 600]
   中间数:  6
   numbers:     addr:0xc042070008     len=12   cap=19      slice=[1 2 3 4 5 6 100 200 300 400 500 600]
   4. =======================
   复制个数:  12
   numbers1:    addr:0xc042072000     len=12   cap=38      slice=[1 2 3 4 5 6 100 200 300 400 500 600]
   numbers1:    addr:0xc042072000     len=12   cap=38      slice=[100 2 3 4 5 6 100 200 300 400 500 600]
   numbers:     addr:0xc042070008     len=12   cap=19      slice=[1 2 3 4 5 6 100 200 300 400 500 99]

   Process finished with exit code 0
```

图 5.11　运行结果

例 5-11　对比案例二。

```
1  package main
2  import (
3      "fmt"
4      "strconv"
5  )
```

```
6  func main() {
7      //思考：使用哪种初始化切片的方式更高效?
8      var sa []string
9      //sa := make([]string , 0 , 20)
10     printSliceMsg(sa)
11     //当使用 append 追加元素到切片时，如果容量不够，Go 就会创建一个新的切片变量来储存元素
12     for i := 0; i < 15; i++ {
13         sa = append(sa, strconv.Itoa(i))
14         printSliceMsg(sa)
15     }
16     printSliceMsg(sa)
17 }
18 //打印输出格式化信息
19 func printSliceMsg(sa []string) {
20     fmt.Printf("addr:%p \t len:%v \t cap:%d  \t  value:%v\n", sa, len(sa), cap(sa), sa)
21 }
```

运行结果如图 5.12 所示。

```
Run:    go build 05_11.go                                                    ⚙ —
   ►  ↑   <4 go setup calls>
   ⊞  ↓   addr:0x0       len:0     cap:0        value:[]
   Ⅱ  ⇥   addr:0xc04203e1b0   len:1    cap:1        value:[0]
   ⊞  ⇤   addr:0xc042044400   len:2    cap:2        value:[0 1]
   ⊞  ⇥   addr:0xc0420460c0   len:3    cap:4        value:[0 1 2]
   📌  🗑   addr:0xc0420460c0   len:4    cap:4        value:[0 1 2 3]
           addr:0xc042082000   len:5    cap:8        value:[0 1 2 3 4]
           addr:0xc042082000   len:6    cap:8        value:[0 1 2 3 4 5]
           addr:0xc042082000   len:7    cap:8        value:[0 1 2 3 4 5 6]
           addr:0xc042082000   len:8    cap:8        value:[0 1 2 3 4 5 6 7]
           addr:0xc042084000   len:9    cap:16       value:[0 1 2 3 4 5 6 7 8]
           addr:0xc042084000   len:10      cap:16       value:[0 1 2 3 4 5 6 7 8 9]
           addr:0xc042084000   len:11      cap:16       value:[0 1 2 3 4 5 6 7 8 9 10]
           addr:0xc042084000   len:12      cap:16       value:[0 1 2 3 4 5 6 7 8 9 10 11]
           addr:0xc042084000   len:13      cap:16       value:[0 1 2 3 4 5 6 7 8 9 10 11 12]
           addr:0xc042084000   len:14      cap:16       value:[0 1 2 3 4 5 6 7 8 9 10 11 12 13]
           addr:0xc042084000   len:15      cap:16       value:[0 1 2 3 4 5 6 7 8 9 10 11 12 13 14]
           addr:0xc042084000   len:15      cap:16       value:[0 1 2 3 4 5 6 7 8 9 10 11 12 13 14]

           Process finished with exit code 0
```

图 5.12　运行结果

5.3　map

5.3.1　map 的概念

在现实生活中，通过字典可以查询某个词的语义，即词与语义建立了某种关系，通过词的索引便可以找到对应的语义，如图 5.13 所示。

Go 语言提供了内置类型 map，它将一个值与一个键关联起来，可以使用相应的键检索值。这种结构在其他资料中译成地图、

图 5.13　字典

映射或字典，但是在 Go 语言中习惯上翻译成集合。map 正如现实生活中的字典一样，使用词-语义进行数据的构建，其中词对应键（key），语义对应值（value），即键与值构成映射的关系，通常将两者称为键值对，这样通过键可以快速找到对应的值。map 是一种集合，可以像遍历数组或切片那样去遍历它。因为 map 是由 Hash 表实现的，所以对 map 的读取顺序不固定。

map 是无序的，每次打印出来的 map 都会不一样，它不能通过 index 获取，而必须通过 key 获取。

map 的长度是不固定的，和切片一样可以扩展。内置的 len()函数同样适用于 map，返回 map 拥有的键值对的数量。但是 map 不能通过 cap()函数计算容量（或者说 cap()函数的参数不可以是 map）。

同一个 map 中 key 必须保证唯一。key 的数据类型必须是可参与比较运算的类型，也就是支持 ==或!=操作的类型，如布尔型、整型、浮点型、字符串、数组。切片、函数等引用类型则不能作为 key 的数据类型。

map 的 value 可以是任何数据类型。map 和切片一样，也是一种引用类型。

5.3.2　map 的语法

1. map 的声明

可以使用 var 关键字来定义 map，也可以使用内建函数 make()。

（1）使用 var 关键字定义 map

使用语法如下所示。

```
var 变量名 map[key 类型]value 类型
```

使用 var 关键字声明 map，未初始化的 map 的默认值是 nil。nil map 不能存放键值对。如果要使用 map 存储键值对，必须在声明时初始化，或者使用 make()函数分配到内存空间。

（2）使用 make()函数

使用语法如下所示。

```
变量名 := make(map[key 类型]value 类型)
```

该声明方式，如果不初始化 map，map 也不等于 nil。

2. map 的初始化赋值和遍历

map 的初始化赋值和遍历方式如例 5-12 所示。

例 5-12　map 初始化赋值和遍历。

```
1   package main
2   import "fmt"
3   func main() {
4       //1. 声明时同时初始化
5       var country = map[string]string{
6           "China":  "Beijing",
7           "Japan":  "Tokyo",
8           "India":  "New Delhi",
9           "France": "Paris",
10          "Italy":  "Rome",
```

```
11        }
12        fmt.Println(country)
13        //短变量声明初始化方式
14        rating := map[string]float64{"c": 5, "Go": 4.5, "Python": 4.5, "C++": 3}
15        fmt.Println(rating)
16        //2. 创建 map 后再赋值
17        countryMap := make(map[string]string)
18        countryMap["China"] = "Beijing"
19        countryMap["Japan"] = "Tokyo"
20        countryMap["India"] = "New Delhi"
21        countryMap["France"] = "Paris"
22        countryMap["Italy"] = "Rome"
23        //    3. 遍历 map（无序）
24        //    (1)key 、value 都遍历
25        for k, v := range countryMap {
26            fmt.Println("国家", k, "首都", v)
27        }
28        fmt.Println("-----------")
29        //(2)只展示 value
30        for _, v := range countryMap {
31            fmt.Println("国家", "首都", v)
32        }
33        fmt.Println("-----------")
34        //(3)只展示 key
35        for k := range countryMap {
36            fmt.Println("国家", k , "首都", countryMap[k])
37        }
38    }
```

运行结果如图 5.14 所示。

图 5.14　运行结果

3. 查看元素在集合中是否存在

可以通过 key 获取 map 中对应的 value 值。语法为：map[key]。当 key 不存在时，会得到该 value 值类型的默认值，比如 string 类型得到空字符串，int 类型得到 0，程序不会报错。所以可以通过 value, ok := map[key]获知 key/value 是否存在。ok 是 bool 型，如果 ok 是 true，则该键值对存在，否则不存在。

使用方式如例 5-13 所示。

例 5-13 查看元素集合。

```
1  package main
2  import "fmt"
3  func main() {
4      countryMap := make(map[string]string)
5      countryMap["China"] = "Beijing"
6      countryMap["Japan"] = "Tokyo"
7      countryMap["India"] = "New Delhi"
8      countryMap["France"] = "Paris"
9      countryMap["Italy"] = "Rome"
10     //查看元素是否在 map 中存在
11     value , ok := countryMap["England"]
12     fmt.Printf("%q \n" , value)
13     fmt.Printf("%T , %v \n" , ok , ok)
14     if ok {
15         fmt.Println("首都: " , value)
16     } else {
17         fmt.Println("首都信息未检索到! ")
18     }
19     //或者
20     if value ,ok :=countryMap["USA"];ok {
21         fmt.Println("首都: " , value)
22     } else {
23         fmt.Println("首都信息未检索到! ")
24     }
25 }
```

运行结果如图 5.15 所示。

图 5.15　运行结果

5.3.3　delete()函数

delete(map, key) 函数用于删除集合的某个元素，参数为 map 和其对应的 key。删除函数不返回任何值。使用方式如例 5-14 所示。

例 5-14　delete()函数用法。

```
1  package main
2  import "fmt"
3  func main() {
4      //1. 声明并初始化一个 map
5      map1 := map[string]string {
6          "element":"div",
7          "width" :"100px",
8          "height":"200px",
9          "border":"solid",
10         "background":"none",
11     }
12     //2. 根据 key 删除 map 中的某个元素
13     fmt.Println("删除前: ",map1)
14     if _,ok := map1["background"]; ok {
15         delete(map1 , "background")
16     }
17     fmt.Println("删除后: ",map1)
18     //3. 清空 map
19     //map1 = map[string]string{}
20     map1 = make(map[string]string)
21     fmt.Println("清空后: ",map1)
22 }
```

运行结果如图 5.16 所示。

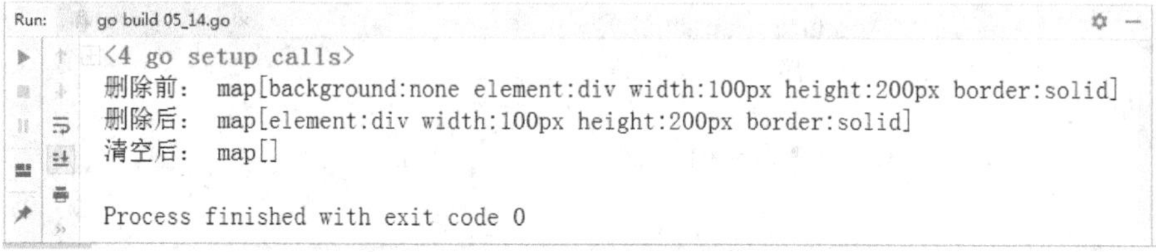

图 5.16　运行结果

Go 语言没有为 map 提供清空所有元素的函数，清空 map 的唯一办法是重新 make 一个新的 map。不用担心垃圾回收的效率，Go 语言的垃圾回收比写一个清空函数更高效。

5.3.4　map 是引用类型

map 与切片相似，都是引用类型。将一个 map 赋值给一个新的变量时，它们指向同一块内存（底层数据结构）。因此，修改两个变量的内容都能够引起它们所指向的数据发生变化。

下面通过一个案例来验证 map 是引用类型，如例 5-15 所示。

例 5-15　验证 map 是引用类型。

```
1  package main
2  import "fmt"
3  func main() {
```

```
4      personSalary := map[string]int{
5          "Steven": 18000,
6          "Daniel": 5000,
7          "Josh":   20000,
8      }
9      fmt.Println("原始薪资: ", personSalary)
10     newPersonSalary := personSalary
11     newPersonSalary["Daniel"] = 8000
12     fmt.Println("修改后 newPersonSalary: ", newPersonSalary)
13     fmt.Println("personSalary 受影响情况: ", personSalary)
14 }
```

运行结果如图 5.17 所示。

图 5.17　运行结果

由图 5.17 可以看出，对 newPersonSalary 的修改影响了 personSalary，所以 map
是引用类型。

本章小结

5.4　本章小结

虽然就底层而言，所有的数据都是由比特组成，但计算机一般操作的是固定大小的数，如整型、
浮点型、布尔型、字符串、字符（byte、rune）等。进一步将这些数组织在一起，就可表达更多的对
象。Go 语言提供了丰富的数据组织形式，这依赖于 Go 语言内置的数据类型。这些内置的数据类型，
如函数与指针、数组、切片、map 等，兼顾了硬件的特性和表达复杂数据结构的便捷性。

5.5　习题

1. 填空题

（1）_____是相同类型的一组数据构成的长度固定的序列。

（2）数组的_____不可改变。

（3）map 是无序的，因为 map 是由_____实现的。

（4）若有定义"var a[3][5] int"则 a 数组中行下标的上限为_____，列下标的上限为_____。

（5）Go 中提供了一种内置类型"切片"，从底层来看，切片_____了数组的对象。

2. 选择题

（1）从概念上说 slice 像一个结构体，这个结构体不包含的元素是（　　　）。

　　A. 指针　　　　　B. 长度　　　　　C. 容量　　　　　D. 容积

（2）数组是（　　）类型。

    A. 指针　　　　　　B. 引用　　　　　　C. 值　　　　　　D. 接口

（3）下列选项中，对 map 的描述正确的是（　　）。

    A. 在未修改 map 的情况下，每次打印出来的 map 都一样。

    B. map 的值既可以通过 index 获取，也可以通过 key 获取。

    C. map 的长度是固定的，不能扩展。

    D. map 不能通过 cap()函数计算容量。

（4）关于 int 型 slice 的初始化，错误的是（　　）。

    A. s := make([]int)　　　　　　　　　　B. s := make([]int, 0)

    C. s := make([]int, 4, 12)　　　　　　　D. s := []int{1, 2, 3, 4, 5, 6}

（5）关于 slice 或 map，下列操作错误的是（　　）

    A.

```
var s []int
s = append(s,10)
```

    B.

```
var m map[string]int
m["one"] = 1
```

    C.

```
var s []int
s = make([]int, 0)
s = append(s,1)
```

    D.

```
var m map[string]int
m = make(map[string]int)
m["one"] = 1
```

3. 思考题

（1）简述数组与切片的区别。

（2）简述 map 的特点，使用时应注意什么。

4. 编程题

（1）实现杨辉三角输出（打印 10 行）。

（2）写一个函数，判断一个字符串是否对称，若对称，返回 true，否则返回 false。

06

第 6 章　Go 语言的常用内置包

本章学习目标

- 掌握 strings 包常用函数
- 掌握 strconv 包常用函数
- 掌握 regexp 正则表达式包
- 掌握 time 包
- 掌握 math 包
- 掌握键盘输入

介绍

学习到这里，大家已经熟悉了编程中可复用代码的重要性，这使得我们可以复用他人编写的代码。Go 语言常用内置包的最大用处就在于此，它可以简化日常开发中比较烦琐的问题，尤其是字符串处理。本章将列举一些常用包的内置方法。

6.1　字符串处理概述

6.1.1　字符串处理包简介

字符串处理

概述

一般编程语言包含的字符串处理库功能的区别不是很大，高级的语言提供的函数会更多，掌握基本的字符串处理函数后，更丰富的字符串处理函数都是通过封装基本的处理函数实现。因此熟悉 Go 的 strings 包后基本就能借此封装符合自己需求的、应用于特定场景的字符串处理函数了。而 strconv 包实现了字符串与其他基本数据类型之间的类型转换。

6.1.2　字符串的遍历

字符串的遍历包括按字节遍历和按字符遍历，如例 6-1 所示。

例 6-1　示例代码。

```
1   package main
2   import (
3       "fmt"
4       "unicode/utf8"
5   )
6   func main() {
7       s := "我爱 Go 语言"
8       fmt.Println("字节长度", len(s))
9       fmt.Println("--------------")
10      //for ... range 遍历字符串
11      len := 0
12      for i, ch := range s {
13          fmt.Printf("%d:%c ", i, ch)
14          len++
15      }
16      fmt.Println("\n 字符串长度", len)
17      fmt.Println("--------------")
18      //遍历所有字节
19      for i, ch := range []byte(s) {
20          fmt.Printf("%d:%x ", i, ch)
21      }
22      fmt.Println()
23      fmt.Println("--------------")
24      //遍历所有字符
25      count := 0
26      for i, ch := range []rune(s) {
27          fmt.Printf("%d:%c ", i, ch)
28          count++
29      }
30      fmt.Println()
31      fmt.Println("字符串长度" , count)
32      fmt.Println("字符串长度" , utf8.RuneCountInString(s))
33  }
```

运行结果如图 6.1 所示。

图 6.1　运行结果

通过例 6-1 可以看出，如果字符串涉及中文，遍历字符推荐使用 rune。因为一个 byte 存不下一个汉语文字的 unicode 值。

6.2　strings 包的字符串处理函数

6.2.1　检索字符串

常用的字符串检索方法如表 6.1 所示。

表 6.1　　　　　　　　　　　　　　　　检索字符串

方　　法	功　能　描　述
func Contains(s, substr string) bool	判断字符串 s 是否包含 substr 字符串
func ContainsAny(s, chars string) bool	判断字符串 s 是否包含 chars 字符串中的任一字符
func ContainsRune(s string, r rune) bool	判断字符串 s 是否包含 unicode 码值 r
func Count(s, sep string) int	返回字符串 s 包含字符串 sep 的个数
func HasPrefix(s, prefix string) bool	判断字符串 s 是否有前缀字符串 prefix
func HasSuffix(s, suffix string) bool	判断字符串 s 是否有后缀字符串 suffix
func Index(s, sep string) int	返回字符串 s 中字符串 sep 首次出现的位置
func IndexAny(s, chars string) int	返回字符串 chars 中的任意一个 unicode 码值在 s 中首次出现的位置
func IndexByte(s string, c byte) int	返回字符串 s 中字符 c 首次出现的位置
func IndexFunc(s string, f func(rune) bool) int	返回字符串 s 中满足函数 f(r)==true 字符首次出现的位置
func IndexRune(s string, r rune) int	返回 unicode 码值 r 在字符串中首次出现的位置
func LastIndex(s, sep string) int	返回字符串 s 中字符串 sep 最后一次出现的位置
func LastIndexAny(s, chars string) int	返回字符串 chars 中的任意一个 unicode 码值在 s 中最后一次出现的位置
func LastIndexByte(s string, c byte) int	返回字符串 s 中字符 c 最后一次出现的位置
func LastIndexFunc(s string, f func(rune) bool) int	返回字符串 s 中满足函数 f(r)==true 字符最后一次出现的位置

接下来通过一个案例演示部分检索字符串处理函数，如例 6-2 所示。

例 6-2　检索字符串。

```
1  package main
2  import (
3      "fmt"
4      "strings"
5      "unicode"
6  )
7  func main() {
8      TestContains()
9      TestCount()
10     TestIndex()
11     TestIndexFunc()
12     TestLastIndex()
13     TestLastIndexFunc()
14     res := GetFileSuffix("abc.xyz.lmn.jpg")
15     fmt.Println(res)
16 }
17 //判断是否包含子串
18 func TestContains() {
19     fmt.Println(strings.Contains("seafood", "foo"))
```

```
20        fmt.Println(strings.Contains("seafood", "bar"))
21        fmt.Println(strings.Contains("seafood", ""))
22        fmt.Println(strings.Contains("", ""))
23        fmt.Println(strings.Contains("steven王2008", "王"))
24    }
25    //判断字符串是否包含另一字符串中的任一字符
26    func TestContainsAny() {
27        fmt.Println(strings.ContainsAny("team", "i"))
28        fmt.Println(strings.ContainsAny("failure", "u & i"))
29        fmt.Println(strings.ContainsAny("foo", ""))
30        fmt.Println(strings.ContainsAny("", ""))
31    }
32    //判断字符串是否包含 unicode 码值
33    func TestContainsRune() {
34        fmt.Println(strings.ContainsRune("一丁丂", '丁'))
35        fmt.Println(strings.ContainsRune("一丁丂", 19969))
36    }
37    //返回字符串包含另一字符串的个数
38    func TestCount() {
39        fmt.Println(strings.Count("cheese", "e"))
40        fmt.Println(strings.Count("one", ""))
41    }
42    //判断字符串 s 是否有前缀字符串
43    func TestHasPrefix() {
44        fmt.Println(strings.HasPrefix("1000phone news", "1000"))
45        fmt.Println(strings.HasPrefix("1000phone news", "1000a"))
46    }
47    //判断字符串是否有后缀字符串
48    func TestHasSuffix() {
49        fmt.Println(strings.HasSuffix("1000phone news", "news"))
50        fmt.Println(strings.HasSuffix("1000phone news", "new"))
51    }
52    //返回字符串中另一字符串首次出现的位置
53    func TestIndex() {
54        fmt.Println(strings.Index("chicken", "ken"))
55        fmt.Println(strings.Index("chicken", "dmr"))
56    }
57    //返回字符串中的任一 unicode 码值首次出现的位置
58    func TestIndexAny() {
59        fmt.Println(strings.IndexAny("abcABC120", "教育基地A"))
60    }
61    //返回字符串中字符首次出现位置
62    func TestIndexByte() {
63        fmt.Println(strings.IndexByte("123abc", 'a'))
64    }
65    //判断字符串是否包含 unicode 码值
66    func TestIndexRune() {
67        fmt.Println(strings.IndexRune("abcABC120", 'C'))
68        fmt.Println(strings.IndexRune("It培训教育", '教'))
69    }
70    //返回字符串中满足函数 f(r)==true 字符首次出现的位置
71    func TestIndexFunc() {
72        f := func(c rune) bool {
73            return unicode.Is(unicode.Han, c)
```

```
74          }
75          fmt.Println(strings.IndexFunc("Hello123,中国", f))
76    }
77    //返回字符串中子串最后一次出现的位置
78    func TestLastIndex() {
79          fmt.Println(strings.LastIndex("Steven learn english", "e"))
80          fmt.Println(strings.Index("go gopher", "go"))
81          fmt.Println(strings.LastIndex("go gopher", "go"))
82          fmt.Println(strings.LastIndex("go gopher", "rodent"))
83    }
84    //返回字符串中任意一个 unicode 码值最后一次出现的位置
85    func TestLastIndexAny() {
86          fmt.Println(strings.LastIndexAny("chicken", "aeiouy"))
87          fmt.Println(strings.LastIndexAny("crwth", "aeiouy"))
88    }
89    //返回字符串中字符最后一次出现的位置
90    func TestLastIndexByte() {
91          fmt.Println(strings.LastIndexByte("abcABCA123", 'A'))
92    }
93    //返回字符串中满足函数 f(r)==true 字符最后一次出现的位置
94    func TestLastIndexFunc() {
95          f := func(c rune) bool {
96                return unicode.Is(unicode.Han, c)
97          }
98          fmt.Println(strings.LastIndexFunc("Hello,世界", f))
99          fmt.Println(strings.LastIndexFunc("Hello,world 中国人", f))
100         }
101   //获取文件后缀
102   func GetFileSuffix(str string) string {
103         arr := strings.Split(str, ".")
104         return arr[len(arr)-1]
105   }
```

运行结果如图 6.2 所示。

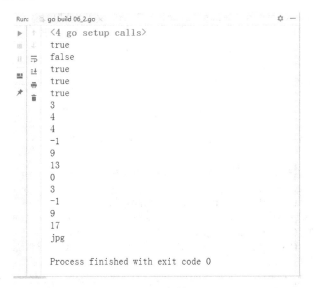

图 6.2　运行结果

6.2.2 分割字符串

分割字符串常用的方法如表 6.2 所示。

表 6.2   **分割字符串**

方　　法	功　能　描　述
func Fields(s string) []string	将字符串 s 以空白字符分割，返回一个切片
func FieldsFunc(s string, f func(rune) bool) []string	将字符串 s 以满足 f(r)==true 的字符分割，返回一个切片
func Split(s, sep string) []string	将字符串 s 以 sep 作为分隔符进行分割，分割后字符最后去掉 sep
func SplitAfter(s, sep string) []string	将字符串 s 以 sep 作为分隔符进行分割，分割后字符最后附上 sep
func SplitAfterN(s, sep string, n int) []string	将字符串 s 以 sep 作为分隔符进行分割，分割后字符最后附上 sep，n 决定返回的切片数
func SplitN(s, sep string, n int) []string	将字符串 s 以 sep 作为分隔符进行分割，分割后字符最后去掉 sep，n 决定返回的切片数

接下来通过一个案例演示部分分割字符串处理函数，如例 6-3 所示。

例 6-3 分割字符串。

```
1   package main
2   import (
3       "fmt"
4       "strings"
5       "unicode"
6   )
7   func main() {
8       TestFields()
9       TestFieldsFunc()
10      TestSplitAfterN()
11      TestSplit()
12  }
13  //将字符串以空白字符分割，并返回一个切片
14  func TestFields() {
15      fmt.Println(strings.Fields("  abc 123 ABC xyz XYZ"))
16  }
17  //将字符串以满足 f(r)==true 的字符分割，返回一个切片
18  func TestFieldsFunc() {
19      f := func(c rune) bool {
20          //return c == '='
21          return !unicode.IsLetter(c) && !unicode.IsNumber(c)
22      }
23      fmt.Println(strings.FieldsFunc("abc@123*ABC&xyz%XYZ" , f))
24  }
25  //将字符串以 sep 作为分隔符进行分割，分割后字符最后去掉 sep
26  func TestSplit() {
27      fmt.Printf("%q\n", strings.Split("a,b,c", ","))
28      fmt.Printf("%q\n", strings.Split("a man a plan a canal panama", "a "))
29      fmt.Printf("%q\n", strings.Split(" xyz ", ""))
30      fmt.Printf("%q\n", strings.Split("", "Bernardo O'Higgins"))
31  }
32  //将字符串 s 以 sep 作为分隔符进行分割，分割后字符最后附上 sep，n 决定返回的切片数
33  func TestSplitN() {
```

```
34      fmt.Printf("%q\n", strings.SplitN("a,b,c", ",", 2))
35      fmt.Printf("%q\n", strings.SplitN("a,b,c", ",", 1))
36  }
37  //将字符串 s 以 sep 作为分隔符进行分割，分割后字符最后附上 sep
38  func TestSplitAfter() {
39      fmt.Printf("%q\n", strings.SplitAfter("a,b,c", ","))
40  }
41  //将字符串 s 以 sep 作为分隔符进行分割，分割后字符最后附上 sep，n 决定返回的切片数
42  func TestSplitAfterN() {
43      fmt.Printf("%q\n", strings.SplitAfterN("a,b,c", ",", 2))
44  }
```

运行结果如图 6.3 所示。

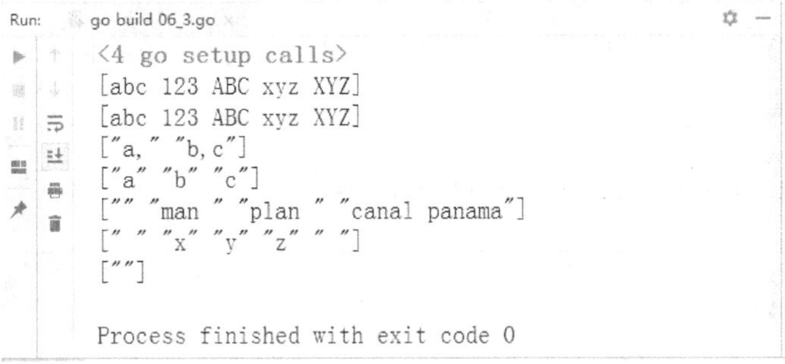

图 6.3　运行结果

6.2.3　大小写转换

常用的大小写转换方法如表 6.3 所示。

表 6.3　　　　　　　　　　　　　　大小写转换

方　　法	功　能　描　述
func Title(s string) string	将字符串 s 每个单词首字母大写返回
func ToLower(s string) string	将字符串 s 转换成小写返回
func ToLowerSpecial(_case unicode.SpecialCase, s string) string	将字符串 s 中所有字符按_case 指定的映射转换成小写返回
func ToTitle(s string) string	将字符串 s 转换成大写返回
func ToTitleSpecial(_case unicode.SpecialCase, s string) string	将字符串 s 中所有字符按_case 指定的映射转换成大写返回
func ToUpper(s string) string	将字符串 s 转换成大写返回
func ToUpperSpecial(_case unicode.SpecialCase, s string) string	将字符串 s 中所有字符按_case 指定的映射转换成大写返回

接下来通过一个案例演示部分大小写转换函数，如例 6-4 所示。

例 6-4　大小写转换。

```
1  package main
2  import (
3      "fmt"
4      "strings"
5  )
6  func main() {
```

```
 7        TestTitle()
 8        TestToTitle()
 9        TestToLower()
10        TestToUpper()
11  }
12  //将字符串 s 每个单词首字母大写返回
13  func TestTitle() {
14        fmt.Println(strings.Title("her royal highness"))
15  }
16  //将字符串 s 转换成大写返回
17  func TestToTitle() {
18        fmt.Println(strings.ToTitle("louD noises"))
19  }
20  //将字符串 s 转换成小写返回
21  func TestToLower() {
22        fmt.Println(strings.ToLower("Gopher"))
23  }
24  //将字符串 s 转换成大写返回
25  func TestToUpper() {
26        fmt.Println(strings.ToUpper("Gopher"))
27  }
```

运行结果如图 6.4 所示。

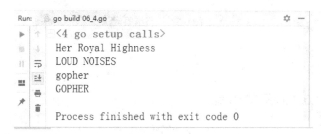

图 6.4 运行结果

6.2.4 修剪字符串

常用的字符串修剪方法如表 6.4 所示。

表 6.4 修剪字符串

方　　法	功　能　描　述
func Trim(s string, cutset string) string	将字符串 s 首尾包含在 cutset 中的任一字符去掉返回
func TrimFunc(s string, f func(rune) bool) string	将字符串 s 首尾满足函数 f(r)==true 的字符去掉返回
func TrimLeft(s string, cutset string) string	将字符串 s 左边包含在 cutset 中的任一字符去掉返回
func TrimLeftFunc(s string, f func(rune) bool) string	将字符串 s 左边满足函数 f(r)==true 的字符去掉返回
func TrimPrefix(s, prefix string) string	将字符串 s 中前缀字符串 prefix 去掉返回
func TrimRight(s string, cutset string) string	将字符串 s 右边包含在 cutset 中的任一字符去掉返回
func TrimRightFunc(s string, f func(rune) bool) string	将字符串 s 右边满足函数 f(r)==true 的字符去掉返回
func TrimSpace(s string) string	将字符串 s 首尾空白去掉返回
func TrimSuffix(s, suffix string) string	将字符串 s 中后缀字符串 suffix 去掉返回

接下来通过一个案例演示部分修剪函数，如例 6-5 所示。

例 6-5 修剪字符串。

```
1   package main
2   import (
3       "fmt"
4       "strings"
5       "unicode"
6   )
7   func main() {
8       TestTrim()
9       TestTrimFunc()
10      TestTrimLeft()
11      TestTrimLeftFunc()
12      TestTrimRight()
13      TestTrimRightFunc()
14      TestTrimSpace()
15      TestTrimPrefix()
16      TestTrimSuffix()
17
18  }
19  //将字符串 s 首尾包含在 cutset 中的任一字符去掉返回
20  func TestTrim() {
21      fmt.Println(strings.Trim("  steven wang    " , " "))
22  }
23  //将字符串 s 首尾满足函数 f(r)==true 的字符去掉返回
24  func TestTrimFunc() {
25      f := func(c rune) bool {
26          return !unicode.IsLetter(c) && !unicode.IsNumber(c)
27      }
28      fmt.Println(strings.TrimFunc("! @#￥%steven wang%￥#@" , f))
29  }
30  //将字符串 s 左边包含在 cutset 中的任一字符去掉返回
31  func TestTrimLeft() {
32      fmt.Println(strings.TrimLeft("  steven wang   " , " "))
33  }
34  //将字符串 s 左边满足函数 f(r)==true 的字符去掉返回
35  func TestTrimLeftFunc() {
36      f := func(c rune) bool {
37          return !unicode.IsLetter(c) && !unicode.IsNumber(c)
38      }
39      fmt.Println(strings.TrimLeftFunc("! @#￥%steven wang%￥#@" , f))
40  }
41  //将字符串 s 右边包含在 cutset 中的任一字符去掉返回
42  func TestTrimRight() {
43      fmt.Println(strings.TrimRight("  steven wang   " , " "))
44  }
45  //将字符串 s 右边满足函数 f(r)==true 的字符去掉返回
46  func TestTrimRightFunc() {
47      f := func(c rune) bool {
48          return !unicode.IsLetter(c) && !unicode.IsNumber(c)
49      }
50      fmt.Println(strings.TrimRightFunc("! @#￥%steven wang%￥#@" , f))
```

```
51 }
52 //将字符串 s 首尾空白去掉返回
53 func TestTrimSpace() {
54     fmt.Println(strings.TrimSpace(" \t\n a lone gopher \n\t\r\n"))
55 }
56 //将字符串 s 中前缀字符串 prefix 去掉返回
57 func TestTrimPrefix() {
58     var s = "Goodbye,world!"
59     s = strings.TrimPrefix(s, "Goodbye")//,world!
60     fmt.Println(s)
61 }
62 //将字符串 s 中后缀字符串 suffix 去掉返回
63 func TestTrimSuffix() {
64     var s = "Hello, goodbye, etc!"
65     s = strings.TrimSuffix(s, "goodbye, etc!")//Hello,
66     fmt.Println(s)
67 }
```

运行结果如图 6.5 所示。

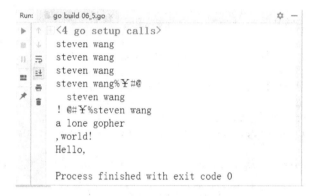

图 6.5　运行结果

6.2.5　比较字符串

常用的字符串比较方法如表 6.5 所示。

表 6.5　　　　　　　　　　　　　　　　　比较字符串

方　　法	功 能 描 述
func Compare(a, b string) int	按字典顺序比较 a 和 b 字符串大小
func EqualFold(s, t string) bool	判断 s 和 t 两个 UTF-8 字符串是否相等，忽略大小写
func Repeat(s string, count int) string	将字符串 s 重复 count 次返回
func Replace(s, old, new string, n int) string	替换字符串 s 中 old 字符为 new 字符并返回，n<0 时替换所有 old 字符串
func Join(a []string, sep string) string	将 a 中的所有字符连接成一个字符串，使用字符串 sep 作为分隔符

接下来通过一个案例演示部分比较字符串函数，如例 6-6 所示。

例 6-6　比较字符串。

```
1  package main
```

```
2   import (
3       "fmt"
4       "strings"
5   )
6   func main() {
7       TestCompare()
8       TestEqualFold()
9       TestRepeat()
10      TestReplace()
11      TestJoin()
12  }
13  //按字典顺序比较 a 和 b 字符串大小
14  func TestCompare() {
15      fmt.Println(strings.Compare("abc", "bcd"))
16      fmt.Println("abc" < "bcd")
17  }
18  //判断 s 和 t 两个 UTF-8 字符串是否相等，忽略大小写
19  func TestEqualFold() {
20      fmt.Println(strings.EqualFold("Go", "go"))
21  }
22  //将字符串 s 重复 count 次返回
23  func TestRepeat() {
24      fmt.Println("g" + strings.Repeat("o", 8) + "le")
25  }
26  //替换字符串 s 中 old 字符为 new 字符并返回，n<0 时替换所有 old 字符串
27  func TestReplace() {
28      fmt.Println(strings.Replace("王老大 王老二 王老三", "王", "张", 2))
29      fmt.Println(strings.Replace("王老大 王老二 王老三", "王", "张", -1))
30  }
31  //将 a 中的所有字符连接成一个字符串，使用字符串 sep 作为分隔符
32  func TestJoin() {
33      s := []string{"abc", "ABC", "123"}
34      fmt.Println(strings.Join(s, ","))
35      fmt.Println(strings.Join(s, ""))
36  }
```

运行结果如图 6.6 所示。

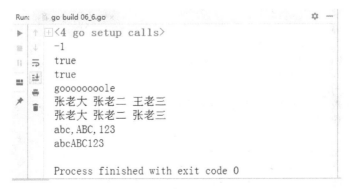

图 6.6　运行结果

6.3 strconv 包的常用函数

strconv 包的
常用函数

6.3.1 Parse 类函数

Parse 类函数主要的功能是将字符串转换为其他类型，常用的 Parse 类函数如表 6.6 所示。

表 6.6   Parse 类函数

方　　法	功　能　描　述
func Atoi(s string) (int, error)	将字符串类型转换为整型
func ParseInt(s string, base int, bitSize int) (i int64, err error)	ParseInt 将字符串解析成数字，base 表示进制（2 到 36）。如果 base 为 0，则会从字符串前缀判断，"0x" 表示十六进制，"0" 表示八进制，否则就是十进制。bitSize 指定结果必须是能无溢出赋值的整数类型，0、8、16、32、64 分别代表 int、int8、int16、int32、int64
func ParseUint(s string, base int, bitSize int) (uint64, error)	ParseUint 类似 ParseInt，但是用于无符号数字
func ParseFloat(s string, bitSize int) (float64, error)	ParseFloat 解析一个表示浮点数的字符串并返回其值，如果字符串 s 符合语法规则，函数会返回最为接近 s 值的一个浮点数，精度由 bitSize 指定，float32 的精度为 64，float64 的精度为 64。当 bitSize= 32 时，结果仍然可以是 float64 类型，但也可以在不更改其值的情况下将其类型转换为 float32
func ParseBool(str string) (bool, error)	ParseBool 返回字符串表示的布尔值。它接受 1, t, T, TRUE, true, True, 0, f, F, FALSE, false, False。任何其他值都会返回错误

接下来通过一个案例演示 Parse 类函数，如例 6-7 所示。

例 6-7   Parse 类函数。

```
1   package main
2   import (
3       "strconv"
4       "fmt"
5   )
6   func main() {
7       TestAtoi()
8       TestParseInt()
9       TestParseUint()
10      TestParseFloat()
11      TestParseBool()
12  }
13  //将字符串类型转换为 int 类型
14  func TestAtoi() {
15      a, _ := strconv.Atoi("100")
16      fmt.Printf("%T , %v \n", a, a+2)
17      fmt.Println("--------------")
18  }
19  //解释给定基数（2 到 36）的字符串 s 并返回相应的值 i
20  func TestParseInt() {
21      num, _ := strconv.ParseInt("-4e00", 16, 64)
22      fmt.Printf("%T , %v \n", num, num)
23      num, _ = strconv.ParseInt("01100001", 2, 64)
24      fmt.Printf("%T , %v\n", num, num)
25      num, _ = strconv.ParseInt("-01100001", 10, 64)
26      fmt.Printf("%T , %v\n", num, num)
```

```
27     num, _ = strconv.ParseInt("4e00", 10, 64)
28     fmt.Printf("%T , %v\n", num, num)
29     fmt.Println("--------------")
30 }
31 // ParseUint 类似 ParseInt，但是用于无符号数字
32 func TestParseUint() {
33     num, _ := strconv.ParseUint("4e00", 16, 64)
34     fmt.Printf("%T , %v \n", num, num)
35     num, _ = strconv.ParseUint("01100001", 2, 64)
36     fmt.Printf("%T , %v\n", num, num)
37     num, _ = strconv.ParseUint("-1100001", 10, 64)
38     fmt.Printf("%T , %v\n", num, num)
39     num, _ = strconv.ParseUint("4e00", 10, 64)
40     fmt.Printf("%T , %v\n", num, num)
41     fmt.Println("--------------")
42 }
43 // ParseFloat 将字符串 s 转换为 float 类型
44 func TestParseFloat() {
45     pi := "3.1415926"
46     num , _ := strconv.ParseFloat(pi , 64)
47     fmt.Printf("%T , %v\n", num, num*2)
48     fmt.Println("--------------")
49 }
50 //将字符串转换为 bool 类型
51 func TestParseBool() {
52     flag , _:=strconv.ParseBool("steven")
53     fmt.Printf("%T , %v\n", flag, flag)
54     fmt.Println("--------------")
55 }
```

运行结果如图 6.7 所示。

图 6.7　运行结果

6.3.2 Format 类函数

Format 类函数主要的功能是将其他类型格式化成字符串，常用的 Format 类函数如表 6.7 所示。

表 6.7   Format 类函数

方 法	功 能 描 述
func Itoa(i int) string	Itoa 是 FormatInt(int64(i), 10)的缩写，int 转换成 string
func FormatInt(i int64, base int) string	FormatInt 返回给定基数的 i 的字符串表示，2 <= base <= 36。结果对于数字值> = 10 使用小写字母 a 到 z
func FormatUint(i uint64, base int) string	FormatUint 返回给定基数的 i 的字符串表示，用于无符号数字，2 <= base <= 36。结果对于数字值> = 10 使用小写字母 a 到 z
func FormatFloat(f float64, fmt byte, prec, bitSize int) string	函数将浮点数表示为字符串并返回。bitSize 表示 f 的来源类型（32: float32、64: float64），会据此进行舍入。fmt 表示格式：'f'（-ddd.dddd）、'b'（-ddddp±ddd，二进制指数）、'e'（-d.dddde±dd，十进制指数）、'E'（-d.ddddE±dd，十进制指数）、'g'（指数很大时用'e'格式，否则'f'格式）、'G'（指数很大时用'E'格式，否则'f'格式）。prec 控制精度（排除指数部分）：对'f'、'e'、'E'，它表示小数点后的数字个数；对'g'、'G'，它控制总的数字个数。如果 prec 为−1，则代表使用最少数量的、但又必需的数字来表示 f
func FormatBool(b bool) string	FormatBool 根据 b 的值返回 true 或 false

接下来通过一个案例演示 Format 类函数，如例 6-8 所示。

例 6-8   Format 类函数。

```
1   package main
2   import (
3       "fmt"
4       "strconv"
5   )
6   func main() {
7       TestItoa()
8       TestFormatInt()
9       TestFormatUint()
10      TestFormatFloat()
11      TestFormatBool()
12  }
13  // Int 转换成 string
14  func TestItoa() {
15      s := strconv.Itoa(199)
16      fmt.Printf("%T , %v   , 长度: %d \n", s, s, len(s))
17      fmt.Println("---------------")
18  }
19  //返回给定基数的 i 的字符串表示
20  func TestFormatInt() {
21      s := strconv.FormatInt(-19968, 16)
22      s = strconv.FormatInt(-40869, 16)
23      fmt.Printf("%T , %v   , 长度: %d \n", s, s, len(s))
24      fmt.Println("---------------")
25  }
26  //返回给定基数的 i 的字符串表示
27  func TestFormatUint() {
28      s := strconv.FormatUint(19968, 16)
29      s = strconv.FormatUint(40869, 16)
30      fmt.Printf("%T , %v   , 长度: %d \n", s, s, len(s))
31      fmt.Println("---------------")
32  }
33  //将浮点数 f 转换为字符串
34  func TestFormatFloat() {
```

```
35        s := strconv.FormatFloat(3.1415926 , 'g' , -1 , 64)
36        fmt.Printf("%T , %v  , 长度: %d \n", s, s, len(s))
37        fmt.Println("---------------")
38    }
```

运行结果如图 6.8 所示。

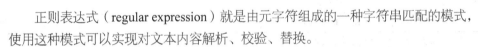

图 6.8 运行结果

6.4 regexp 正则表达式包

regexp 正则
表达式包

6.4.1 正则表达式简介

正则表达式（regular expression）就是由元字符组成的一种字符串匹配的模式，使用这种模式可以实现对文本内容解析、校验、替换。

正则表达式经常应用在验证用户 ID、密码、身份证、手机号等是否符合格式要求。如果填写的内容与正则表达式不匹配，就可以断定内容是不符合要求或虚假的信息。

正则表达式还有其他重要的用途，就是模糊查询与批量替换。可以在文档中使用一个正则表达式来查找匹配的特定文字，然后或者将其删除，或者替换为别的文字。

6.4.2 正则表达式中主要元字符

正则表达式中的主要元字符如表 6.8 所示。

表 6.8   正则表达式主要元字符

格式	说　明
\	将下一个字符标记为一个特殊字符，或一个原义字符，或一个向后引用，或一个八进制转义值
^	匹配输入字符串的开始位置。如果设置了 Regexp 对象的 Multiline 属性，^ 也匹配\n 或\r 之后的位置
.	匹配除\n 之外的任何单个字符。要匹配包括\n 在内的任何字符，请使用[.\n]模式
$	匹配输入字符串的结束位置。如果设置了 Regexp 对象的 Multiline 属性，$也匹配 \n 或\r 之前的位置
x|y	匹配 x 或 y。|代表"或"。例如，z|food 能匹配 z 或 food，(z|f)ood 则匹配 zood 或 food
*	匹配前面的子表达式 0 次或多次。zo* 匹配 z 以及 zoo，等价于{0, }
+	匹配前面的子表达式 1 次或多次。zo+ 匹配 zo 以及 zoo，等价于{1, }，代表最少有 1 个 o

格式	说　　明
?	匹配前面的子表达式 0 次或 1 次
{n}	例如，o{2}匹配 food 中的两个 o
{n,m}	最少匹配 n 次，最多匹配 m 次
[xyz]	匹配所包含的任意一个字符。例如，[abc]可以匹配 plain 中的 a
[^xyz]	负值字符集合。匹配未包含的任意字符。例如，[^abc]可以匹配 plain 中的 p
[a-z]	字符范围。匹配指定范围内的任意字符。例如，[a-z]可以匹配 a 到 z 范围内的任意小写字母字符
[^a-z]	负值字符范围。匹配不在指定范围内的任意字符。例如，[^a-z]可以匹配任何不在 a 到 z 范围内的小写字母字符
\b	匹配一个单词边界，也就是指单词和空格间的位置。例如，er\b 可以匹配 never 中的 er，但不能匹配 verb 中的 er
\B	匹配非单词边界。er\B 能匹配 verb 中的 er，但不能匹配 never 中的 er
\cx	匹配由 x 指明的控制字符。例如，\cM 匹配一个 Control-M 或回车符。x 的值必须为 A-Z 或 a-z 之一，否则，将 c 视为一个原义的 c 字符
\d	匹配一个数字。等价于[0-9]
\D	匹配一个非数字。等价于[^0-9]
\f	匹配一个换页符。等价于\x0c 和\cL
\n	匹配一个换行符。等价于\x0a 和\cJ
\r	匹配一个回车符。等价于\x0d 和\cM
\s	匹配任何空白字符，包括空格、制表符、换页符等。等价于[\f\n\r\t\v]
\S	匹配任何非空白字符。等价于[^ \f\n\r\t\v]
\t	匹配一个制表符。等价于\x09 和\cI
\v	匹配一个垂直制表符。等价于\x0b 和\cK
\w	匹配包括下画线的任何单词字符。等价于[A-Za-z0-9_]
\W	匹配任何非单词字符。等价于[^A-Za-z0-9_]
\num	匹配 num，其中 num 是一个正整数。对所获取的匹配的引用。例如，(.)\1 匹配两个连续的相同字符
\xn	匹配 n，其中 n 为十六进制转义值。十六进制转义值必须为确定的两个数字长。例如，\x41 匹配 A。\x041 则等价于\x04 &1。正则表达式中可以使用 ASCII 编码
\un	匹配 n，其中 n 是一个用 4 个十六进制数字表示的 unicode 字符。例如，\u00A9 匹配版权符号（?）
(pattern)	匹配括号内 pattern 所代表的表达式。是成组匹配
(?=pattern)	正向预查。例如，windows(?=95/98/2000/NT)，含义是匹配 windows 后面可以是 95、98、2000 或者 NT
(?!pattern)	负向预查。例如，windows(?!95/98)，含义是匹配 windows 后面不是 95 或 98 的其他字符串

正则表达式的特别备注说明如下。

（1）大写英文字母的正则表达式，除了可以写成[A-Z]，还可以写成[\x41-\x5A]。因为在 ASCII 码字典中 A-Z 被排在了 65～90 号（也就是 ASCII 码的第 66 位到第 91 位），换算成十六进制就是 0x41-0x5A。

（2）[0-9]，可以写成[\x30-\x39]。

（3）[a-z]，可以写成[\x61-\x7A]。

（4）中文的正则表达式为：[\u4E00-\u9FA5]。

因为中文在 Unicode 编码字典中排在 4E00 到 9FA5。换成十进制，也就是第 19968 号到 40869 号是中文字，一共 20902 个中文字被收录到 Unicode 编码字典中。（常识了解：第 19968 号是"一"，第 40869 号是"顠"——发音为 yù。）

6.4.3　regexp 包中核心函数及方法介绍

（1）检查正则表达式与字节数组是否匹配。更复杂的查询建议使用 Compile() 和完整的 Regexp 接口。具体声明方式如下所示。

```
func Match(pattern string, b []byte) (matched bool, err error)
```

使用方式如下所示。

```
flag, _ := regexp.Match("^\\d{6,15}$", []byte("123456789"))
```

返回结果：true。

```
flag, _ := regexp.Match("^\\d{6,7}$", []byte("123456789"))
```

返回结果：false。

（2）检查正则表达式与字符串是否匹配。具体声明方式如下所示。

```
func MatchString(pattern string, s string) (matched bool, err error)
```

使用方式如下所示。

```
flag, _ := regexp.MatchString("^\\d{6,15}$", "123456789")
```

返回结果：true

```
flag, _ := regexp.MatchString"^\\d{6,7}$", "123456789")
```

返回结果：false

（3）将正则表达式字符串编译成正则表达式对象（Regexp）。具体声明方式如下所示。

```
func Compile(expr string) (*Regexp, error)
```

具体使用方式如下所示。

```
MyRegexp, _ := regexp.Compile("^\\d{6}\\D{2}$")
```

（4）MustCompile() 用法同 Compile()，但是不返回 error。如果表达式不能被解析就会 panic。它简化了正则表达式字符串编译成正则表达式对象的过程。具体声明方式如下所示。

```
func MustCompile(str string) *Regexp
```

具体使用方式如下所示。

```
MyRegexp := regexp.MustCompile("^[\u4e00-\u9fa5]+$")
```

（5）判断 Regexp 正则对象是否与给定的字节数组匹配。具体声明方式如下所示。

```
func (re *Regexp) Match(b []byte) bool
```

具体使用方式如下所示。

```
MyRegexp := regexp.MustCompile("^[\u4e00-\u9fa5]+$")
flag = MyRegexp.Match([]byte("一丁丂"))
```

返回结果：true。

（6）判断 Regexp 正则对象是否与给定的字符串匹配。具体声明格式如下所示。

```
func (re *Regexp) MatchString(s string) bool
```

具体使用方式如下所示。

```
MyRegexp, _ := regexp.Compile("^\\d{6}\\D{2}$")
flag = RegExp.MatchString("123456ab")
```

返回结果：true。

（7）ReplaceAll()将 src 中符合正则表达式的部分全部替换成指定内容。

```
func (re *Regexp) ReplaceAll(src, repl []byte) []byte
```

具体使用方式如下所示。

```
text := "将字符串 123 中符合正则表达式的内容 3 4 5 全部替换成 56 78 指定的内容"
MyRegexp := regexp.MustCompile("[\\d\\s]+")
result := string(MyRegexp.ReplaceAll([]byte(text), []byte("")))
```

本案例中将返回结果转为 string，结果为："将字符串中符合正则表达式的内容全部替换成指定的内容"。

（8）将字符串按照正则表达式分割成子字符串组成的切片。如果切片长度超过指定参数 n，则不再分割。具体声明方式如下所示。

```
func (re *Regexp) Split(s string, n int) []string
```

具体使用方式如下所示。

```
text = "第一部分#第二部分##第三部分###第四部分#第五部分##第六部分"
MyRegexp := regexp.MustCompile("#+")
arr := MyRegexp.Split(text, 5)
```

返回结果为字符串组成的切片，本案例中只切割成 5 个元素，因此结果如下所示。

```
[第一部分 第二部分 第三部分 第四部分 第五部分##第六部分]
```

接下来通过一个案例演示部分正则表达式包的函数，如例 6-9 所示。

例 6-9　正则表达式。

```
1   package main
2   import (
3       "fmt"
4       "regexp"
5   )
6   func main() {
7       testRegexp()
8   }
9   func testRegexp() {
10      //1.Match(pattern string, b []byte) (matched bool, err error)检查正则表达式是否
与字节切片匹配
11      flag, _ := regexp.Match("^\\d{6,7}$", []byte("123456789"))
12      fmt.Println(flag)
13      //2.MatchString(pattern string, s string) (matched bool, err error)
14      flag, _ = regexp.MatchString("^\\d{6,7}$", "0123456789")
15      fmt.Println(flag)
16      //3.Compile(expr string) (*Regexp, error)
17      RegExp, _ := regexp.Compile("^\\d{6}\\D{2}$")
18      //4.MustCompile(str string) *Regexp
19      RegExp2 := regexp.MustCompile("^[\u4e00-\u9fa5]+$")
20      //5.Match(b []byte) bool
21      flag = RegExp2.Match([]byte("一丁丂"))
22      fmt.Println("xxx:" , flag)
23      //6.MatchString(s string) bool
24      flag = RegExp.MatchString("123456ab")
25      fmt.Println(flag)
26      //7.ReplaceAll(src, repl []byte) []byte
27      text := "将字符串 123 按照正则表达式 3 4 5 分割成子字符串 56 78 组成的切片"
28      RegExp3 := regexp.MustCompile("[\\d\\s]+")
29      result := string(RegExp3.ReplaceAll([]byte(text), []byte("-")))
30      fmt.Println("替换后的字符串为: " , result)
31      text = "第一部分#第二部分##第三部分###第四部分#第五部分##第六部分"
32      MyRegexp := regexp.MustCompile("#+")
33      arr := MyRegexp.Split(text, 5)
34      fmt.Println(arr)
35  }
```

运行结果如图 6.9 所示。

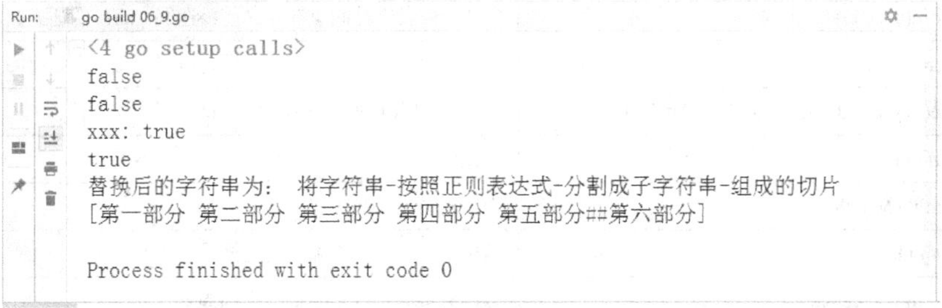

图 6.9　运行结果

在例 6-9 中，第 11 行代码中的正则表达式^\\d{6,7}$，表示以数字开头，以数字结尾，且长度在 6 和 7 之间，而字节切片 123456789 的长度不在这个范围内，所以输出 false。第 21 行正则对象 RegExp2 的规则是^[\u4e00-\u9fa5]+$，代表所有字符都是中文，所以输出 true。第 24 行正则对象 RegExp 的规则是^\\d{6}\\D{2}$，表示以 6 个数字开头，并以 2 个非数字结尾。显然123456ab 符合这个规则，输出 true。第 29 行表示将字节数组中的所有连续的数字替换成"-"。第 33 行表示将字符串中的"#"一个或多个作为分割符把字符串分割成 5 份，5 份以后再出现"#"也不会分割。

6.5 time 包

time 包提供了时间的显示和测量用的函数。日历的计算采用的是公历。time包中核心方法如表 6.9 所示。

表 6.9　　　　　　　　　　　　　　time 包中核心方法

方　　法	功　能　描　述
func Now() Time	返回当前本地时间
func (t Time) Local() Time	将时间转成本地时区，但指向同一时间点
func (t Time) UTC() Time	将时间转成零时区，但指向同一时间点。通过英国伦敦格林尼治天文台原址的那条经线称为 0°经线
func Date(year int, month Month, day, hour, min, sec, nsec int, loc *Location)Time	可以根据指定数值，返回一个时间。时区为 loc，时间格式为：year-month-day hour:min:sec + nsec（纳秒）。loc 可以是 time.Local（当地时间）、time.UTC（世界统一时间）
func Parse(layout, value string) (Time, error)	将一个格式化的时间字符串解析成它所代表的时间，就是 string 类型转 time 类型。Layout 表示参考时间格式。如果缺少表示时区的信息，Parse 会将时区设置为 UTC（世界统一时间）
func (t Time) Format(layout string) string	根据 layout 指定的格式返回 t 代表的时间点的格式化文本表示。就是 time 类型转 string 类型。layout 表示参考时间格式
func (t Time) String() string	将时间格式化成字符串（time 转 string，相当于固定格式的 Format 方法）
func (t Time) Unix() int64	将 t 表示为 Unix 时间（时间戳，int64），即从时间点 January 1, 1970 UTC 到时间点 t 所经过的时间（单位秒）
func (t Time) UnixNano() int64	将 t 表示为 Unix 时间，即从时间点 January 1, 1970 UTC 到时间点 t 所经过的时间（单位纳秒）
func (t Time) Equal(u Time) bool	判断两个时间是否相同，会考虑时区的影响，因此不同时区标准的时间也可以正确比较。本方法和用 t==u 不同，这种方法还会比较地点和时区信息
func (t Time) Before(u Time) bool	如果 t 代表的时间点在 u 之前，返回 true；否则返回 false
func (t Time) After(u Time) bool	如果 t 代表的时间点在 u 之后，返回 true；否则返回 false
func (t Time) Date() (year int, month Month, day int)	返回时间点 t 对应的年、月、日
func (t Time) Year() int	返回时间点 t 对应的年份
func (t Time) Month() Month	返回时间点 t 对应那一年的第几月
func (t Time) Day() int	返回时间点 t 对应那一月的第几日
func (t Time) Weekday() Weekday	返回时间点 t 对应的那一周的周几
func (t Time) Clock() (hour, min, sec int)	返回 t 对应的那一天的时、分、秒

续表

方　　法	功 能 描 述
func (t Time) Hour() int	返回 t 对应的那一天的第几小时，范围[0, 23]
func (t Time) Minute() int	返回 t 对应的那一小时的第几分种，范围[0, 59]
func (t Time) Second() int	返回 t 对应的那一分钟的第几秒，范围[0, 59]
func (t Time) Nanosecond() int	返回 t 对应的那一秒内的纳秒偏移量，范围[0, 999999999]
func (t Time) Sub(u Time) Duration	返回一个时间段 t−u。如果结果超出了 Duration 可以表示的最大值/最小值，将返回最大值/最小值。要获取时间点 t−d（d 为 Duration），可以使用 t.Add(−d)
func (d Duration) Hours() float64	将时间段表示为 float64 类型的小时数
func (d Duration) Minutes() float64	将时间段表示为 float64 类型的分钟数
func (d Duration) Seconds() float64	将时间段表示为 float64 类型的秒数
func (d Duration) Nanoseconds() int64	将时间段表示为 int64 类型的纳秒数，等价于 int64(d)
func (d Duration) String() string	返回时间段用字符串表示，格式如 "72h3m0.5s"。最前面可以有符号，数字+单位为一个单元，开始部分的 0 值单元会被省略；如果时间段<1s，会使用 ms、us、ns 来保证第一个单元的数字不是 0；如果时间段为 0，会返回 0
func ParseDuration(s string) (Duration, error)	解析一个时间段字符串。一个时间段字符串是一个序列，每个片段包含可选的正负号、十进制数、可选的小数部分和单位后缀，如 300ms、−1.5h、2h45m。合法的单位有 ns、us/µs、ms、s、m、h
func (t Time) Add(d Duration) Time	返回时间点 t+d
func (t Time) AddDate(years int, months int, days int) Time	返回增加了给出的年数、月数和天数的时间点。例如，时间点 January 1, 2011 调用 AddDate(−1, 2, 3)会返回 March 4, 2010。AddDate()会将结果规范化，类似 Date()函数的做法。举个例子，给时间点 October 31 添加一个月，会生成时间点 December 1（从时间点 November 31 规范化而来）

接下来通过一个案例演示部分 time 包的函数，如例 6-10 所示。

例 6-10　time 包。

```go
1  package main
2  import (
3      "time"
4      "fmt"
5  )
6  func main() {
7      time1 := time.Now()
8      testTime()
9      time2 := time.Now()
10     fmt.Println(time2.Sub(time1).Seconds())
11 }
12 func testTime() {
13     t := time.Now()
14     fmt.Println("1. ", t)
15     fmt.Println("2. ", t.Local())
16     fmt.Println("3. ", t.UTC())
17     t = time.Date(2018, time.January, 1, 1, 1, 1, 0, time.Local)
18     fmt.Printf("4. 本地时间%s，国际统一时间: %s \n", t, t.UTC())
19     t, _ = time.Parse("2006-01-02 15:04:05", "2018-07-19 05:47:13")
20     fmt.Println("5. ", t)
```

```
21    fmt.Println("6. " , time.Now().Format("2006-01-02 15:04:05"))
22    fmt.Println("7. " , time.Now().String())
23    fmt.Println("8. " , time.Now().Unix())
24    fmt.Println("9. " , time.Now().UnixNano())
25    fmt.Println("10. " , t.Equal(time.Now()))
26    fmt.Println("11. " , t.Before(time.Now()))
27    fmt.Println("12. " , t.After(time.Now()))
28    year , month , day := time.Now().Date()
29    fmt.Println("13. " , year , month ,day)
30    fmt.Println("14. " , time.Now().Year())
31    fmt.Println("15. " , time.Now().Month())
32    fmt.Println("16. " , time.Now().Day())
33    fmt.Println("17. " , time.Now().Weekday())
34    hour , minute , second := time.Now().Clock()
35    fmt.Println("18. " , hour , minute , second)
36    fmt.Println("19. " , time.Now().Hour())
37    fmt.Println("20. " , time.Now().Minute())
38    fmt.Println("21. " , time.Now().Second())
39    fmt.Println("22. " , time.Now().Nanosecond())
40    fmt.Println("23. " , time.Now().Sub(time.Now()))
41    fmt.Println("24. " , time.Now().Sub(time.Now()).Hours())
42    fmt.Println("25. " , time.Now().Sub(time.Now()).Minutes())
43    fmt.Println("26. " , time.Now().Sub(time.Now()).Seconds())
44    fmt.Println("27. " , time.Now().Sub(time.Now()).Nanoseconds())
45    fmt.Println("28. " , "时间间距: ", t.Sub(time.Now()).String())
46    d,_:=time.ParseDuration("1h30m")
47    fmt.Println("29. " , d)
48    fmt.Println("30. " , "交卷时间: " , time.Now().Add(d))
49    fmt.Println("31. " , "一年一个月零一天之后的日期: " , time.Now().AddDate(1,1,1))
50  }
```

使用 Format()方法格式化时间时，示例的时间点必须为 2006 年 1 月 2 日 15 时 4 分 5 秒，这是 Go 语言诞生的时间点。

运行结果如图 6.10 与图 6.11 所示。

```
Run:    go build 06_10.go                                                          ✿  —
▶   ↑    <4 go setup calls>
■   ↓    1.   2018-12-29 11:41:20.2299279 +0800 CST m=+0.011000601
         2.   2018-12-29 11:41:20.2299279 +0800 CST
Ⅱ   ⇥    3.   2018-12-29 03:41:20.2299279 +0000 UTC
         4. 本地时间2018-01-01 01:01:01 +0800 CST ，国际统一时间: 2017-12-31 17:01:01 +0000 UTC
■   ⬆    5.   2018-07-19 05:47:13 +0000 UTC
✦   🖶    6.   2018-12-29 11:41:20
    🗑    7.   2018-12-29 11:41:20.2789307 +0800 CST m=+0.060003401
         8.   1546054880
         9.   1546054880278930700
         10.  false
         11.  true
         12.  false
         13.  2018 December 29
         14.  2018
         15.  December
```

图 6.10　运行结果

```
Run:    go build 06_10.go
    16.    29
    17.    Saturday
    18.    11 41 20
    19.    11
    20.    41
    21.    20
    22.    278930700
    23.    0s
    24.    0
    25.    0
    26.    0
    27.    0
    28.    时间间距： -3909h54m7.2789307s
    29.    1h30m0s
    30.    交卷时间： 2018-12-29 13:11:20.2789307 -0800 CST m=-5400.060003401
    31.    一年一个月零一天之后的日期： 2020-01-30 11:41:20.2789307 -0800 CST
    0.0490028

    Process finished with exit code 0
```

图 6.11　运行结果

6.6　math 包

math 包

math 包提供了基本的数学常数和数学函数，使用时需要 import "math"。math 包中核心方法如表 6.10 所示。

表 6.10　　　　　　　　　　　　math 包中核心方法

方　　法	功　能　描　述
func IsNaN(f float64) (is bool)	报告 f 是否表示一个 NaN（Not A Number）值
func Ceil(x float64) float64	返回不小于 x 的最小整数（的浮点值）
func Floor(x float64) float64	返回不大于 x 的最小整数（的浮点值）
func Trunc(x float64) float64	返回 x 的整数部分（的浮点值）
func Abs(x float64) float64	返回 x 的绝对值
func Max(x, y float64) float64	返回 x 和 y 中较大值
func Min(x, y float64) float64	返回 x 和 y 中较小值
func Dim(x, y float64) float64	返回 x−y 和 0 中的较大值
func Mod(x, y float64) float64	取余运算，可以理解为 x−Trunc(x/y)*y，结果的正负号和 x 相同
func Sqrt(x float64) float64	返回 x 的二次方根
func Cbrt(x float64) float64	返回 x 的三次方根
func Hypot(p, q float64) float64	返回 Sqrt(p*p + q*q)
func Pow(x, y float64) float64	返回 x^y
func Sin(x float64) float64	求正弦
func Cos(x float64) float64	求余弦
func Tan(x float64) float64	求正切
func Log(x float64) float64	求自然对数
func Log2(x float64) float64	求 2 为底的对数
func Log10(x float64) float64	求 10 为底的对数

接下来通过一个案例演示部分 math 包的核心函数，如例 6-11 所示。

例 6-11 math 包。

```
1   package main
2   import (
3       "fmt"
4       "math"
5   )
6   func main() {
7       fmt.Println(math.IsNaN(3.4))
8       fmt.Println(math.Ceil(1.000001))
9       fmt.Println(math.Floor(1.999999))
10      fmt.Println(math.Trunc(1.999999))
11      fmt.Println(math.Abs(-1.3))
12      fmt.Println(math.Max(-1.3, 0))
13      fmt.Println(math.Min(-1.3, 0))
14      fmt.Println(math.Dim(-12, -19))
15      fmt.Println(math.Dim(-12, 19))
16      fmt.Println(math.Mod(9, 4))
17      fmt.Println(math.Sqrt(9))
18      fmt.Println(math.Cbrt(8))
19      fmt.Println(math.Hypot(3, 4))
20      fmt.Println(math.Pow(2, 8))
21      fmt.Println(math.Log(1))
22      fmt.Println(math.Log2(16))
23      fmt.Println(math.Log10(1000))
24  }
```

运行结果如图 6.12 所示。

图 6.12 运行结果

6.7 随机数

随机数

"math/rand" 包实现了伪随机数生成器，能够生成整型和浮点型的随机数。使用随机数生成器需要放入种子。可以使用 Seed() 函数生成一个不确定的种子放入随机数生成器，这样每次运行随机数生成器都会生成不同的序列。如果没有在随机数生成器中放入种子，则默认使用具有确定性状态的种子，此时可以理解为种子的值是一个常数 1，即 Seed(1)。

6.7.1　rand 包的核心方法介绍

rand 包中核心方法如表 6.11 所示。

表 6.11　　　　　　　　　　　　　rand 包中核心方法

方　　法	功　能　描　述
func NewSource(seed int64) Source	使用给定的种子创建一个伪随机资源
func New(src Source) *Rand	返回一个使用 src 产生的随机数来生成其他各种分布的随机数值的*Rand
func (r *Rand) Seed(seed int64)	使用给定的 seed 来初始化生成器到一个确定的状态
func (r *Rand) Int() int	返回一个非负的伪随机 int 值
func (r *Rand) Intn(n int) int	返回一个取值范围在[0,n]的伪随机 int 值，如果 n<=0 会 panic
func (r *Rand) Float64() float64	返回一个取值范围在[0.0, 1.0]的伪随机 float64 值

6.7.2　获取随机数的几种方式

通过默认随机数种子获取随机数，具体方法如下所示。

```
rand.Int()
rand.Float64()
rand.Intn(n)  // 获取 0-n 随机数
```

这样总是生成固定的随机数。默认情况下，随机数种子都是 1。seed 是一个 64 位整数。动态随机数种子生成随机资源，产生随机对象来获取随机数，具体方法如下所示。

```
s1 := rand.NewSource(time.Now().UnixNano())
r1 := rand.New(s1)
randnum := r1.Intn(n)    // 获取 0-n 随机数
```

简写形式：动态变化随机数种子来获取随机数，具体方法如下所示。

（1）获取整型 0～10 随机数

```
rand.Seed(time.Now().UnixNano())
rand.Intn(10)
```

（2）获取浮点型 0.0～1.0 随机数

```
rand.Seed(time.Now().UnixNano())
rand.Float64()
```

（3）获取 m～n 随机数

```
rand.Seed(time.Now().UnixNano())
随机数 = rand.Intn(n - m + 1) + m
```

例如，获取[5,11]的随机数，语法格式如下所示。

```
rand.Intn(7) + 5
```

接下来通过一个案例演示部分 rand 包的核心函数，如例 6-12 所示。

例 6-12 rand 包。

```
1   package main
2   import (
3       "fmt"
4       "math/rand"
5       "time"
6   )
7   func main() {
8       randTest()
9       randAnswer()
10  }
11  //生成随机数
12  func randTest() {
13      fmt.Println(rand.Int())
14      fmt.Println(rand.Intn(50))
15      fmt.Println(rand.Float64())
16      s1 := rand.NewSource(time.Now().UnixNano())
17      r1 := rand.New(s1)
18      randnum := r1.Intn(10)
19      fmt.Println(randnum)
20      rand.Seed(time.Now().UnixNano())
21      fmt.Println(rand.Intn(10))
22      fmt.Println(rand.Float64())
23      num := rand.Intn(7) + 5
24      fmt.Println(num)
25  }
26  //随机获取应答
27  func randAnswer() {
28      answers := []string{
29          "It is certain",
30          "It is decidedly so",
31          "Without a doubt",
32          "Yes definitely",
33          "You may rely on it",
34          "As I see it yes",
35          "Most likely",
36          "Outlook good",
37          "Yes",
38          "Signs point to yes",
39          "Reply hazy try again",
40          "Ask again later",
41          "Better not tell you now",
42          "Cannot predict now",
43          "Concentrate and ask again",
44          "Don't count on it",
45          "My reply is no",
46          "My sources say no",
47          "Outlook not so good",
```

```
48          "Very doubtful",
49      }
50      rand.Seed(time.Now().UnixNano())
51      randnum := rand.Intn(len(answers))
52      fmt.Println("随机回答", answers[randnum])
53  }
```

运行结果如图 6.13 所示。

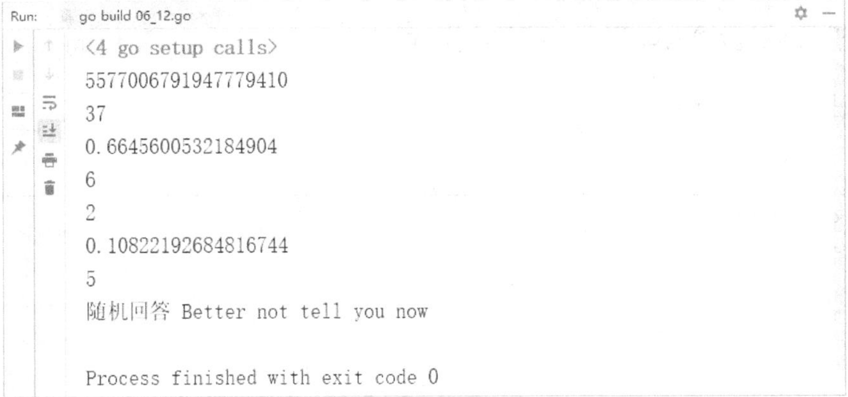

图 6.13　运行结果

因为程序打印的内容是随机的，所以每次运行的结果不一样。

6.8　键盘输入

6.8.1　Scanln()函数

键盘输入的方法如下所示。

```
fmt.scanln()
```

键盘输入的案例如例 6-13 所示。

例 6-13　键盘输入。

```
1  package main
2  import "fmt"
3  func main() {
4      username := ""
5      age := 0
6      fmt.Scanln(&username , &age)
7      fmt.Println("账号信息为: " , username , age)
8  }
```

运行以后，输入"赵云 28"，结果如图 6.14 所示。

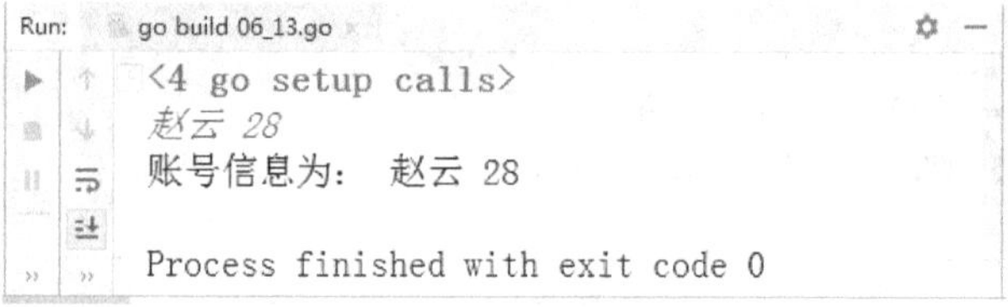

图 6.14　运行结果

6.8.2　随机数+键盘输入案例——猜数字游戏

游戏代码如例 6-14 所示。

例 6-14　猜数字。

```go
1  package main
2  import (
3      "math/rand"
4      "time"
5      "fmt"
6  )
7  func main() {
8      playGame()
9  }
10 func playGame() {
11     //获取随机数
12     target := generateRandNum(10, 100)
13     fmt.Println("请输入随机数: ")
14     fmt.Println("--------------------")
15
16     //记录猜测的次数
17     count := 0
18     for {
19         count++
20         yourNum := 0
21         fmt.Scanln(&yourNum)
22
23         if yourNum < target {
24             fmt.Println("小了×")
25         } else if yourNum > target {
26             fmt.Println("大了×")
27         } else {
28             fmt.Println("正确√")
29             fmt.Printf("您一共猜测了%d次!  \n", count)
30             fmt.Println("---------------")
31             playGame()
32         }
33         //错误提示
34         alertInfo(count, target)
35     }
36 }
37 //错误提示
```

```
38 func alertInfo(count, target int) {
39     if count >= 6 {
40         fmt.Printf("您一共猜了 %d 次都没有猜中! ☺ ", count)
41         fmt.Println("正确数字: ", target)
42         fmt.Println("-------------")
43         playGame()
44     }
45 }
46 //生成随机数
47 func generateRandNum(min, max int) int {
48     rand.Seed(time.Now().UnixNano())
49     return rand.Intn(max-min+1) + min
50 }
```

运行结果如图 6.15 所示。

图 6.15　运行结果

例 6-14 中，先利用 rand.Seed()生成一个随机数 target，进入循环后，阻塞等待输入。通过变量 yourNum 接收输入的数字后，将其与生成的随机数进行对比，或大或小会有相应的提示。如果 6 次都没有猜对，则输出正确数字；如果猜对了就会输出总共猜了几次。

6.9　本章小结

Go 语言有一组功能强大的内置包，这些包提供了很多常见编程问题的解决方案以及简化其他问题的工具。本章主要介绍了 strings 包（字符串处理）、strconv 包（字符串格式转换）、regexp 包（正则表达式）、time 包（时间）、math 包（数学公式）以及键盘输入。

6.10　习题

1. 填空题

（1）Go 语言中的_____包，提供了字符串处理函数。

（2）Go 语言中的_____包，提供了字符串格式转换函数。

（3）Go 语言中的_____包，提供了正则表达式函数。

2. 选择题

（1）（　　）包实现了伪随机数生成器。

  A．rand   B．regexp   C．strings   D．strconv

（2）（　　）包包含了计算正弦的方法。

  A．math   B．time   C．strings   D．strconv

（3）（　　）包提供了获取时间的方法。

  A．math   B．time   C．strings   D．strconv

3. 编程题

（1）将字符串内所有 abc 替换成 xyz，并转换成大写。

（2）编写一个程序，输入某个日期，输出该日期是星期几。

第 7 章　Go 语言面向对象编程

07

本章学习目标
- 理解面向对象编程思想
- 掌握 struct 结构体
- 掌握方法和接口
- 理解 duck typing 鸭子模型
- 理解多态原理
- 掌握空接口与接口对象转型

介绍

大家可以想象一下在日常生活中人们如何经营一个饭馆。创业初期，由于资金的缺乏，做菜、传菜、收款等工作都需要老板自己做。这种方式类似于计算机编程中的面向过程编程。渐渐地，饭馆生意越来越火爆，老板一个人忙不过来了，于是他开始雇佣厨师、服务员、收银员来工作。这种方式类似于计算机编程中的面向对象编程。面向对象编程可模拟现实情景，其逼真程度达到了令人惊讶的地步。数据就是计算机世界的本原，理解面向对象编程有助于开发者以计算机的角度看待这个世界。了解"对象"背后的概念可培养逻辑思维，让大家能够通过编写程序来解决遇到的绝大多数问题。

7.1　面向对象思想概述

面向对象思想概述

面向对象是一种对现实世界进行理解和抽象的方法。面向对象的程序设计（Object Oriented Programming），简称 OOP。传统面向对象的主要特点可以概括为封装、继承、多态。

7.1.1　面向过程与面向对象

面向对象，关注的是对象。把构成问题的事物分解成各个对象，不是为了完成一个步骤，而是为了描述某个事物在整个解决问题的步骤中的行为。

面向过程，关注的是过程。分析出解决问题的步骤，然后用函数实现每一个步骤。

141

在软件领域，编程初期是面向过程编程，项目一旦庞大就变得不可控，最大的原因就是代码不可复用。例如，一个软件需要创建游戏角色，这些角色需要有自己的名称、积分、血值、装备等属性，同时需要有攻击、复活等游戏行为，这些游戏属性可以用程序中的数据变量表示，游戏行为使用函数可以解决，但是数据和函数的代码散落各处，一旦复用完全不可控。于是有了面向对象的编程思想，游戏角色被看成一个对象，这个对象封装了它应有的属性和具体的行为。

相较于面向过程，面向对象有以下优势。

- 容易起名字。不同的对象中方法的名字可以相同，但是函数必须使用不同的名字，光起函数名字就很费力气。

- 代码管理方便，易于模块化开发。对象包含方法和属性，属性用来记录数据，方法表示行为，行为和数据由对象来统一管理。写出来的代码方法与属性各归各类，逻辑清晰，利于扩展。函数也表示行为，但是与函数配合的数据却散落各处，缺乏统一管理。

- 代码冗余量小，复用性高。通过调用各个对象中的方法和属性，代码的不同排列组合能适应各种不同的业务场景。

在生活中，随处可见的一种事物就是对象，如人、动植物、建筑等。这些对象都具备了属性和行为两大特征。

- 属性。如一个人有年龄、性别、爱好、职业等属性特征。

- 行为即动态特征。比如教师有讲课行为，厨师有做菜行为。

基于这两个特征，对象实现了记录数据与通过行为操作数据的结合，于是构成了多样的世界。

在计算机世界中，面向对象的程序设计要基于对象来思考问题，首先要将现实世界的实体抽象为对象，然后考虑这个对象具备的属性和行为。例如，现在面临一名厨师想要做出一盘菜的实际问题，试着以面向对象的思想来解决这一实际问题。

首先可以从这一问题中抽象出对象，这里抽象出的对象为一名厨师。然后识别这个对象的属性。对象具备的属性都是静态属性，如厨师有等级、年龄等。接着识别此对象的动态行为，即厨师的切菜、炒菜等，这些行为都是此对象基于其属性而具有的动作。识别出此对象的属性和行为后，这个对象就被定义了，然后根据厨师具有的特性制订做菜的具体方案以解决问题。究其本质，所有的厨师都具有以上的属性和行为，可以将这些属性和行为封装起来，以描述厨师这类人。

7.1.2　Go 语言面向对象

其他编程语言大多使用关键字"类"（class）来定义封装对象，表示该类的具体特征，然而 Go 并不是一个纯面向对象的编程语言。Go 语言采用更灵活的"结构体"替代了"类"。

Go 语言并没有提供类（class），但是它提供了结构体（struct），方法（method）可以在结构体上添加。与类相似，结构体提供了捆绑数据和方法的行为。

Go 语言设计得非常简洁优雅，它没有沿袭传统面向对象编程中的诸多概念，比如继承、虚方法、构造方法和析构方法等。

虽然 Go 语言没有继承和多态，但是 Go 语言可以通过匿名字段实现继承，通过接口实现多态。在 Go 语言中学习面向对象，主要学习结构体（struct）、方法（method）、接口（interface）。

7.2　结构体

7.2.1　定义结构体与实例化

单一的数据类型已经满足不了现实开发需求，于是 Go 语言提供了结构体来定义复杂的数据类型。结构体是由一系列相同类型或不同类型的数据构成的数据集合。

结构体的定义格式，具体示例如下。

```
type 类型名 struct {
    成员属性 1    类型 1
    成员属性 2    类型 2
    成员属性 3 ,  成员属性 4    类型 3
      ...
  }
```

在使用结构体的过程中注意以下 3 点。

- 类型名是标识结构体的名称，在同一个包内不能重复。
- 结构体的属性，也叫字段，必须唯一。
- 同类型的成员属性可以写在一行。

结构体的定义只是一种内存布局的描述，只有当结构体实例化时，才会真正分配内存。因此只有在定义结构体并实例化后才能使用结构体。

实例化就是根据结构体定义的格式创建一份与格式一致的内存区域。结构体每个实例的内存是完全独立的。实例化的语法如例 7-1 所示。

例 7-1　结构体实例化。

```
1   package main
2   import "fmt"
3   //定义 Teacher 结构体
4   type Teacher struct {
5       name string
6       age  int8
7       sex  byte
8   }
9   func main() {
10      //1. var 声明方式实例化结构体，初始化方式为：对象.属性=值
11      var t1 Teacher
12      fmt.Println(t1)
13      fmt.Printf("t1:%T , %v , %q \n", t1, t1, t1)
14      t1.name = "Steven"
15      t1.age = 35
16      t1.sex = 1
17      fmt.Println(t1)
18      fmt.Println("--------------------")
19      //2. 变量简短声明格式实例化结构体，初始化方式为：对象.属性=值
20      t2 := Teacher{}
```

```
21       t2.name = "David"
22       t2.age = 30
23       t2.sex = 1
24       fmt.Println(t2)
25       fmt.Println("-------------------")
26       //3. 变量简短声明格式实例化结构体，声明时初始化，初始化方式为：属性:值，属性:值可以同行，
也可以换行（类似 map 的用法）
27       t3 := Teacher{
28           name: "Josh",
29           age:  28,
30           sex:  1,
31       }
32       t3 = Teacher{name: "Josh2", age: 27, sex: 1}
33       fmt.Println(t3)
34       fmt.Println("-------------------")
35       //4. 变量简短声明格式实例化结构体，声明时初始化，不写属性名，按属性顺序只写属性值
36       t4 := Teacher{"Ruby", 30, 0}
37       fmt.Println(t4)
38       fmt.Println("-------------------")
39   }
```

运行结果如图 7.1 所示。

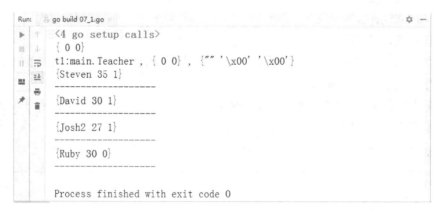

图 7.1　运行结果

7.2.2　结构体的语法糖

语法糖（Syntactic Sugar），也译为糖衣语法，是由英国计算机科学家彼得·约翰·兰达（Peter J. Landin）发明的一个术语，指计算机语言中添加的某种语法，这种语法对语言的功能并没有影响，但是更方便程序员使用。

通常来说使用语法糖能够提升程序的可读性，从而减少程序代码出错的机会。结构体和数组中都有语法糖。

使用内置函数 new() 对结构体进行实例化，结构体实例化后形成指针类型的结构体，new() 内置函数会分配内存。第一个参数是类型，而不是值，返回的值是指向该类型新分配的零值的指针。该函数用于创建某个类型的指针。

使用方式如例 7-2 所示。

例 7-2　语法糖。

```
1  package main
2  import "fmt"
3  //定义结构体 Emp
4  type Emp struct {
5      name string
6      age   int8
7      sex   byte
8  }
9  func main() {
10     //使用 new()内置函数实例化 struct
11     emp1 := new(Emp)
12     fmt.Printf("emp1: %T , %v , %p \n", emp1, emp1, emp1)
13     (*emp1).name = "David"
14     (*emp1).age = 30
15     (*emp1).sex = 1
16     //语法糖写法
17     emp1.name = "David2"
18     emp1.age = 31
19     emp1.sex = 1
20     fmt.Println(emp1)
21     fmt.Println("------------------")
22     SyntacticSugar()
23  }
24  func SyntacticSugar() {
25     //    数组中的语法糖
26     arr := [4]int{10, 20, 30, 40}
27     arr2 := &arr
28     fmt.Println((*arr2)[len(arr)-1])
29     fmt.Println(arr2[0])
30     //    切片中的语法糖
31     arr3 := []int{100, 200, 300, 400}
32     arr4 := &arr3
33     fmt.Println((*arr4)[len(arr)-1])
34  }
```

运行结果如图 7.2 所示。

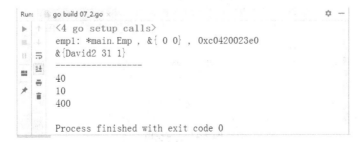

图 7.2　运行结果

7.2.3　结构体是值类型

结构体作为函数参数，若复制一份传递到函数中，在函数中对参数进行修改，不会影响到实际参数，证明结构体是值类型。如例 7-3 所示。

例 7-3　结构体是值类型。

```
1   package main
2   import "fmt"
3   type Human struct {
4       name string
5       age  int8
6       sex  byte
7   }
8   func main() {
9       //1. 初始化 Human
10      h1 := Human{"Steven", 35, 1}
11      fmt.Printf("h1: %T, %v, %p \n", h1, h1, &h1)
12      fmt.Println("--------------------")
13      //2. 复制结构体对象
14      h2 := h1
15      h2.name = "David"
16      h2.age = 30
17      fmt.Printf("h2 修改后: %T , %v, %p \n", h2, h2, &h2)
18      fmt.Printf("h1: %T , %v, %p \n", h1, h1, &h1)
19      fmt.Println("--------------------")
20      //3. 将结构体对象作为参数传递
21      changeName(h1)
22      fmt.Printf("h1: %T , %v, %p \n", h1, h1, &h1)
23  }
24  func changeName(h Human) {
25      h.name = "Daniel"
26      h.age = 13
27      fmt.Printf("函数体内修改后: %T, %v , %p \n" , h , h , &h)
28  }
```

运行结果如图 7.3 所示。

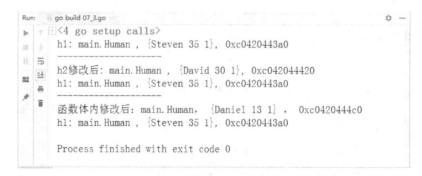

图 7.3　运行结果

　　根据运行结果分析，修改 h2 对 h1 没有影响，另外将 h1 传入函数中进行修改，依然没有对 h1 造成影响。由此可以看出，结构体是值类型。

7.2.4　结构体的深拷贝和浅拷贝

值类型是深拷贝，深拷贝就是为新的对象分配了内存。引用类型是浅拷贝，浅拷贝只是复制了对象的指针。结构体的拷贝实例，如例 7-4 所示。

例 7-4　深拷贝和浅拷贝。

```
1  package main
2  import (
3      "fmt"
4  )
5  type Dog struct {
6      name   string
7      color  string
8      age    int8
9      kind   string
10 }
11 func main() {
12     //1. 实现结构体的深拷贝
13     //struct 是值类型，默认的复制就是深拷贝
14     d1 := Dog{"豆豆", "黑色", 2, "二哈"}
15     fmt.Printf("d1: %T , %v , %p \n", d1, d1, &d1)
16     d2 := d1 //深拷贝
17     fmt.Printf("d2: %T , %v , %p \n", d2, d2, &d2)
18     d2.name = "毛毛"
19     fmt.Println("d2 修改后: ", d2)
20     fmt.Println("d1: ", d1)
21     fmt.Println("------------------")
22     //2. 实现结构体浅拷贝：直接赋值指针地址
23     d3 := &d1
24     fmt.Printf("d3: %T , %v , %p \n", d3, d3, d3)
25     d3.name = "球球"
26     d3.color = "白色"
27     d3.kind = "萨摩耶"
28     fmt.Println("d3 修改后: ", d3)
29     fmt.Println("d1: ", d1)
30     fmt.Println("------------------")
31     //3. 实现结构体浅拷贝：通过 new() 函数来实例化对象
32     d4 := new(Dog)
33     d4.name = "多多"
34     d4.color = "棕色"
35     d4.age = 1
36     d4.kind = "巴哥犬"
37     d5 := d4
38     fmt.Printf("d4: %T , %v , %p \n", d4, d4, d4)
39     fmt.Printf("d5: %T , %v , %p \n", d5, d5, d5)
40     fmt.Println("------------------")
41     d5.color = "金色"
42     d5.kind = "金毛"
```

```
43        fmt.Println("d5 修改后：", d5)
44        fmt.Println("d4: ", d4)
45        fmt.Println("------------------")
46  }
```

运行结果如图 7.4 所示。

```
Run:     go build 07_4.go                                          ⚙ —
  ▶  ↑   <4 go setup calls>
  ■  ↓   d1: main.Dog，{豆豆 黑色 2 二哈}，0xc0420300c0
     ⇆   d2: main.Dog，{豆豆 黑色 2 二哈}，0xc0420301c0
  ▦  ⇟   d2修改后：{毛毛 黑色 2 二哈}
     🖶   d1：{豆豆 黑色 2 二哈}
  ⚲  🗑   ------------------
         d3: *main.Dog，&{豆豆 黑色 2 二哈}，0xc0420300c0
         d3修改后：&{球球 白色 2 萨摩耶}
         d1：{球球 白色 2 萨摩耶}
         ------------------
         d4: *main.Dog，&{多多 棕色 1 巴哥犬}，0xc0420303c0
         d5: *main.Dog，&{多多 棕色 1 巴哥犬}，0xc0420303c0
         ------------------
         d5修改后：&{多多 金色 1 金毛}
         d4：&{多多 金色 1 金毛}
         ------------------

         Process finished with exit code 0
```

图 7.4   运行结果

在例 7-4 中，从第 20 行代码的打印信息可以看出，d1 没有因为 d2 的改变而改变，所以是深拷贝；从第 29 行代码的打印信息可以看出，d1 因为 d3 的改变而改变，所以是浅拷贝。

7.2.5   结构体作为函数的参数及返回值

结构体作为函数的参数及返回值有两种形式：值传递和引用传递。接下来通过案例了解两者的区别，如例 7-5 所示。

例 7-5   结构体对象与指针在函数中的传递。

```
1   package main
2   import "fmt"
3   type Flower struct {
4       name, color string
5   }
6   func main() {
7       //1. 结构体作为参数的用法
8       f1 := Flower{"玫瑰", "红"}
9       fmt.Printf("f1: %T , %v , %p \n" , f1 , f1 , &f1)
10      fmt.Println("---------------------")
11      //将结构体对象作为参数
12      changeInfo1(f1)
13      fmt.Printf("f1: %T , %v , %p \n" , f1 , f1 , &f1)
14      fmt.Println("---------------------")
15      //    将结构体指针作为参数
```

```
16      changeInfo2(&f1)
17      fmt.Printf("f1: %T , %v , %p \n" , f1 , f1 , &f1)
18      fmt.Println("---------------------")
19      //2. 结构体作为返回值的用法
20      //结构体对象作为返回值
21      f2 := getFlower1()
22      f3 := getFlower1()
23      fmt.Println("更改前" , f2 , f3)
24      fmt.Printf("f2 地址为 %p,f3 地址为%p\n ",&f2,&f3) //地址发生改变，对象发生了复制
25      f2.name = "杏花"
26      fmt.Println("更改后" , f2 , f3)
27      //结构体指针作为返回值
28      f4 := getFlower2()
29      f5 := getFlower2()
30      fmt.Println("更改前" , f4 , f5)
31      f4.name = "桃花"
32      fmt.Println("更改后" , f4 , f5)
33  }
34  //返回结构体对象
35  func getFlower1() (f Flower){
36      f = Flower{"牡丹", "白"}
37      fmt.Printf("函数 getFlower1 内 f: %T , %v , %p \n" , f , f , &f)
38      return
39  }
40  //返回结构体指针
41  func getFlower2() (f *Flower){
42      //f = &Flower{"芙蓉", "红"}
43      temp := Flower{"芙蓉", "红"}
44      fmt.Printf("函数 getFlower2 内 temp: %T , %v , %p \n" , temp , temp , &temp)
45      f = &temp
46      fmt.Printf("函数 getFlower2 内 f: %T , %v , %p , %p \n" , f , f , f , &f)
47      return
48  }
49  //传结构体对象
50  func changeInfo1(f Flower) {
51      f.name = "月季"
52      f.color = "粉"
53      fmt.Printf("函数 changeInfo1 内 f: %T , %v , %p \n" , f , f , &f)
54  }
55  //传结构体指针
56  func changeInfo2(f *Flower) {
57      f.name = "蔷薇"
58      f.color = "紫"
59      fmt.Printf("函数 changeInfo2 内 f: %T , %v , %p , %p \n" , f , f , f , &f)
60  }
```

运行结果如图 7.5 所示。

```
Run:      go build 07_5.go                                          ☆  ─
    ▶   ↑   <4 go setup calls>
    ■   ↓   f1: main.Flower , {玫瑰 红} , 0xc0420023e0
    ⅱ   ⇥   ─────────────────
            函数changeInfo1内f: main.Flower , {月季 粉} , 0xc042002460
    ■   ⌷   f1: main.Flower , {玫瑰 红} , 0xc0420023e0
    ⚹   ⊟   ─────────────────
    ⚬       函数changeInfo2内f: *main.Flower , &{蔷薇 紫} , 0xc0420023e0 , 0xc042004030
            f1: main.Flower , {蔷薇 紫} , 0xc0420023e0
            ─────────────────
            函数getFlower1内f: main.Flower , {牡丹 白} , 0xc042002580
            函数getFlower1内f: main.Flower , {牡丹 白} , 0xc042002600
            更改前 {牡丹 白} {牡丹 白}
            更改后 {杏花 白} {牡丹 白}
            f2地址为 0xc042002560,f3地址为0xc0420025e0
             函数getFlower2内temp: main.Flower , {芙蓉 红} , 0xc0420026e0
            函数getFlower2内f: *main.Flower , &{芙蓉 红} , 0xc0420026e0 , 0xc042004038
            函数getFlower2内temp: main.Flower , {芙蓉 红} , 0xc042002760
            函数getFlower2内f: *main.Flower , &{芙蓉 红} , 0xc042002760 , 0xc042004040
            更改前 &{芙蓉 红} &{芙蓉 红}
            更改后 &{桃花 红} &{芙蓉 红}

            Process finished with exit code 0
```

图 7.5　运行结果

7.2.6　匿名结构体和匿名字段

1．匿名结构体

匿名结构体就是没有名字的结构体，无须通过 type 关键字定义就可以直接使用。创建匿名结构体时，同时要创建对象。匿名结构体由结构体定义和键值对初始化两部分组成。语法格式示例如下。

```
变量名 := struct {
//定义成员属性
} {//初始化成员属性}
```

接下来通过案例了解匿名结构体的用法，如例 7-6 所示。

例 7-6　匿名结构体。

```
1   package main
2   import (
3       "math"
4       "fmt"
5   )
6   func main() {
7       //匿名函数
8       res := func(a, b float64) float64 {
9           return math.Pow(a, b)
10      }(2, 3)
11      fmt.Println(res)
12      //匿名结构体
13      addr := struct {
14          province, city string
15      }{"陕西省", "西安市"}
```

```
16      fmt.Println(addr)
17      cat := struct {
18          name, color string
19          age         int8
20      }{
21          name:  "绒毛",
22          color: "黑白",
23          age:   1,
24      }
25      fmt.Println(cat)
26 }
```

运行结果如图 7.6 所示。

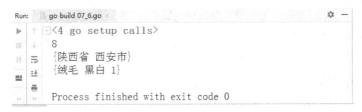

图 7.6　运行结果

2. 结构体的匿名字段

匿名字段就是在结构体中的字段没有名字，只包含一个没有字段名的类型。这些字段被称为匿名字段。

如果字段没有名字，那么默认使用类型作为字段名，同一个类型只能有一个匿名字段。结构体嵌套中采用匿名结构体字段可以模拟继承关系。

使用方式如例 7-7 所示。

例 7-7　匿名字段。

```
1  package main
2  import "fmt"
3  type User struct {
4      string
5      byte
6      int8
7      float64
8  }
9  func main() {
10     //   实例化结构体
11     user:= User{"Steven" , 'm' , 35 , 177.5}
12     fmt.Println(user)
13     //如果想依次输出姓名、年龄、身高、性别
14     fmt.Printf("姓名: %s \n" , user.string)
15     fmt.Printf("身高: %.2f \n" , user.float64)
16     fmt.Printf("性别: %c \n" , user.byte)
17     fmt.Printf("年龄: %d \n" , user.int8)
18 }
```

运行结果如图 7.7 所示。

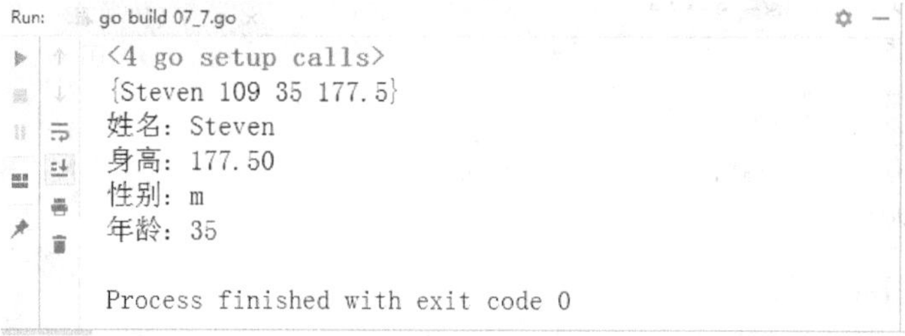

图 7.7 运行结果

7.2.7 结构体嵌套

将一个结构体作为另一个结构体的属性（字段），这种结构就是结构体嵌套。

结构体嵌套可以模拟面向对象编程中的以下两种关系。

* 聚合关系：一个类作为另一个类的属性。
* 继承关系：一个类作为另一个类的子类。子类和父类的关系。

结构体嵌套模拟聚合关系如例 7-8 所示。

例 7-8 聚合关系。

```
1   package main
2   import "fmt"
3   type Address struct {
4       province, city string
5   }
6   type Person struct {
7       name    string
8       age     int
9       address *Address
10  }
11  func main() {
12      //模拟结构体对象之间的聚合关系
13      p := Person{}
14      p.name = "Steven"
15      p.age = 35
16      //赋值方式 1
17      addr := Address{}
18      addr.province = "北京市"
19      addr.city = "海淀区"
20      p.address = &addr
21      fmt.Println(p)
22      fmt.Println("姓名: ", p.name, " 年龄: ", p.age, " 省: ", p.address.province," 市: ",
p.address.city)
23      fmt.Println("----------------------")
24      //修改 Person 对象的数据，是否会影响 Address 对象的数据？
25      p.address.city = "昌平区"
26      fmt.Println("姓名: ", p.name," 年龄: ", p.age," 省: ", p.address.province," 市: ",
p.address.city," addr 市: ", addr.city)
```

```
27      fmt.Println("----------------------")
28      //修改 Address 对象的数据,是否会影响 Person 对象的数据?
29      addr.city = "大兴区"
30      fmt.Println("姓名: ", p.name," 年龄: ", p.age," 省: ", p.address.province," 市: ",
p.address.city," addr市: ", addr.city)
31      fmt.Println("----------------------")
32      //赋值方式 2
33      p.address = &Address{
34          province: "陕西省",
35          city:    "西安市",
36      }
37      fmt.Println(p)
38      fmt.Println("姓名: ", p.name, " 年龄: ", p.age, " 省: ", p.address.province," 市: ",
p.address.city)
```

运行结果如图 7.8 所示。

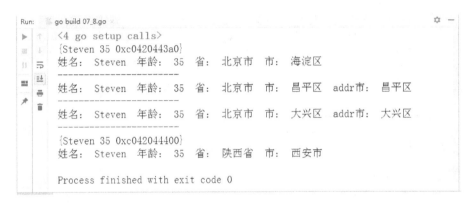

图 7.8　运行结果

继承是传统面向对象编程的三大特征之一，用于描述两个类之间的关系。一个类（子类、派生类）继承自另一个类（父类、超类）。

子类可以有自己的属性和方法，也可以重写父类已有的方法。子类可以直接访问父类所有的属性和方法。

在结构体中，属于匿名结构体的字段称为提升字段，它们可以被访问，匿名结构体就像是该结构体的父类。

采用匿名字段的形式就是模拟继承关系。而模拟聚合关系时一定要采用有名字的结构体作为字段。接下来通过一个案例来用结构体模拟继承关系，如例 7-9 所示。

例 7-9　结构体嵌套模拟继承关系。

```
1  package main
2  import (
3      "fmt"
4  )
5  type Person struct {
6      name string
7      age  int
8      sex  string
```

```
 9   }
10  type Student struct {
11      Person
12      schoolName string
13  }
14  func main() {
15      //1. 实例化并初始化 Person
16      p1 := Person{"Steven", 35, "男"}
17      fmt.Println(p1)
18      fmt.Println("-------------------")
19      //2. 实例化并初始化 Student
20      //   写法 1:
21      s1 := Student{p1, "北航软件学院"}
22      printInfo(s1)
23      //写法 2:
24      s2 := Student{Person{"Josh", 30, "男"}, "北外高翻学院"}
25      printInfo(s2)
26      //写法 3:
27      s3 := Student{Person: Person{
28          name: "Penn",
29          age:  19,
30          sex:  "男",
31      },
32          schoolName: "北大元培学院",
33      }
34      printInfo(s3)
35      //   写法 4:
36      s4 := Student{}
37      s4.name = "Daniel"
38      s4.sex = "男"
39      s4.age = 12
40      s4.schoolName = "北京十一龙樾"
41      printInfo(s4)
42  }
43  func printInfo(s1 Student) {
44      fmt.Println(s1)
45      fmt.Printf("%+v \n", s1)
46      fmt.Printf("姓名:%s, 年龄:%d , 性别:%s ,学校:%s \n", s1.name, s1.age, s1.sex, s1.schoolName)
47      fmt.Println("-------------------")
48  }
```

运行结果如图 7.9 所示。

结构体嵌套时，可能存在相同的成员名，成员重名会导致成员名字冲突，示例如下。

```
1   package main
2   import "fmt"
3   type A struct {
4       a, b int
5   }
6   type B struct {
7       a, d int
```

```
8  }
9  type C struct {
10   A
11   B
12 }
13 func main() {
14   c := C{}
15   c.A.a = 1
16   c.B.a = 2 //如果调用c.a = 2，则会提示"引起歧义的参数"
17   c.b = 3
18   c.d = 4
19   fmt.Println(c)
20 }
```

```
Run:    go build 07_9.go                                    ✿ —
  ▶  ↑  ▯<4 go setup calls>
            {Steven 35 男}
  ▯  ⯈     -------------------
  ▯  ⯈     {{Steven 35 男} 北航软件学院}
            {Person:{name:Steven age:35 sex:男} schoolName:北航软件学院}
  ▯  ▯     姓名：Steven，  年龄：35 ，  性别：男，学校：北航软件学院
  📌  ▯     -------------------
            {{Josh 30 男} 北外高翻学院}
            {Person:{name:Josh age:30 sex:男} schoolName:北外高翻学院}
            姓名：Josh，  年龄：30 ，  性别：男，学校：北外高翻学院
            -------------------
            {{Penn 19 男} 北大元培学院}
            {Person:{name:Penn age:19 sex:男} schoolName:北大元培学院}
            姓名：Penn，  年龄：19 ，  性别：男，学校：北大元培学院
            -------------------
            {{Daniel 12 男} 北京十一龙樾}
            {Person:{name:Daniel age:12 sex:男} schoolName:北京十一龙樾}
            姓名：Daniel，  年龄：12 ，  性别：男，学校：北京十一龙樾
            -------------------

            Process finished with exit code 0
```

图 7.9　运行结果

当重名时，编译器会报错：Ambiguous reference。

7.3　方法

方法

7.3.1　方法的概念

Go 语言同时有函数和方法，方法的本质是函数，但是方法和函数又有所不同。

1. 含义不同

函数（function）是一段具有独立功能的代码，可以被反复多次调用，从而实现代码复用。而方法（method）是一个类的行为功能，只有该类的对象才能调用。

2. 方法有接受者，而函数无接受者

Go 语言的方法（method）是一种作用于特定类型变量的函数。这种特定类型变量叫作接受者（receiver）。接受者的概念类似于传统面向对象语言中的 this 或 self 关键字。

Go 语言的接受者强调了方法具有作用对象，而函数没有作用对象。一个方法就是一个包含了接受者的函数。

Go 语言中，接受者可以是结构体，也可以是结构体类型外的其他任何类型。

3. 函数不可以重名，而方法可以重名

只要接受者不同，方法名就可以相同。

7.3.2 基本语法

方法的语法格式如下。

```
func （接受者变量  接受者类型） 方法名(参数列表) （返回值列表） {
//方法体
}
```

接受者在 func 关键字和方法名之间编写，接受者可以是 struct 类型或非 struct 类型，可以是指针类型或非指针类型。接受者中的变量在命名时，官方建议使用接受者类型的第一个小写字母。下面通过一个案例对比函数和方法在语法上的区别，具体如例 7-10 所示。

例 7-10 方法与函数。

```
1  package main
2  import "fmt"
3  type Employee struct {
4      name , currency string
5      salary float64
6  }
7  func main() {
8      emp1 := Employee{"Daniel" , "$" , 2000}
9      emp1.printSalary()
10      printSalary(emp1)
11  }
12  //printSalary()方法
13  func (e Employee) printSalary() {
14      fmt.Printf("员工姓名: %s , 薪资: %s%.2f \n", e.name , e.currency , e.salary)
15  }
16  //printSalary 函数
17  func printSalary(e Employee) {
18      fmt.Printf("员工姓名: %s , 薪资: %s%.2f \n", e.name , e.currency , e.salary)
19  }
```

运行结果如图 7.10 所示。

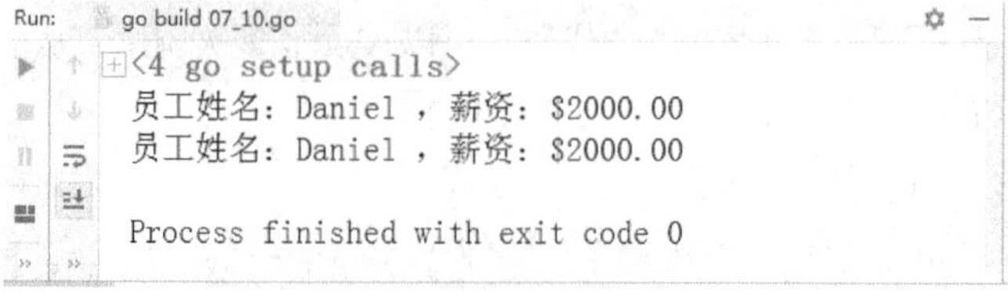

图 7.10　运行结果

7.3.3 方法和函数

一段程序可以用函数来写，却还要使用方法，主要有以下两个原因。

- Go 不是一种纯粹面向对象的编程语言，它不支持类。因此其方法旨在实现类似于类的行为。
- 相同名称的方法可以在不同的类型上定义，而具有相同名称的函数是不允许的。假设有一个正方形和一个圆形，可以分别在正方形和圆形上定义一个名为 Area 的求取面积的方法。

下面通过一个案例来观察不同的结构体中相同的方法名，如例 7-11 所示。

例 7-11 相同方法名。

```go
1  package main
2  import (
3      "math"
4      "fmt"
5  )
6  type Rectangle struct {
7      width, height float64
8  }
9  type Circle struct {
10     radius float64
11 }
12 func main() {
13     r1:=Rectangle{10,4}
14     r2:=Rectangle{12,5}
15     c1:=Circle{1}
16     c2:=Circle{10}
17     fmt.Println("r1的面积" , r1.Area())
18     fmt.Println("r2的面积" , r2.Area())
19     fmt.Println("c1的面积" , c1.Area())
20     fmt.Println("c2的面积" , c2.Area())
21 }
22 //定义 Rectangle 的方法
23 func (r Rectangle) Area() float64 {
24     return r.width * r.height
25 }
26 //定义 Circle 的方法
27 func (c Circle) Area() float64 {
28     return c.radius * c.radius * math.Pi
29 }
```

运行结果如图 7.11 所示。

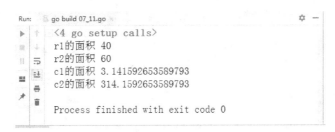

图 7.11 运行结果

若方法的接受者不是指针，实际只是获取了一个拷贝，而不能真正改变接受者中原来的数据。当指针作为接受者时，情况如例 7-12 所示。

例 7-12 指针作为接受者。

```
1  package main
2  import "fmt"
3  type Rectangle struct {
4      width, height float64
5  }
6  func main() {
7      r1 := Rectangle{5 , 8}
8      r2 := r1
9      //打印对象的内存地址
10     fmt.Printf("r1 的地址: %p \n" , &r1)
11     fmt.Printf("r2 的地址: %p \n" , &r2)
12     r1.setValue()
13     fmt.Println("r1.height=" , r1.height)//8
14     fmt.Println("r2.height=" , r2.height)//8
15     fmt.Println("----------------")
16     r1.setValue2()
17     fmt.Println("r1.height=" , r1.height)//8?20?
18     fmt.Println("r2.height=" , r2.height)//8
19     fmt.Println("----------------")
20 }
21 func (r Rectangle) setValue() {
22     fmt.Printf("setValue 方法中 r 的地址: %p \n" , &r)
23     r.height = 10
24 }
25 func (r *Rectangle) setValue2() {
26     fmt.Printf("setValue2 方法中 r 的地址: %p \n" , r)
27     r.height = 20
28 }
```

运行结果如图 7.12 所示。

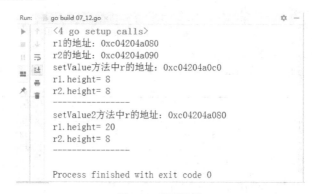

图 7.12　运行结果

7.3.4　方法继承

方法是可以继承的，如果匿名字段实现了一个方法，那么包含这个匿名字段的 struct 也能调用该匿名字段中的方法。

使用方式如例 7-13 所示。

例 7-13　继承。

```
1   package main
2   import "fmt"
3   type Human struct {
4       name, phone string
5       age          int
6   }
7   type Student struct {
8       Human //匿名字段
9       school string
10  }
11  type Employee struct {
12      Human //匿名字段
13      company string
14  }
15  func main() {
16      s1 := Student{Human{"Daniel", "15012345***", 13}, "十一中学"}
17      e1 := Employee{Human{"Steven", "17812345***", 35}, "1000phone"}
18      s1.SayHi()
19      e1.SayHi()
20  }
21  func (h *Human) SayHi() {
22      fmt.Printf("大家好!我是 %s ，我%d 岁, 我的联系方式是: %s\n", h.name, h.age , h.phone)
23  }
```

运行结果如图 7.13 所示。

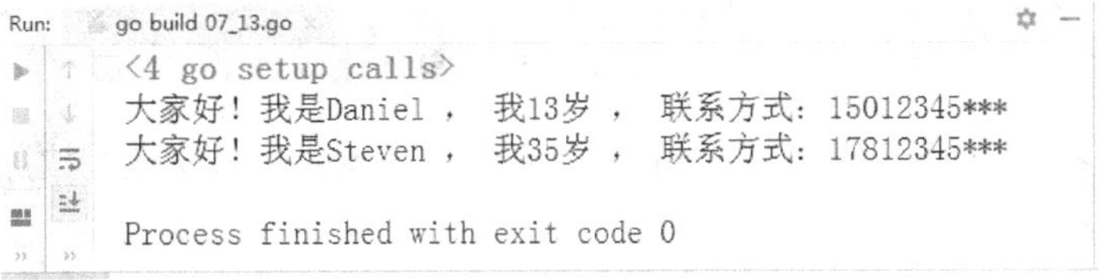

图 7.13　运行结果

7.3.5　方法重写

在 Go 语言中，方法重写是指一个包含了匿名字段的 struct 也实现了该匿名字段实现的方法。使用方式如例 7-14 所示。

例 7-14　方法重写。

```
1   package main
2   import "fmt"
3   type Human struct {
4       name, phone string
5       age          int
6   }
7   type Student struct {
```

```
 8        Human
 9        school string
10 }
11 type Employee struct {
12        Human
13        company string
14 }
15 func main() {
16        s1 := Student{Human{"Daniel", "15012345***", 13}, "十一龙樾"}
17        e1 := Employee{Human{"Steven", "17812345***", 35}, "1000phone"}
18
19        s1.SayHi()
20        e1.SayHi()
21 }
22 func (h *Human) SayHi() {
23        fmt.Printf("大家好！我是%s ， 我%d岁 ， 联系方式：%s\n", h.name, h.age, h.phone)
24 }
25 func (s *Student) SayHi() {
26        fmt.Printf("大家好！我是%s ， 我%d岁 ， 我在%s上学,联系方式：%s\n", s.name, s.age,
s.school, s.phone)
27 }
28 func (e *Employee) SayHi() {
29        fmt.Printf("大家好！我是%s ， 我%d岁 ， 我在%s工作,联系方式：%s\n", e.name, e.age,
e.company, e.phone)
30 }
```

运行结果如图 7.14 所示。

```
Run:    go build 07_14.go                                           ☼ —
 ▶ ↑   <4 go setup calls>
 ■ ↓   大家好！我是Daniel ， 我13岁 ， 我在十一龙樾上学，联系方式：15012345***
 ▫ ≒   大家好！我是Steven ， 我35岁 ， 我在1000phone工作，联系方式：17812345***
 ■ ≛
 ■ ≛   Process finished with exit code 0
```

图 7.14　运行结果

由例 7-14 的运行结果可以看出，当结构体存在继承关系时，方法调用按照就近原则。

7.4　接口

接口

7.4.1　接口的概念

面向对象语言中，接口用于定义对象的行为。接口只指定对象应该做什么，实现这种行为的方式（实现细节）由对象来决定。

在 Go 语言中，接口是一组方法签名。接口指定了类型应该具有的方法，类型决定了如何实现这些方法。当某个类型为接口中的所有方法提供了具体的实现细节时，这个类型就被称为实现了该接口。接口定义了一组方法，如果某个对象实现了该接口的所有方法，则此对象就实现了该接口。

Go 语言的类型都是隐式实现接口的。任何定义了接口中所有方法的类型都被称为隐式地实现了该接口。

7.4.2　接口的定义与实现

定义接口的语法格式如下。

```
type    接口名字    interface {
    方法1([参数列表])    [返回值]
    方法2([参数列表])    [返回值]
    ...
    方法n([参数列表])    [返回值]
}
```

实现接口方法的语法格式如下。

```
func (变量名    结构体类型) 方法1([参数列表]) [返回值] {
    //方法体
}
func (变量名    结构体类型) 方法2([参数列表]) [返回值] {
    //方法体
}
...
func (变量名    结构体类型) 方法n([参数列表]) [返回值] {
    //方法体
}
```

具体使用方式如例 7-15 所示。

例 7-15　接口。

```
1   package main
2   import "fmt"
3   type Phone interface {
4       call()
5   }
6   type AndroidPhone struct {
7   }
8   type IPhone struct {
9   }
10  func (a AndroidPhone) call() {
11      fmt.Println("我是安卓手机, 可以打电话了")
12  }
13  func (i IPhone) call() {
14      fmt.Println("我是苹果手机, 可以打电话了")
15  }
16  func main() {
17      //   定义接口类型的变量
18      var phone Phone
19      phone = new(AndroidPhone)
20      fmt.Printf("%T , %v , %p \n" , phone , phone , &phone)
21      phone.call()
22      phone = AndroidPhone{}
```

```
23      fmt.Printf("%T , %v , %p \n" , phone , phone , &phone)
24      phone.call()
25      phone = new(IPhone)
26      fmt.Printf("%T , %v , %p \n" , phone , phone , &phone)
27      phone.call()
28      phone = IPhone{}
29      fmt.Printf("%T , %v , %p \n" , phone , phone , &phone)
30      phone.call()
31  }
```

运行结果如图 7.15 所示。

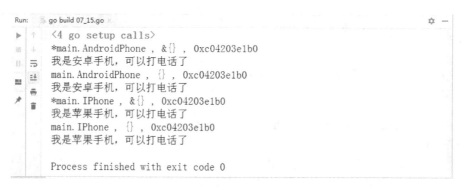

图 7.15　运行结果

实际并没有见到例 7-15 中出现安卓手机及苹果手机实现接口 Phone 的语句。new(AndroidPhone)
以及 new(IPhone)可以通过隐式实现接口直接赋值给接口变量 phone。

7.4.3　duck typing

Go 没有 implements 或 extends 关键字，这类编程语
言叫作 duck typing 编程语言。

1. 大黄鸭是不是鸭子

生活中的大黄鸭，如图 7.16 所示。

从生物学角度看，鸭子属于脊索动物门、脊椎动物
亚门、鸟纲、雁形目。大黄鸭没有生命，所以不是鸭子。

2. duck typing

duck typing 是描述事物的外部行为而非内部结构。
"一只鸟走起来像鸭子，游泳像鸭子，叫起来也像鸭子，
那么这只鸟就可以被称为鸭子。"扩展后，可以将其理

图 7.16　大黄鸭

解为："一只鸟看起来像鸭子，那么它就是鸭子。"duck typing 关注的不是对象的类型本身，而是它
是如何使用的。

3. duck typing 编程语言

使用 duck typing 的编程语言往往被归类为"动态类型语言"或者"解释型语言"，如 Python、
Javascript、Ruby 等；而非 duck typing 编程语言往往被归为"静态类型语言"，如 C、C++、Java 等。

4. 非 duck typing 编程语言

以 Java 为例，一个类必须显式地声明"类实现了某个接口"，然后才能用在这个接口可以使用的地方。如果有一个第三方的 Java 库，这个库中的某个类没有声明它实现了某个接口，那么即使这个类中真的有那些接口中的方法，也不能把这个类的对象用在那些要求用接口的地方。但在 duck typing 编程语言中就可以这样做，因为它不要求一个类显式地声明它实现了某个接口。

5. 动态类型语言的优缺点

动态类型语言的好处很多，Python 代码写起来很快。但是缺陷也是显而易见的：错误往往要在运行时才能被发现。相反，静态类型语言往往在编译时就发现这类错误：如果某个变量的类型没有显式地声明实现了某个接口，那么，这个变量就不能用在一个要求实现了这个接口的地方。

Go 类型系统采取了折中的办法，其做法如下。

第一，结构体类型 T 不需要显式地声明它实现了接口 I。只要类型 T 实现了接口 I 规定的所有方法，它就自动地实现了接口 I。这样就像动态类型语言一样省了很多代码，少了许多限制。

第二，将结构体类型的变量显式或者隐式地转换为接口 I 类型的变量 i。这样就可以和其他静态类型语言一样，在编译时检查参数的合法性。

接下来我们通过一个案例加深对 duck typing 的理解，如例 7-16 所示。

例 7-16　duck typing。

```
1   package main
2   import "fmt"
3   type ISayHello interface {
4       SayHello() string
5   }
6   type Duck struct {
7       name string
8   }
9   type Person struct {
10      name string
11  }
12  func (d Duck) SayHello() string {
13      return d.name + "叫: ga ga ga!"
14  }
15  func (p Person) SayHello() string {
16      return p.name + "说: Hello!"
17  }
18  func main() {
19      //定义实现接口的对象
20      duck := Duck{"Yaya"}
21      person := Person{"Steven"}
22      fmt.Println(duck.SayHello())
23      fmt.Println(person.SayHello())
24      fmt.Println("------------------")
25      //   定义接口类型的变量
26      var i ISayHello
27      i = duck
28      fmt.Printf("%T , %v , %p \n" , i , i , &i)
29      fmt.Println(i.SayHello())
30      i = person
```

```
31      fmt.Printf("%T , %v , %p \n" , i , i , &i)
32      fmt.Println(i.SayHello())
33 }
```

运行结果如图 7.17 所示。

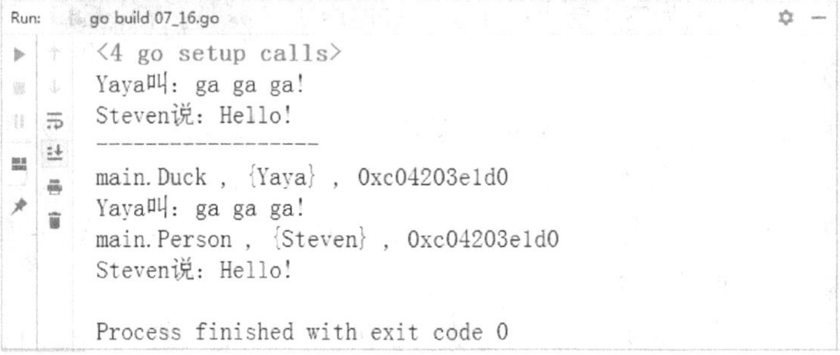

```
Run:    go build 07_16.go
    ▶      <4 go setup calls>
    ▶  ↓   Yaya叫: ga ga ga!
    ‖  ⇥   Steven说: Hello!
           ------------------
    ▦  ⎙   main.Duck , {Yaya} , 0xc04203e1d0
    ▸  📋  Yaya叫: ga ga ga!
           main.Person , {Steven} , 0xc04203e1d0
           Steven说: Hello!

           Process finished with exit code 0
```

图 7.17　运行结果

由例 7-16 可以看出，一个函数如果接受接口类型作为参数，那么实际上它可以传入该接口的任意一个实现类的对象作为参数。定义一个接口变量，实际上可以赋值给任意一个实现了该接口的对象。如果定义了一个接口类型的容器（数组或切片），实际上该容器可以存储任意一个实现类对象。

7.4.4　多态

如果有几个相似而不完全相同的对象，有时人们要求在向它们发出同一个消息时，它们的反应各不相同，分别执行不同的操作。这种情况就是多态现象。例如，甲、乙、丙三个班都是初中一年级，学生们有基本相同的属性和行为，在同时听到上课铃声的时候，他们会分别走向三个不同的教室，而不会走向同一个教室。

多态就是事物的多种形态，Go 语言中的多态性是在接口的帮助下实现的——定义接口类型，创建实现该接口的结构体对象。

定义接口类型的对象，可以保存实现该接口的任何类型的值。Go 语言接口变量的这个特性实现了 Go 语言中的多态性。接口类型的对象，不能访问其实现类中的属性字段。

下面通过案例解释多态现象，如例 7-17 所示。

例 7-17　多态。

```
1  package main
2  import "fmt"
3  type Income interface {
4      calculate() float64 //计算收入总额
5      source() string      //用来说明收入来源
6  }
7  //固定账单项目
8  type FixedBilling struct {
9      projectName   string //工程项目
10     biddedAmount float64 //项目招标总额
11 }
12 //定时生产项目(定时和材料项目)
```

```
13 type TimeAndMaterial struct {
14     projectName string
15     workHours    float64 //工作时长
16     hourlyRate   float64 //每小时工资率
17 }
18 //固定收入项目
19 func (f FixedBilling) calculate() float64 {
20     return f.biddedAmount
21 }
22 func (f FixedBilling) source() string {
23     return f.projectName
24 }
25 //定时收入项目
26 func (t TimeAndMaterial) calculate() float64 {
27     return t.workHours * t.hourlyRate
28 }
29 func (t TimeAndMaterial) source() string {
30     return t.projectName
31 }
32 //通过广告点击获得收入
33 type Advertisement struct {
34     adName          string
35     clickCount      int
36     incomePerclick float64
37 }
38 func (a Advertisement) calculate() float64 {
39     return float64(a.clickCount) * a.incomePerclick
40 }
41 func (a Advertisement) source() string {
42     return a.adName
43 }
44 func main() {
45     p1 := FixedBilling{"项目 1", 5000}
46     p2 := FixedBilling{"项目 2", 10000}
47     p3 := TimeAndMaterial{"项目 3", 100, 40}
48     p4 := TimeAndMaterial{"项目 4", 250, 20}
49     p5 := Advertisement{"广告 1", 10000, 0.1}
50     p6 := Advertisement{"广告 2", 20000, 0.05}
51     ic := []Income{p1, p2, p3, p4, p5, p6}
52     fmt.Println(calculateNetIncome(ic))
53 }
54 //计算净收入
55 func calculateNetIncome(ic []Income) float64 {
56     netincome := 0.0
57     for _, income := range ic {
58         fmt.Printf("收入来源: %s ,收入金额: %.2f \n", income.source(), income.calculate())
59         netincome += income.calculate()
60     }
61     return netincome
62 }
```

运行结果如图 7.18 所示。

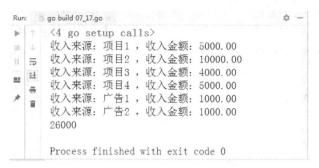

图 7.18　运行结果

由例 7-17 可以看出，尽管添加了新的收入方式，但没有对 calculateNetIncome()函数做任何更改，全靠多态性起作用。由于新的 Advertisement 类型也实现了 Income 接口，可以将它添加到 ic 切片中。CalculateNetIncome()函数在没有任何更改的情况下工作，因为它可以调用 Advertisement 类型的 calculate()和 source()方法。

7.4.5　空接口

空接口中没有任何方法。任意类型都可以实现该接口。空接口这样定义：interface{}，也就是包含 0 个方法（method）的 interface。空接口可表示任意数据类型，类似于 Java 中的 object。

空接口常用于以下情形。

- println 的参数就是空接口。
- 定义一个 map：key 是 string，value 是任意数据类型。
- 定义一个切片，其中存储任意类型的数据。

空接口的使用方式如例 7-18 所示。

例 7-18　空接口。

```
1  package main
2  import "fmt"
3  type A interface {
4  }
5  type Cat struct {
6      name string
7      age  int
8  }
9  type Person struct {
10     name string
11     sex  string
12 }
13 func main() {
14     var a1 A = Cat{"Mimi", 1}
15     var a2 A = Person{"Steven", "男"}
16     var a3 A = "Learn golang with me!"
17     var a4 A = 100
18     var a5 A = 3.14
19     showInfo(a1)
20     showInfo(a2)
```

```
21      showInfo(a3)
22      showInfo(a4)
23      showInfo(a5)
24      fmt.Println("------------------")
25      //1. fmt.println 参数就是空接口
26      fmt.Println("println的参数就是空接口，可以是任何数据类型", 100, 3.14, Cat{"旺旺", 2})
27      //2. 定义 map，value 是任何数据类型
28      map1 := make(map[string]interface{})
29      map1["name"] = "Daniel"
30      map1["age"] = 13
31      map1["height"] = 1.71
32      fmt.Println(map1)
33      fmt.Println("------------------")
34      //    3. 定义一个切片，其中存储任意数据类型
35      slice1 := make([]interface{}, 0, 10)
36      slice1 = append(slice1, a1, a2, a3, a4, a5)
37      fmt.Println(slice1)
38 }
39
40 func showInfo(a A) {
41      fmt.Printf("%T , %v \n", a, a)
42 }
```

运行结果如图 7.19 所示。

图 7.19　运行结果

在例 7-18 中，变量 a1、a2、a3、a4、a5 分别为不同类型的变量，它们均可以存放在空接口中使用。

7.4.6　接口对象转型

接口对象转型第一种方式示例如下。

```
instance, ok := 接口对象.(实际类型)
```

如果该接口对象是对应的实际类型，那么 instance 就是转型之后的对象，ok 的值为 true，配合 if ... else if...语句使用。

接口对象转型第二种方式示例如下。

接口对象.(type)

此方式配合 switch...case 语句使用。

接下来通过一个案例实现接口对象转型，具体如例 7-19 所示。

例 7-19　接口对象转型。

```
1  package main
2  import (
3      "math"
4      "fmt"
5  )
6  //1. 定义接口
7  type Shape interface {
8      perimeter() float64
9      area() float64
10 }
11 //2.矩形
12 type Rectangle struct {
13     a, b float64
14 }
15 //3.三角形
16 type Triangle struct {
17     a, b, c float64
18 }
19 //4.圆形
20 type Circle struct {
21     radius float64
22 }
23 //定义实现接口的方法
24 func (r Rectangle) perimeter() float64 {
25     return (r.a + r.b) * 2
26 }
27 func (r Rectangle) area() float64 {
28     return r.a * r.b
29 }
30 func (t Triangle) perimeter() float64 {
31     return t.a + t.b + t.c
32 }
33 func (t Triangle) area() float64 {
34     //海伦公式
35     p := t.perimeter() / 2 //半周长
36     return math.Sqrt(p * (p - t.a) * (p - t.b) * (p - t.c))
37 }
38 func (c Circle) perimeter() float64 {
39     return 2 * math.Pi * c.radius
40 }
41 func (c Circle) area() float64 {
42     return math.Pow(c.radius, 2) * math.Pi
43 }
```

```
44  //接口对象转型方式1
45  //instance,ok := 接口对象.(实际类型)
46  func getType(s Shape) {
47      if instance, ok := s.(Rectangle); ok {
48          fmt.Printf("矩形: 长度%.2f , 宽度%.2f , ", instance.a, instance.b)
49      } else if instance, ok := s.(Triangle); ok {
50          fmt.Printf("三角形:三边分别:%.2f , %.2f , %.2f , ", instance.a, instance.b,
            instance.c)
51      } else if instance, ok := s.(Circle); ok {
52          fmt.Printf("圆形: 半径%.2f , ", instance.radius)
53      }
54  }
55  //接口对象转型方式2
56  //接口对象.(type)，配合 switch 和 case 语句使用
57  func getType2(s Shape) {
58      switch instance := s.(type) {
59      case Rectangle:
60          fmt.Printf("矩形: 长度为%.2f , 宽为%.2f , \t", instance.a, instance.b)
61      case Triangle:
62          fmt.Printf("三角形:三边分别为%.2f ,%.2f , %.2f ,\t", instance.a, instance.b,
            instance.c)
63      case Circle:
64          fmt.Printf("圆形: 半径为%.2f , \t", instance.radius)
65      }
66  }
67  func getResult(s Shape) {
68      getType2(s)
69      fmt.Printf("周长: %.2f , 面积:%.2f \n", s.perimeter(), s.area())
70  }
71  func main() {
72      var s Shape
73      s = Rectangle{3, 4}
74      getResult(s)
75      showInfo(s)
76      s = Triangle{3, 4, 5}
77      getResult(s)
78      showInfo(s)
79      s = Circle{1}
80      getResult(s)
81      showInfo(s)
82      x := Triangle{3, 4, 5}
83      fmt.Println(x)
84  }
85  func (t Triangle) String() string {//实现了系统接口，最后的打印部分会改变
86      return fmt.Sprintf("Triangle 对象，属性分别为: %.2f, %.2f, %.2f", t.a, t.b, t.c)
87  }
88  func showInfo(s Shape) {
89      fmt.Printf("%T ,%v \n", s, s)
90      fmt.Println("-------------------")
91  }
```

运行结果如图 7.20 所示。

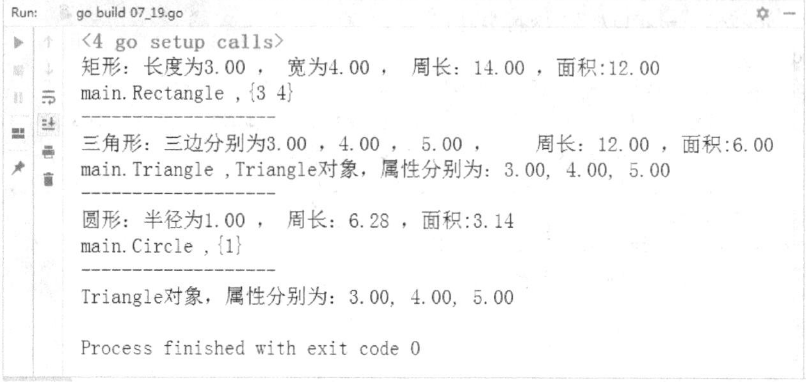

```
Run:    go build 07_19.go
        <4 go setup calls>
        矩形：长度为3.00， 宽为4.00， 周长：14.00，面积:12.00
        main.Rectangle ,{3 4}
        ----------------------
        三角形：三边分别为3.00，4.00， 5.00，    周长：12.00，面积:6.00
        main.Triangle ,Triangle对象，属性分别为: 3.00, 4.00, 5.00
        ----------------------
        圆形：半径为1.00， 周长：6.28，面积:3.14
        main.Circle ,{1}
        ----------------------
        Triangle对象，属性分别为: 3.00, 4.00, 5.00

        Process finished with exit code 0
```

图 7.20　运行结果

7.5　本章小结

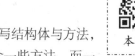

本章小结

本章主要讲解了两部分内容。第一部分是面向对象思想以及编写结构体与方法，一个对象其实也就是一个简单的值或者一个变量，这个对象会包含一些方法，而一个方法则是一个和特殊类型关联的函数；第二部分是通过接口实现多态，接口类型是对其他类型行为的抽象和概括，因为接口类型不会和特定的实现细节绑定在一起，通过这种抽象的方式可以让函数更加灵活和更具有适应能力。简单地用面向对象的思想来描述后厨的场景：厨师的职称可以叫作类，雇佣的厨师王师傅叫作对象，身高、体重等叫作属性，做菜叫作方法。多态的意思是，同样是做菜方法，张师傅洗菜，王师傅切菜，李师傅炒菜。值得注意的是，不是任何事物都需要被当成一个对象，独立的函数也有自己的用处。

7.6　习题

1. 填空题

（1）_____是一种对现实世界理解和抽象的方法。

（2）Go 语言可以通过_____实现继承，通过_____实现多态。

（3）在 Go 语言中，_____是一组方法签名。

（4）在 Go 语言中，定义接口的关键字是_____。

（5）定义结构体的关键字是_____。

2. 选择题

（1）下列选项中，不是面向对象的特点是（　　）。

　　A. 封装　　　　B. 继承　　　　　C. 多态　　　　　D. 函数

（2）Go 语言中没有隐藏的 this 指针。对这句话的含义描述错误的是（　　）。

　　A. 方法施加的对象显式传递，没有被隐藏起来

　　B. Go 语言沿袭了传统面向对象编程中的诸多概念，比如继承、虚函数和构造函数

C.　Go 语言的面向对象表达更直观，对于面向过程只是换了一种语法形式来表达

D.　方法施加的对象不必是指针，也不必叫 this

（3）关于函数和方法，下列选项描述正确的是（　　　）。

A.　只要接受者不同，方法名就可以相同

B.　接受者不同，方法名也不可以相同

C.　函数名可以相同

D.　函数和方法没有区别

（4）关于接口和类的说法，下面说法错误的是（　　　）。

A.　一个类只要实现了接口要求的所有函数，就可以说这个类实现了该接口

B.　实现类的时候，只需要关心自己应该提供哪些方法，不用再纠结接口需要拆得多细才合理

C.　类实现接口时，需要导入接口所在的包

D.　接口由使用方按自身需求来定义，使用方无须关心是否有其他模块定义过类似的接口

（5）下列选项中，关于接口说法错误的是（　　　）。

A.　只要两个接口拥有相同的方法列表（顺序可以不同），它们就是等价的，可以相互赋值

B.　接口赋值是否可行，要在运行期才能够确定

C.　接口查询是否成功，要在运行期才能够确定

D.　如果接口 A 的方法列表是接口 B 的方法列表的子集，接口 B 就可以赋值给接口 A

3. 思考题

（1）简述面向过程与面向对象的区别。

（2）简述什么是 duck typing 编程语言。

4. 编程题

自定义一个案例。该案例要包含以下知识点：结构体、继承、方法重写、接口、多态、接口对象转型。

08

第 8 章　Go 语言异常处理

本章学习目标

- 掌握 error 接口
- 掌握 defer 延迟
- 掌握 panic 及 recover

介绍

通过前面内容的学习，相信读者写出的程序功能越来越强大。纵使程序员万般小心，依然会出现各种突发的错误导致程序无法正常运行。为了保证程序的稳定性、可调试性，为了方便维护者阅读和理解，降低维护成本，Go 语言提供了异常处理。

error

8.1　error

8.1.1　error 接口

错误是指程序中出现不正常的情况，从而导致程序无法正常运行。假设尝试打开一个文件，文件系统中不存在这个文件。这是一个异常情况，它表示为一个错误。

Go 语言通过内置的错误类型提供了非常简单的错误处理机制，即 error 接口。该接口的定义如下。

```
type error interface {
    Error() string
}
```

error 本质上是一个接口类型，其中包含一个 Error()方法，错误值可以存储在变量中，通过函数返回。它必须是函数返回的最后一个值。

在 Go 语言中处理错误的方式通常是将返回的错误与 nil 进行比较。nil 值表示没有发生错误，而非 nil 值表示出现错误。如果不是 nil，需打印输出错误。

使用 error 接口，如例 8-1 所示。

例 8-1 使用 error 接口。

```
1  package main
2  import (
3      "errors"
4      "math"
5      "fmt"
6      "os"
7  )
8  func main() {
9      //    异常情况 1
10     res := math.Sqrt(-100)
11     fmt.Println(res)
12     res , err := Sqrt(-100)
13     if err != nil {
14         fmt.Println(err)
15     } else {
16         fmt.Println(res)
17     }
18     //异常情况 2
19     res , err = Divide(100 , 0)
20     if err != nil {
21         fmt.Println(err.Error())
22     } else {
23         fmt.Println(res)
24     }
25     //异常情况 3 打开不存在的文件
26     f, err := os.Open("/abc.txt")
27     if err != nil {
28         fmt.Println(err)
29     } else {
30         fmt.Println(f.Name() , "该文件成功被打开! ")
31     }
32  }
33  //定义平方根运算函数
34  func Sqrt(f float64)(float64 , error) {
35      if f<0 {
36          return 0 , errors.New("负数不可以获取平方根")
37      } else {
38          return math.Sqrt(f) , nil
39      }
40  }
41  //定义除法运算函数
42  func Divide(dividee float64 , divider float64)(float64 , error) {
43      if divider == 0 {
44          return 0 , errors.New("出错: 除数不可以为 0! ")
45      } else {
46          return dividee / divider , nil
47      }
48  }
```

运行结果如图 8.1 所示。

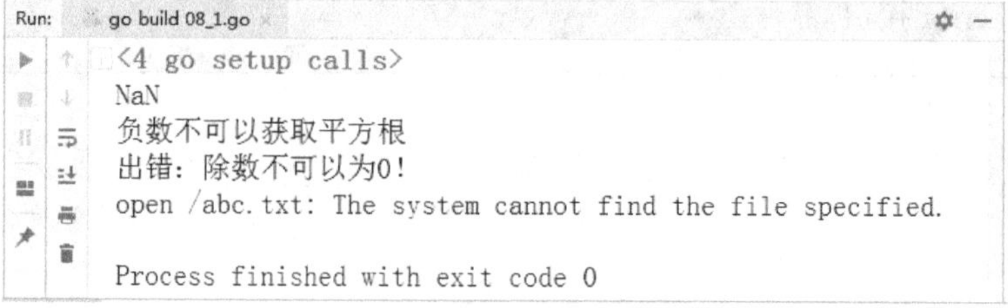

图 8.1　运行结果

8.1.2　创建 error 对象

结构体只要实现了 Error() string 这种格式的方法，就代表实现了该错误接口，返回值为错误的具体描述。通常程序会发生可预知的错误，所以 Go 语言 errors 包对外提供了可供用户自定义的方法，errors 包下的 New() 函数返回 error 对象，errors.New() 函数创建新的错误。errors 包内代码如下。

```
// Package errors implements functions to manipulate errors.
package errors
// New returns an error that formats as the given text.
func New(text string) error {
    return &errorString{text}
}
// errorString is a trivial implementation of error.
type errorString struct {
    s string
}
func (e *errorString) Error() string {
    return e.s
}
```

Go 语言的 errors.go 源码定义了一个结构体，名为 errorString，它拥有一个 Error() 方法，实现了 error 接口。同时该包向外暴露了一个 New() 函数，该函数参数为字符串，返回值为 error 类型。

fmt 包下的 Errorf() 函数返回 error 对象，它本质上还是调用 errors.New()。使用格式如下。

```
// Errorf formats according to a format specifier and returns the string
// as a value that satisfies error.
func Errorf(format string, a ...interface{}) error {
    return errors.New(Sprintf(format, a...))
}
```

接下来通过一个案例演示创建 error 的方式，如例 8-2 所示。

例 8-2　创建 error。

```
1   package main
2   import (
3       "errors"
4       "fmt"
5   )
6   func main() {
7       //1. 创建 error 对象的方式 1
```

```
8        err1 := errors.New("自己创建的错误! ")
9        fmt.Println(err1.Error())
10       fmt.Println(err1)
11       fmt.Printf("err1的类型: %T\n", err1) //*errors.errorString
12       fmt.Println("----------------")
13       //2. 创建 error 对象的方式 2
14       err2 := fmt.Errorf("错误的类型%d", 10)
15       fmt.Println(err2.Error())
16       fmt.Println(err2)
17       fmt.Printf("err2的类型: %T\n", err2) //*errors.errorString
18       fmt.Println("----------------")
19       //error 对象在函数中的使用
20       res , err3 := checkAge(-12)
21       if err3 != nil  {
22           fmt.Println(err3.Error())
23           fmt.Println(err3)
24       } else {
25           fmt.Println(res)
26       }
27   }
28   //设计一个函数验证年龄, 如果是负数, 则返回 error
29   func checkAge(age int) (string, error) {
30       if age < 0 {
31           err := fmt.Errorf("您的年龄输入是: %d ,  该数值为负数, 有错误! ", age)
32           return "", err
33       } else {
34           return fmt.Sprintf("您的年龄输入是: %d ", age), nil
35       }
36   }
```

运行结果如图 8.2 所示。

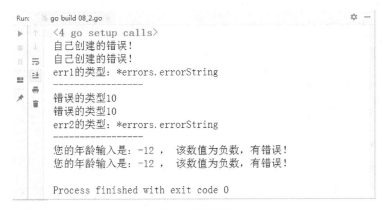

图 8.2 运行结果

8.1.3 自定义错误

自定义错误的实现步骤如下。

- 定义一个结构体，表示自定义错误的类型。

- 让自定义错误类型实现 error 接口：Error() string。
- 定义一个返回 error 的函数。根据程序实际功能而定。

自定义错误的使用如例 8-3 所示。

例 8-3 自定义错误。

```
1   package main
2   import (
3       "time"
4       "fmt"
5   )
6   //1. 定义结构体，表示自定义错误的类型
7   type MyError struct {
8       When time.Time
9       What string
10  }
11  //2. 实现 Error() 方法
12  func (e MyError) Error() string {
13      return fmt.Sprintf("%v : %v", e.When, e.What)
14  }
15  //3. 定义函数，返回 error 对象。该函数求矩形面积
16  func getArea(width, length float64) (float64, error) {
17      errorInfo := ""
18      if width < 0 && length < 0 {
19          errorInfo = fmt.Sprintf("长度：%v，宽度：%v ， 均为负数", length, width)
20      } else if length < 0 {
21          errorInfo = fmt.Sprintf("长度：%v，出现负数 ", length)
22      } else if width < 0 {
23          errorInfo = fmt.Sprintf("宽度：%v ， 出现负数", width)
24      }
25      if errorInfo != "" {
26          return 0, MyError{time.Now(), errorInfo}
27      } else {
28          return width * length, nil
29      }
30  }
31  func main() {
32      res , err := getArea(-4, -5)
33      if err != nil {
34          fmt.Printf(err.Error())
35      } else {
36          fmt.Println("面积为： " , res)
37      }
38  }
```

运行结果如图 8.3 所示。

```
Run:    go build 08_3.go
    <4 go setup calls>
    2018-12-05 14:28:03.702517 +0800 CST m=+0.009000501 : 长度：-5，宽度：-4 ， 均为负数
    Process finished with exit code 0
```

图 8.3 运行结果

defer

8.2　defer

关键字 defer 用于延迟一个函数或者方法（或者当前所创建的匿名函数）的执行。defer 语句只能出现在函数或方法的内部。

8.2.1　函数中使用 defer

在函数中可以添加多个 defer 语句。如果有很多调用 defer，当函数执行到最后时，这些 defer 语句会按照逆序执行（报错的时候也会执行），最后该函数返回。

defer 执行顺序如例 8-4 所示。

例 8-4　defer 执行顺序。

```
1   package main
2   import "fmt"
3   func main() {
4       defer funcA()
5       funcB()
6       defer funcC()
7       fmt.Println("main over...")
8   }
9   func funcA() {
10      fmt.Println("这是 funcA")
11  }
12  func funcB() {
13      fmt.Println("这是 funcB")
14  }
15  func funcC() {
16      fmt.Println("这是 funcC")
```

运行结果如图 8.4 所示。

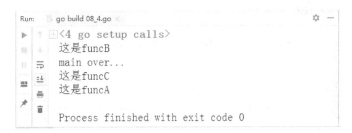

图 8.4　运行结果

defer 语句经常被用于处理成对的操作，如打开-关闭、连接-断开连接、加锁-释放锁。特别是在执行打开资源的操作时，遇到错误需要提前返回，在返回前需要关闭相应的资源，不然很容易造成资源泄露等问题。

defer 在函数中使用如例 8-5 所示。

例 8-5 在函数中使用 defer。

```
1   package main
2   import "fmt"
3   func main() {
4       s1 := []int{78, 100, 2, 400, 324}
5       getLargest(s1)
6   }
7   func finished() {
8       fmt.Println("结束! ")
9   }
10  func getLargest(s []int) {
11      defer finished()
12      fmt.Println("开始寻找最大数值: ")
13      max := s[0]
14      for _ , v := range s {
15          if v > max {
16              max = v
17          }
18      }
19      fmt.Printf("%v中最大数为: %v \n" , s , max)
20  }
```

运行结果如图 8.5 所示。

图 8.5 运行结果

8.2.2 方法中使用 defer

延迟并不局限于函数，延迟一个方法调用也是完全合法的。

使用方式如例 8-6 所示。

例 8-6 在方法中使用 defer。

```
1   package main
2   import "fmt"
3   type person struct {
4       firstName, lastName string
5   }
6   func (p person) fullName() {
7       fmt.Printf("%s %s", p.firstName, p.lastName)
8   }
9   func main() {
10      p := person{"Steven" , "Wang"}
11      defer p.fullName()
```

```
12      fmt.Print("Welcome ")
13 }
```

运行结果如图 8.6 所示。

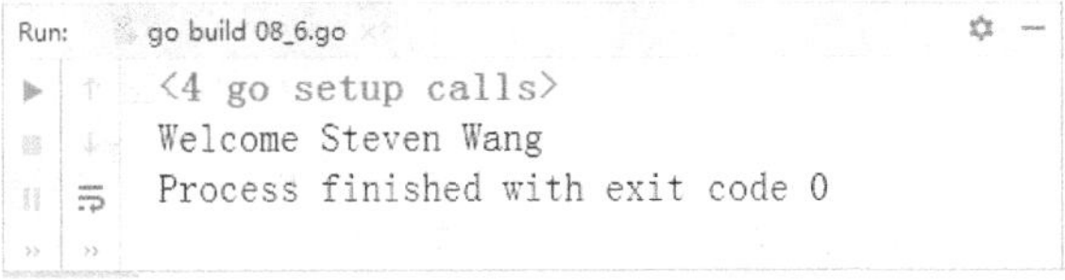

图 8.6　运行结果

8.2.3　defer 参数

延迟函数的参数在执行延迟语句时被执行，而不是在执行实际的函数调用时执行。

详情如例 8-7 所示。

例 8-7　defer 参数。

```
1  package main
2  import "fmt"
3  func main() {
4      a := 5
5      b := 6
6      defer printAdd(a, b, true)
7      a = 10
8      b = 7
9      printAdd(a, b, false)
10 }
11 func printAdd(a, b int, flag bool) {
12     if flag {
13         fmt.Printf("延迟执行函数 printAdd()，参数 a，b 分别为%d，%d，两数之和为：%d\n",
a, b, a+b)
14     } else {
15         fmt.Printf("未延迟执行函数 printAdd()，参数 a，b 分别为%d，%d，两数之和为：%d\n",
a, b, a+b)
16     }
17 }
```

运行结果如图 8.7 所示。

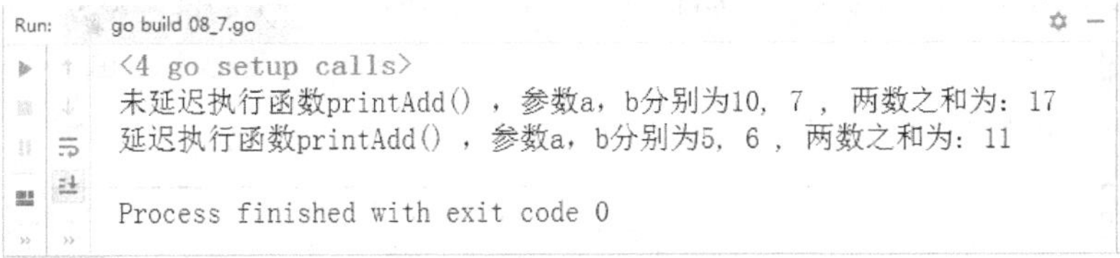

图 8.7　运行结果

8.2.4　堆栈的推迟

当一个函数有多个延迟调用时，它们被添加到一个堆栈中，并按后进先出（Last In First Out，LIFO）

的顺序执行。详情如例 8-8 所示。

例 8-8　利用 defer 实现字符串倒序。

```
1  package main
2  import (
3      "fmt"
4  )
5  func main() {
6      str := "Steven 欢迎大家学习区块链，123 开始吧"
7      fmt.Printf("原始字符串:\n %s\n", str)
8      fmt.Println("翻转后字符串: ")
9      ReverseString(str)
10 }
11 func ReverseString(str string) {
12     for _, v := range []rune(str) {
13         defer fmt.Printf("%c" , v)
14     }
15 }
```

运行结果如图 8.8 所示。

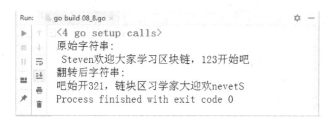

图 8.8　运行结果

8.3　panic 和 recover 机制

panic 和
recover 机制

8.3.1　panic

Go 语言追求简洁优雅，Go 没有像 Java 那样的 try...catch...finally 异常处理机制。
Go 语言设计者认为，将异常与流程控制混在一起会让代码变得混乱。

panic，让当前的程序进入恐慌，中断程序的执行。panic()是一个内建函数，可以中断原有的控制流程。如例 8-9 所示。

例 8-9　panic 示例一。

```
1  package main
2  import "fmt"
3  func TestA() {
4      fmt.Println("func TestA()")
5  }
6  func TestB() {
7      panic("func TestB(): panic")
8  }
```

```
9  func TestC() {
10     fmt.Println("func TestC()")
11 }
12 func main() {
13     TestA()
14     TestB()//TestB()发生异常，中断程序
15     TestC()
16 }
```

运行结果如图 8.9 所示。

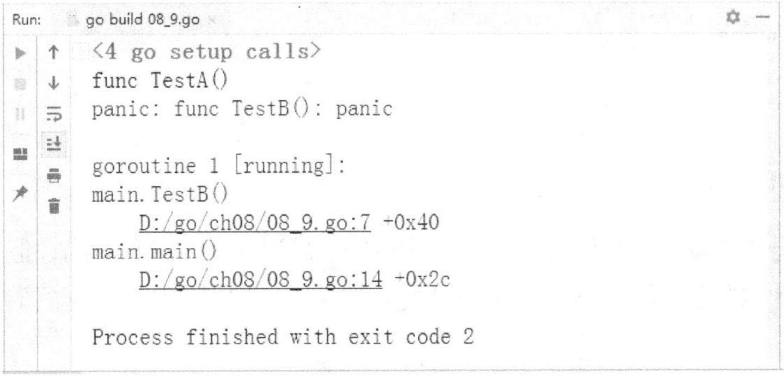

图 8.9　运行结果

通常情况下，向程序使用方报告错误状态的方式可以是返回一个额外的 error 类型值。但是，当遇到不可恢复的错误状态时，如数组访问越界、空指针引用等，这些运行时错误会引起 panic 异常。这时，上述错误处理方式显然就不适合了。

需要注意的是，不应通过调用 panic()函数来报告普通的错误，而应该只把它作为报告致命错误的一种方式。当某些不应该发生的场景发生时调用 panic()。

内置的 panic()函数引发的 panic 异常如例 8-10 所示。

例 8-10　panic 示例二。

```
1  package main
2  import "fmt"
3  func TestA() {
4      fmt.Println("func TestA()")
5  }
6  func TestB(x int) {
7      var a [100]int
8      a[x] = 1000 //x 值为 101 时，数组越界
9  }
10 func TestC() {
11     fmt.Println("func TestC()")
12 }
13 func main() {
14     TestA()
15     TestB(101)//TestB()发生异常，中断程序
16     TestC()
17 }
```

181

运行结果如图 8.10 所示。

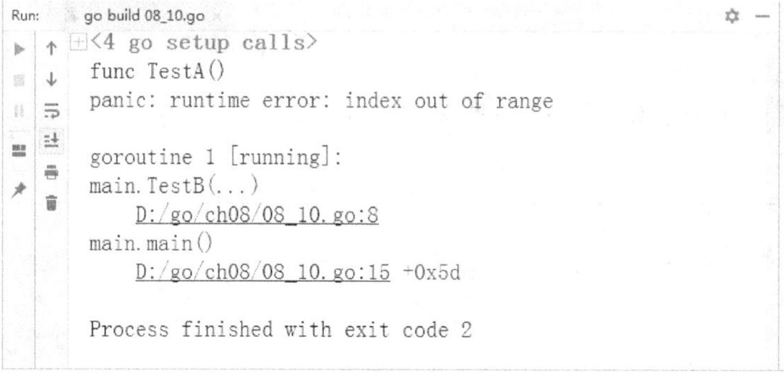

图 8.10 运行结果

8.3.2 recover

panic 异常一旦被引发就会导致程序崩溃。这当然不是程序员愿意看到的，但谁也不能保证程序不会发生任何运行时错误。不过，Go 语言为开发者提供了专用于"拦截"运行时 panic 的内建函数recover()。

recover()可以让进入恐慌流程的 Goroutine（可当作线程理解，后续章节会详细讲解）恢复过来并重新获得流程控制权。

需要注意的是，recover()让程序恢复，必须在延迟函数中执行。换言之，recover()仅在延迟函数中有效。

在正常的程序运行过程中，调用 recover()会返回 nil，并且没有其他任何效果。如果当前的Goroutine 陷入恐慌，调用 recover()可以捕获 panic()的输入值，使程序恢复正常运行。

rocover()使用方式如例 8-11 所示。

例 8-11 recover。

```
1   package main
2   import "fmt"
3   func main() {
4       funcA()
5       funcB()
6       funcC()
7       fmt.Println("main over")
8   }
9   func funcA() {
10      fmt.Println("这是 funcA")
11  }
12  func funcB() {
13      defer func() {
14          if msg := recover(); msg != nil {
15              fmt.Println("恢复啦，获取 recover 的返回值:", msg)
16          }
17      }()
18      fmt.Println("这是 funcB")
19      for i := 0; i < 10; i++ {
```

```
20          fmt.Println("i:", i)
21          if i == 5 {
22              //panic("funcB 恐慌啦")
23          }
24      }
25  }
26  func funcC() {
27      defer func() {
28          fmt.Println("执行延迟函数")
29          msg := recover()
30          fmt.Println("获取 recover 的返回值: ", msg)
31      }()
32      fmt.Println("这是 funcC")
33      panic("funcC 恐慌了")
34  }
```

运行结果如图 8.11 所示。

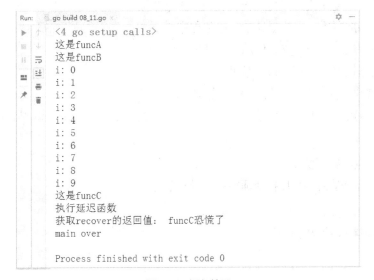

图 8.11　运行结果

切记，开发者应该把它作为最后的手段来使用，换言之，开发者的代码中尽量少有或者没有 panic 异常。

8.4　本章小结

本章小结

本章主要介绍了 Go 语言中的错误处理、异常处理机制。在实际开发中要尽量多使用错误判断，以便开发者在程序出错的时候定位问题。

8.5　习题

1. 填空题

（1）Go 语言通过内置的错误类型提供了非常简单的错误处理机制，即＿＿＿＿＿接口。

（2）关键字_____用于延迟一个函数或者方法。

（3）Go 语言提供的专用于"拦截"运行时 panic 的内建函数是_____。

（4）recover 让程序恢复，必须在_____函数中执行。

（5）在 Go 语言中处理错误的方式通常是将返回的错误与_____进行比较。

2. 选择题

（1）在 Go 语言中没有出错的情况下返回的 error 的值为（   ）。

    A. null   B. 0   C. nil   D. 1

（2）如果有很多调用 defer，当函数执行到最后时，这些 defer 语句会按照（   ）执行。

    A. 顺序   B. 逆序   C. 随机顺序   D. 自定义

（3）panic()会（   ）程序的执行。

    A. 延迟   B. 中断   C. 恢复   D. 继承

（4）关于异常，下列说法错误的是（   ）。

    A. 在程序开发阶段，坚持速错，让程序异常崩溃

    B. 在程序部署后，应修复异常，避免程序终止

    C. 对不应该出现的分支，使用异常处理

    D. 一切皆错误，不用进行异常设计

（5）对于异常的触发条件，下列说法错误的是（   ）。

    A. 空指针解析   B. 下标越界   C. 除数为 2   D. 调用 panic 函数

3. 思考题

（1）自定义错误的实现步骤。

（2）简述 Go 语言提供了哪几种处理错误与异常的方式。

4. 编程题

借助 defer 实现字符串倒序排列。

第 9 章　Go 语言文件 I/O 操作

本章学习目标
- 掌握文件的常规操作
- 掌握 ioutil 包的使用
- 掌握 bufio 包的使用

介绍

I/O，即 Input（输入）/Output（输出），也可以理解成读写操作。就像在期末考试中，学生通过试卷读取试题，大脑对试题进行运算，最后学生把答案写到试卷上。老师可以通过试卷控制学生计算什么样的题目，用户也可以通过配置文件控制程序的运行模式。学习处理文件可让编写的程序使用起来更容易，用户能够选择输入自己想要的数据。

9.1　文件信息

9.1.1　文件概述

文件信息

所谓"文件"，是指一组相关数据的有序集合。文件通常是驻留在外部介质（如磁盘等）上的，在使用时才调入内存。计算机系统是以文件为单位来对数据进行管理的。

一个文件要有由文件路径、文件名主干和文件名后缀（Windows 有时会隐藏）组成的唯一标识，以便用户识别和引用，它常被称为文件名，但注意，此时所称的文件名包括 3 部分内容，而不是文件名主干。文件名主干遵守标识符的命名规则。文件名后缀用来表示文件的形式，一般不超过 3 个字母。如 exe（可执行文件）、go（Go 语言程序文件）、txt（文本文件）等。

9.1.2　FileInfo 接口

文件的信息包括文件名、文件大小、修改权限、修改时间等。
Go 语言系统文件信息接口属性定义如下所示。

```
type FileInfo interface {
    Name() string      // base name of the file
    Size() int64       // length in bytes for regular files; system-dependent for others
    Mode() FileMode    // file mode bits
    ModTime() time.Time// modification time
    IsDir() bool       // abbreviation for Mode().IsDir()
    Sys() interface{}  // underlying data source (can return nil)
}
```

fileStat 结构体（文件信息）定义如下所示。

```
//A fileStat is the implementation of FileInfo returned by Stat and Lstat.
type fileStat struct {
  name    string
  size    int64
  mode    FileMode
  modTime time.Time
  sys     syscall.Stat_t
}
```

fileStat 结构体的常用方法如下所示。

```
func (fs *fileStat) Name() string { return fs.name }
func (fs *fileStat) IsDir() bool  { return fs.Mode().IsDir() }
func (fs *fileStat) Size() int64         { return fs.size }
func (fs *fileStat) Mode() FileMode      { return fs.mode }
func (fs *fileStat) ModTime() time.Time { return fs.modTime }
func (fs *fileStat) Sys() interface{}    { return &fs.sys }
```

想要查看文件的信息，必须要知道文件的路径。如图 9.1 所示。

图 9.1　文件路径

该文件路径分为绝对路径和相对路径。

- 绝对路径（absolute）就是 D:/go/ch09/picture/soldier.jpg。
- 相对路径（relative）是相对于当前的工程，"."表示当前目录，".."表示上一层。工程所在路径为 D:/go/ch09/，那么该文件的相对路径就是./picture/soldier.jpg。

下面通过一个案例演示获取文件信息，如例 9-1 所示。

例 9-1 文件信息。

```
1   package main
2   import (
3       "os"
4       "fmt"
5   )
6   func main() {
7       //绝对路径
8       path := "D:/go/ch09/picture/soldier.jpg"
9       printMessage(path)
10      //相对路径
11      path = "./picture/timg.jpg"
12      printMessage(path)
13  }
14  func printMessage(filePath string){
15      fileInfo , err := os.Stat(filePath)
16      if err !=nil {
17          fmt.Println("err:" , err.Error())
18      } else {
19          fmt.Printf("数据类型是: %T \n" , fileInfo)
20          fmt.Println("文件名: ",fileInfo.Name())
21          fmt.Println("是否为目录: ",fileInfo.IsDir())
22          fmt.Println("文件大小: ",fileInfo.Size())
23          fmt.Println("文件权限: ",fileInfo.Mode())
24          fmt.Println("文件最后修改时间: ",fileInfo.ModTime())
25      }
26  }
```

运行结果如图 9.2 所示。

图 9.2 运行结果

文件的权限打印出来一共 10 个字符。文件有 3 种基本权限：r（read，读权限）、w（write，写权限）、x（execute，执行权限）。文件权限说明如图 9.3 所示。

图 9.3　文件权限

对图 9.3 内容的讲解如表 9.1 所示。

表 9.1　　　　　　　　　　　　　　　　文件权限说明

位置	含义
第 1 位	文件类型（d 为目录，-为普通文件）
第 2~4 位	所属用户（所有者）权限，用 u（user）表示
第 5~7 位	所属组权限，用 g（group）表示
第 8~10 位	其他用户（其他人）权限，用 o（other）表示

文件的权限还可以用八进制表示法，如表 9.2 所示。

表 9.2　　　　　　　　　　　　　　　文件权限八进制表示法

权限	八进制代表数字
r	4
w	2
x	1
-	0

例如：-rwxrwxrwx 权限用八进制表示为：0777。

9.1.3　文件路径

与文件路径相关的方法如表 9.3 所示。

表 9.3　　　　　　　　　　　　　　　文件路径相关方法

方法	作用
filepath.IsAbs()	判断是否绝对路径
filepath.Rel()	获取相对路径
filepath.Abs()	获取绝对路径
path.Join()	拼接路径

接下来通过一个案例演示上述方法，如例 9-2 所示。

例 9-2　文件路径。

```
1  package main
2  import (
3      "path/filepath"
4      "fmt"
5      "path"
6  )
7  func main() {
8      //绝对路径
```

```
9       filePath1 := "D:/go/ch09/picture/soldier.jpg"
10      //相对路径
11      filePath2 := "./picture/timg.jpg"
12      fmt.Println(filepath.IsAbs(filePath1)) //true
13      fmt.Println(filepath.IsAbs(filePath2)) //false
14      fmt.Println(filepath.Rel("D:/go/ch09", filePath1))
15      fmt.Println(filepath.Abs(filePath1))
16      fmt.Println(filepath.Abs(filePath2))
17      fmt.Println(path.Join(filePath1, ".."))
18      fmt.Println(path.Join(filePath1, "."))
19      fmt.Println(path.Join("D:/blockChain", filePath2))
20  }
```

运行结果如图 9.4 所示。

```
Run:    go build 09_2.go
    <4 go setup calls>
    true
    false
    picture\soldier.jpg <nil>
    D:\go\ch09\picture\soldier.jpg <nil>
    D:\go\ch09\picture\timg.jpg <nil>
    D:/go/ch09/picture
    D:/go/ch09/picture/soldier.jpg
    D:/blockChain/picture/timg.jpg

    Process finished with exit code 0
```

图 9.4 运行结果

9.2 文件常规操作

文件常规
操作

9.2.1 创建目录

创建目录时，如果目录存在，则创建失败。Go 语言提供了两种方法。

1. os.MKdir()

os.MKdir()仅创建一层目录。官方文档解释如下所示。

```
Mkdir creates a new directory with the specified name and permission bits. If
there is an error, it will be of type *PathError.
```

2. os.MKdirAll()

os.MKdirAll()创建多层目录。

下面通过一个案例演示创建目录的方法，如例 9-3 所示。

例 9-3 创建目录

```
1  package main
2  import (
3      "fmt"
4      "os"
```

```
5    )
6    func main(){
7        fileName1 := "./test1"
8        //创建目录
9        err := os.Mkdir(fileName1, os.ModePerm)
10       if err != nil {
11           fmt.Println("err:", err.Error())
12       } else {
13           fmt.Printf("%s 目录创建成功! \n", fileName1)
14       }
15       fileName2 := "./test2/abc/xyz"
16       //创建多级目录
17       err = os.MkdirAll(fileName2, os.ModePerm)
18       if err != nil {
19           fmt.Println("err:", err.Error())
20       } else {
21           fmt.Printf("%s 目录创建成功! \n", fileName2)
22       }
23   }
```

运行结果如图 9.5 所示。

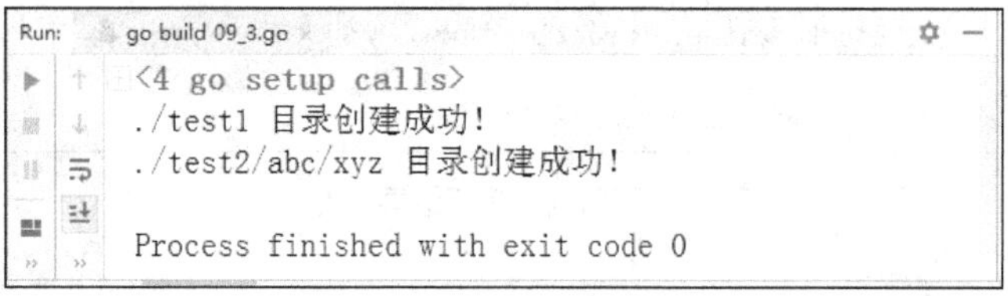

图 9.5 运行结果

9.2.2 创建文件

os.Create()创建文件，如果文件存在，会将其覆盖。官方文档解释如下所示。

```
Create creates the named file with mode 0666 (before umask), truncating it if
it already exists. os.Create() -->*File
```

该函数本质上是在调用 os.OpenFile()函数。使用方式如例 9-4 所示。

例 9-4 创建文件。

```
1    package main
2    import (
3        "fmt"
4        "os"
5    )
6    func main(){
7        fileName3 := "./test1/abc.txt"
8        //创建文件
9        file1, err := os.Create(fileName3)
10       if err != nil {
11           fmt.Println("err:", err.Error())
```

```
12        } else {
13            fmt.Printf("%s 创建成功! %v \n", fileName3, file1)
14        }
15 }
```

运行结果如图 9.6 所示。

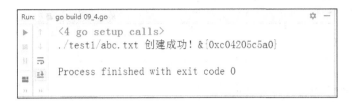

图 9.6 运行结果

9.2.3 打开和关闭文件

打开文件：让当前的程序和指定的文件建立一个链接。官方描述如下。

```
Open opens the named file for reading. If successful, methods on the returned
file can be used for reading; the associated file descriptor has mode O_RDONLY.os.Open
(filename) -->*File
```

os.Open()函数本质上是在调用 os.OpenFile()函数。

```
os.OpenFile(filename, mode, perm)    -->*File
```

第一个参数：filename，文件名称。
第二个参数：mode，文件的打开方式。可同时使用多个方式，用 "|" 分开。如表 9.4 所示。

表 9.4   文件的打开方式

关键字	代表模式
O_RDONLY	只读模式（read-only）
O_WRONLY	只写模式（write-only）
O_RDWR	读写模式（read-write）
O_APPEND	追加模式（append）
O_CREATE	文件不存在就创建（create a new file if none exists）

第三个参数：perm，文件的权限。文件不存在时创建文件，需要指定权限。
关闭文件：程序和文件之间的链接断开，通常与打开文件配对使用。

```
file.Close()
```

下面通过一个案例演示文件的打开与关闭，如例 9-5 所示。
例 9-5   打开文件。

```
1 package main
2 import (
```

```
 3        "fmt"
 4        "os"
 5    )
 6    func main(){
 7        fileName3 := "./test1/abc.txt"
 8        //打开文件
 9        file2, err := os.Open(fileName3)
10        if err != nil {
11            fmt.Println("err:", err.Error())
12        } else {
13            fmt.Printf("%s 打开成功! %v \n", fileName3, file2)
14        }
15        fileName4 := "./test1/abc2.txt"
16        //以读写的方式打开，如果文件不存在就创建
17        file4, err := os.OpenFile(fileName4, os.O_RDWR|os.O_CREATE, os.ModePerm)
18        if err != nil {
19            fmt.Println("err:", err.Error())
20        } else {
21            fmt.Printf("%s 打开成功! %v \n", fileName4, file4)
22        }
23        file2.Close()
24        file4.Close()
25    }
```

运行结果如图 9.7 所示。

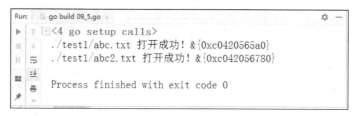

图 9.7　运行结果

9.2.4　删除文件

删除文件有两种方法，如表 9.5 所示。

表 9.5　　　　　　　　　　　　　　　　**删除文件**

方法	作用
os.Remove()	删除已命名的文件或空目录
os.RemoveAll()	移除所有的路径和它包含的任何子节点

接下来通过一个案例演示删除文件的方法，如例 9-6 所示。

例 9-6　删除文件。

```
1    package main
2    import (
3        "fmt"
4        "os"
5    )
```

```
6  func main(){
7      fileName5 := "./test1"
8      err := os.Remove(fileName5)
9      if err != nil {
10         fmt.Println(err)
11     } else {
12         fmt.Printf("%s 删除成功! " , fileName5)
13     }
14     err = os.RemoveAll(fileName5)
15     if err != nil {
16         fmt.Println(err)
17     } else {
18         fmt.Printf("%s 删除成功! " , fileName5)
19     }
20 }
```

运行结果如图 9.8 所示。

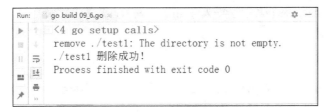

图 9.8 运行结果

从运行结果可以看出，通过 os.Remove() 方法删除非空目录会失败。

9.3 读写文件及复制文件

9.3.1 读取文件

首先创建一个文件，并输入数据如图 9.9 所示。

图 9.9 创建的文件

读取文件的步骤如下。

（1）打开文件

```
os.Open(fileName)
```

（2）读取文件

```
file.Read([]byte)-->n,errRead reads up to len(b) bytes from the File.It returns
the number of bytes read and any error encountered.At end of file, Read returns 0, io.EOF.
```

从文件中开始读取数据，返回值 n 是实际读取的字节数。如果读取到文件末尾，n 为 0 或 err 为 io.EOF。

（3）关闭文件

接下来通过一个案例演示读取文件数据，如例 9-7 所示。

例 9-7　读取文件数据。

```
1   package main
2   import (
3       "os"
4       "fmt"
5       "io"
6   )
7   func main() {
8       fileName := "./files/blockchain.txt"
9       file, err := os.Open(fileName)
10      if err != nil {
11          fmt.Println("打开文件错误", err.Error())
12      } else {
13          bs := make([]byte, 1024*8, 1024*8)
14          n := -1
15          for {
16              n , err = file.Read(bs)
17              if n==0 || err == io.EOF {
18                  fmt.Println("读取文件结束! ")
19                  break
20              }
21              fmt.Println(string(bs[:n]))
22          }
23      }
24      file.Close()
25  }
```

运行结果如图 9.10 所示。

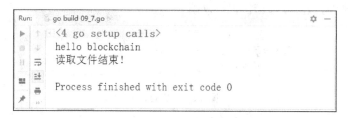

图 9.10　运行结果

9.3.2　写入文件

写入文件的步骤如下。

（1）打开或创建文件

```
os.OpenFile()
```

（2）写入文件

```
file.Write([]byte)-->n,err
file.WriteString(string)-->n,err
```

（3）关闭文件

下面通过一个案例演示写入文件，如例 9-8 所示。

例 9-8　写入文件。

```
1   package main
2   import (
3       "os"
4       "fmt"
5   )
6   func main() {
7       file, err := os.OpenFile("./files/abc.txt", os.O_RDWR|os.O_CREATE, os.ModePerm)
8       defer file.Close()
9       if err != nil {
10          fmt.Println("打开文件异常", err.Error())
11      } else {
12          n, err := file.Write([]byte("abcde12345"))
13          if err != nil {
14              fmt.Println("写入文件异常", err.Error())
15          } else {
16              fmt.Println("写入ok: " , n)
17          }
18          n, err = file.WriteString("中国字")
19          if err != nil {
20              fmt.Println("写入文件异常", err.Error())
21          } else {
22              fmt.Println("写入ok: " , n)
23          }
24      }
25  }
```

运行结果如图 9.11 所示。

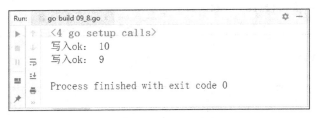

图 9.11　运行结果

最后打开一下文件，看看内容有没有真正地写入文件，如图 9.12 所示。

图 9.12　写入结果

9.3.3 复制文件

Go 语言提供了 copyFile() 方法，用来复制文件。使用方式如例 9-9 所示。

例 9-9　复制文件。

```go
1  package main
2  import (
3      "os"
4      "io"
5      "fmt"
6  )
7  func main() {
8      //源文件相对路径
9      srcFile := "./files/abc.jpg"
10     //准备生成的目标文件路径
11     destFile := "./files/xyz.jpg"
12     total, err := copyFile(srcFile, destFile)
13     if err != nil {
14         fmt.Println(err.Error())
15     } else {
16         fmt.Println("复制ok: ", total)
17     }
18 }
19 func copyFile(srcFile, destFile string)(int64 , error) {
20     file1 , err := os.Open(srcFile)
21     if err != nil {
22         return 0, err
23     }
24     file2, err := os.OpenFile(destFile, os.O_RDWR|os.O_CREATE, os.ModePerm)
25     if err != nil {
26         return 0, err
27     }
28     defer file1.Close()
29     defer file2.Close()
30     return io.Copy(file2 , file1)
31 }
```

运行结果如图 9.13 所示。

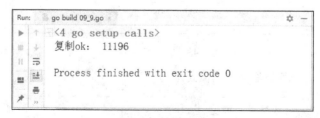

图 9.13　运行结果

复制结果如图 9.14 所示。

图 9.14　复制结果

9.4　ioutil 包

ioutil 包

9.4.1　ioutil 包核心函数

ioutil 包的核心函数如表 9.6 所示。

表 9.6　　　　　　　　　　　　　　　　　ioutil 包核心函数

方法	作用
ReadFile()	读取文件中的所有的数据，返回读取的字节数组
WriteFile()	向指定文件写入数据，如果文件不存在，则创建文件，写入数据之前清空文件
ReadDir()	读取一个目录下的子内容（子文件和子目录名称），但是仅有一层
TempDir()	在当前目录下，创建一个以指定字符串为名称前缀的临时文件夹，并返回文件夹路径
TempFile()	在当前目录下，创建一个以指定字符串为名称前缀的文件，并以读写模式打开文件，并返回 os.File 指针对象

9.4.2　示例代码

通过 ioutil 包进行文件操作如例 9-10 所示。

例 9-10　文件操作。

```
1   package main
2   import (
3       "io/ioutil"
4       "fmt"
5       "os"
6   )
7   func main() {
8       fileName1 := "./files/blockchain.txt"
9       //打开文件
10      data, err := ioutil.ReadFile(fileName1)
11      if err != nil {
12          fmt.Println("文件打开异常", err.Error())
13      } else {
```

```
14          fmt.Println(string(data))
15      }
16      fileName2 := "./files/xyz.txt"
17      s1 := "Steven 陪你学区块链"
18      //写入文件
19      err = ioutil.WriteFile(fileName2, []byte(s1), 0777)
20      if err != nil {
21          fmt.Println("写入文件异常", err.Error())
22      } else {
23          fmt.Println("文件写入 OK!")
24      }
25      //文件复制
26      err = ioutil.WriteFile(fileName2 , data , os.ModePerm)
27      if err != nil {
28          fmt.Println("文件复制异常", err.Error())
29      } else {
30          fmt.Println("文件复制成功!")
31      }
32      dirName := "./"
33      //遍历目录
34      fileInfos , err := ioutil.ReadDir(dirName)
35      if err != nil {
36          fmt.Println("目录遍历异常", err.Error())
37      } else {
38          for i , v := range fileInfos {
39              fmt.Println(i , v.Name() , v.IsDir() , v.Size() , v.ModTime())
40          }
41      }
42      //创建目录
43      filename , err := ioutil.TempDir("./" , "temp")
44      if err != nil {
45          fmt.Println("创建目录失败" , err.Error())
46      } else {
47          fmt.Println(filename)
48      }
49      //创建文件
50      file1 , err := ioutil.TempFile(filename , "temp")
51      if err != nil {
52          fmt.Println("创建文件失败" , err.Error())
53      } else {
54          file1.WriteString("写入内容:" + file1.Name())
55      }
56      file1.Close()
57  }
```

运行结果如图 9-15 所示。

在例 9-10 中，文件复制部分看似与文件写入代码相同，实际上文件复制就是读取一个文件的内容写入另一个文件。

```
Run:   go build 09_10.go                                              ⚙  —
  ▶      <4 go setup calls>
         hello blockchain
  ▶  ↓   文件写入OK!
  ▪  ≡   文件复制成功!
  ▮  ⊹   0 .idea true 0 2018-12-06 18:45:36.0526808 +0800 CST
  ⊞  ⊟   1 09_1.go false 665 2018-12-06 16:01:57.6531005 +0800 CST
     ▤   2 09_10.go false 1258 2018-12-06 18:41:05.8492261 +0800 CST
  ▸      3 09_2.go false 510 2018-12-06 16:37:48.7401356 +0800 CST
         4 09_3.go false 432 2018-12-06 17:08:24.2911231 +0800 CST
         5 09_4.go false 242 2018-12-06 17:25:51.5660238 +0800 CST
         6 09_5.go false 501 2018-12-06 17:54:55.6227782 +0800 CST
         7 09_6.go false 328 2018-12-06 17:59:12.5794753 +0800 CST
         8 09_7.go false 424 2018-12-06 18:23:35.5201507 +0800 CST
         9 09_8.go false 553 2018-12-06 18:27:02.7090012 +0800 CST
         10 09_9.go false 566 2018-12-06 18:33:49.5522713 +0800 CST
         11 cryptotool 0 2018-08-29 09:56:46 +0800 CST
         12 files true 0 2018-12-06 18:41:07.5863254 +0800 CST
         13 main.go false 330 2018-10-20 14:16:08 +0800 CST
         14 picture 0 2018-12-06 15:24:38.8660492 +0800 CST
         15 temp804743139 true 0 2018-12-06 18:41:07.6363283 +0800 CST
         16 test2 true 0 2018-12-06 17:16:15.1110525 +0800 CST
         temp847865619

         Process finished with exit code 0
```

图 9.15　运行结果

9.5　bufio 包

9.5.1　缓冲区的原理

bufio 实现了带缓冲的 I/O 操作，达到高效读写。

bufio 包对 io 包下的对象 Reader、Writer 进行包装，分别实现了 io.Reader 和 io.Writer 接口，提供了数据缓冲功能，能够一定程度减少大块数据读写带来的开销，所以 bufio 比直接读写更快。

把文件读取进缓冲区之后，再读取的时候就可以避免文件系统的输出，从而提高速度；在进行写操作时，先把文件写入缓冲区，然后由缓冲区写入文件系统。

有人可能会困惑：直接把"内容—文件"和"内容—缓冲区—文件"相比，缓冲区似乎没有起到作用。其实在生活中也有这样的例子，比如每当家里产生垃圾的时候，不会有人马上去楼下倒垃圾，因为这样反复地上下楼非常麻烦，通常家里都会准备个小垃圾桶，等垃圾桶装满了之后把一批垃圾一起倒掉。用计算机的思想来看，垃圾桶就充当了缓冲区的角色。

缓冲区的设计是为了存储多次的写入，最后一口气把缓冲区内容写入文件。当发起一次读写操作时，计算机会首先尝试从缓冲区获取数据；只有当缓冲区没有数据时，才会从数据源获取数据更新缓冲。如图 9.16 所示。

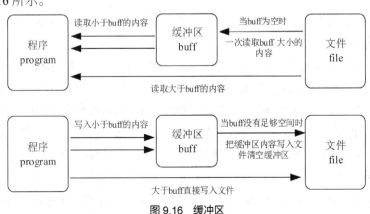

图 9.16　缓冲区

199

9.5.2 bufio.Reader 结构体

1. bufio.Reader

bufio.Reader 的常用方法如表 9.7 所示。

表 9.7　　　　　　　　　　　　　　　　bufio.Reader 常用方法

方法	作用
func NewReader(rd io.Reader) *Reader	创建一个具有默认大小缓冲区、从 r 读取的*Reader
func NewReaderSize(rd io.Reader, size int) *Reader	创建一个至少具有 size 尺寸的缓冲区、从 r 读取的*Reader。如果参数 r 已经是一个具有足够大缓冲区的* Reader 类型值，会返回 r
func (b *Reader) Buffered() int	返回缓冲区中现有的可读取的字节数
func (b *Reader) Discard(n int) (discarded int, err error)	丢弃接下来 n 个 byte 数据
func (b *Reader) Peek(n int) ([]byte, error)	获取当前缓冲区内接下来的 n 个 byte 数据，但是不移动指针
func (b *Reader) Read(p []byte) (n int, err error)	读取 n 个 byte 数据
func (b *Reader) ReadByte() (byte, error)	读取 1 个字节
func (b *Reader) ReadLine() (line []byte, isPrefix bool, err error)	读取 1 行数据，由\n 分隔
func (b *Reader) ReadRune() (r rune, size int, err error)	读取 1 个 UTF-8 字符
func (b *Reader) ReadString(delim byte) (string, error)	读取 1 个字符串
func (b *Reader) Reset(r io.Reader)	清空整个缓冲区

2. NewReader()与 NewReaderSize()

将 rd 封装成一个拥有 size 大小缓存的 bufio.Reader 对象，NewReader()相当于 NewReaderSize (rd, 4096)。

3. Read()

bufio.Read(p []byte) 相当于读取大小为 len(p)的内容，使用思路如下。

（1）当缓冲区有内容时，将缓冲区内容全部填入 p 并清空缓冲区。

（2）当缓冲区没有内容且 len(p)>len(buf)，即要读取的内容比缓冲区还要大，直接去文件读取即可。

（3）当缓冲区没有内容且 len(p)<len(buf)，即要读取的内容比缓冲区小，缓冲区从文件读取内容充满缓冲区，并将 p 填满（此时缓冲区有剩余内容）。

（4）以后再次读取时缓冲区有内容，将缓冲区内容全部填入 p 并清空缓冲区，同情况（1）。

4. ReadLine()

ReadLine()是一个低级的、原始的行读取操作，大多数情况下，应该使用 ReadBytes('\n')或 ReadString('\n')，或者使用一个 Scanner。

ReadLine()通过调用 ReadSlice()方法实现，返回的也是缓存的切片。ReadLine()尝试返回一个单行数据，不包括行尾标记（\n 或\r\n），如果在缓存中找不到行尾标记，则设置 isPrefix 为 true，表示查找未完成，同时读出缓存中的数据并作为切片返回；只有在当前缓存中找到行尾标记，才将 isPrefix 设置为 false，表示查找完成。可以多次调用 ReadLine()来读出一行，返回的数据在下一次读取操作之前是有效的。如果 ReadLine()无法获取任何数据，则返回一个错误信息（通常是 io.EOF）。

5. ReadBytes()

ReadBytes()在 b 中查找 delim 并读出 delim 及其之前的所有数据。如果 ReadBytes()在找到 delim

之前遇到错误，则返回遇到错误之前的所有数据，同时返回遇到的错误（通常是 io.EOF）。只有当 ReadBytes() 找不到 delim 时，err 才不为 nil。

对于简单的任务，使用 Scanner 可能更方便。

6. ReadString()

ReadString() 功能同 ReadBytes()，只不过返回的是一个字符串。使用方式如例 9-11 所示。

例 9-11　ReadString()。

```
1  package main
2  import (
3      "os"
4      "bufio"
5      "fmt"
6      "io"
7  )
8  func main() {
9      testReader()
10 }
11 func testReader() {
12     fileName1 := "./files/blockchain.txt"
13     //打开文件
14     file1, _ := os.Open(fileName1)
15     //创建缓冲区
16     reader1 := bufio.NewReader(file1)
17     fmt.Printf("%T\n", reader1)
18     for {
19         //以\n为分隔符读取
20         s1, err := reader1.ReadString('\n')
21         fmt.Print(s1)
22         if err == io.EOF {
23             fmt.Println("读取完毕! ")
24             break
25         }
26     }
27     file1.Close()
28 }
```

运行结果如图 9.17 所示。

图 9.17　运行结果

9.5.3　bufio.Writer 结构体

1. bufio.Writer

bufio.Writer 的常用方法如表 9.8 所示。

表 9.8   **bufio.Writer 常用方法**

方法	作用
func NewWriter(w io.Writer) *Writer	创建一个具有默认大小缓冲区、写入 w 的*Writer
func NewWriterSize(w io.Writer, size int) *Writer	创建一个至少具有 size 尺寸的缓冲区、写入 w 的*Writer。如果参数 w 已经是一个具有足够大缓冲区的*Writer 类型值，会返回 w
func (b *Writer) Write(p []byte) (nn int, err error)	写入 n 个 byte 数据
func (b *Writer) Reset(w io.Writer)	重置当前缓冲区
func (b *Writer) Flush() error	清空当前缓冲区，将数据写入输出
func (b *Writer) WriteByte(c byte) error	写入 1 个字节
func (b *Writer) WriteRune(r rune) (size int, err error)	写入 1 个字符
func (b *Writer) WriteString(s string) (int, error)	写入字符串

2. Write()

bufio.Write(p []byte)的使用思路如下。

（1）判断缓冲区中可用容量是否可以放下 p。

（2）如果能放下，直接把 p 放到缓冲区。

（3）如果缓冲区的可用容量不足以放下 p，且此时缓冲区是空的，直接把 p 写入文件即可。

（4）如果缓冲区的可用容量不足以放下 p，且此时缓冲区有内容，则用 p 把缓冲区填满，把缓冲区所有内容写入文件，并清空缓冲区。

（5）判断 p 的剩余内容大小能否放到缓冲区，如果能放下则把内容放到缓冲区，同情况（2）。

（6）如果 p 的剩余内容依旧大于缓冲区（注意此时缓冲区是空的），则把 p 的剩余内容直接写入文件，同情况（3）。

使用方式如例 9-12 所示。

例 9-12   Write()。

```
1  package main
2  import (
3      "os"
4      "bufio"
5      "fmt"
6      "io"
7  )
8  func main() {
9      testWriter()
10 }
11 func testWriter() {
12     fileName2 := "./files/onlyMyRailgun.mp3"
13     //打开文件
14     file2, _ := os.Open(fileName2)
15     //创建读缓冲区
16     reader2 := bufio.NewReader(file2)
17     fileName3 := "./files/abc.mp3"
18     //打开文件
19     file3, _ := os.OpenFile(fileName3, os.O_WRONLY|os.O_CREATE, os.ModePerm)
20     //创建写缓冲区
21     writer1 := bufio.NewWriter(file3)
22     for {
```

```
23          //将读取到的数据写入另一个文件
24          bs, err := reader2.ReadBytes(' ')
25          writer1.Write(bs)
26          writer1.Flush()
27          if err == io.EOF {
28              fmt.Println("文件读取完毕! ")
29              break
30          }
31      }
32      file2.Close()
33      file3.Close()
34  }
```

运行结果如图 9.18 所示。

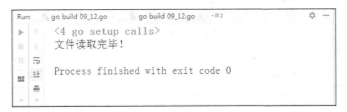

图 9.18　运行结果

这个例子是将./files/onlyMyRailgun.mp3 文件读取，然后写入./files/abc.mp3，会在相应的目录中生成文件，如图 9.19 所示。读者可以尝试将两个文件对比播放，检验文件是否有损坏。

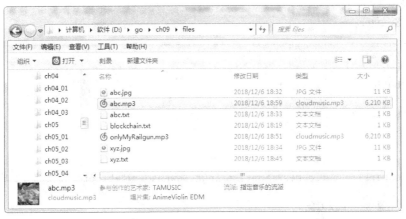

图 9.19　生成 abc.mp3

9.5.4　Scanner

实际使用中，更推荐使用 Scanner 对数据进行读取，而非直接使用 Reader 类。Scanner 可以通过 splitFunc 将输入数据拆分为多个 token，然后依次进行读取。

和 Reader 类似，Scanner 需要绑定到某个 io.Reader 上，通过 NewScanner()进行创建，函数声明如下所示。

```
func NewScanner(r io.Reader) *Scanner
```

默认方法如表 9.9 所示

表 9.9　　　　　　　　　　　　　　　**默认方法**

方法	作用
func (s *Scanner) Scan() bool	获取当前位置的 token，该 token 可以通过 Bytes() 或 Text() 方法获得，并让 Scanner 的扫描位置移动到下一个 token
func (s *Scanner) Bytes() []byte	返回最近一次 Scan() 调用生成的 token。底层数组指向的数据可能会被下一次 Scan() 的调用重写
func (s *Scanner) Text() string	返回最近一次 Scan() 调用生成的 token，会申请创建一个字符串保存 token 并返回该字符串

bufio 模块提供了几个默认 splitFunc，能够满足大部分场景的需求，如表 9.10 所示。

表 9.10　　　　　　　　　　　　　　**默认 splitFunc**

方法	作用
ScanBytes	按照 byte 进行拆分
ScanLines	按照行（\n）进行拆分
ScanRunes	按照 UTF-8 字符进行拆分
ScanWords	按照单词进行拆分

可以为 Scanner 指定 splitFunc，方法如下所示。

```
scanner.split(bufio.ScanWords)
```

使用方式如例 9-13 所示。

例 9-13　Scanner。

```
 1  package main
 2  import (
 3      "bufio"
 4      "fmt"
 5      "strings"
 6  )
 7  func main() {
 8      //创建 Reader 对象并传入要分割的字符串
 9      reader1 := bufio.NewReader(strings.NewReader("abcdefg 1000phone blockchain
ready go"),)
10      //创建 Scanner 对象
11      scanner := bufio.NewScanner(reader1)
12      //指定分割方法，按照空格进行拆分
13      scanner.Split(bufio.ScanWords)
14      //循环读取
15      for scanner.Scan() {
16          fmt.Println(scanner.Text())
17          if scanner.Text() == "q!" {
18              break
19          }
20      }
21  }
```

运行结果如图 9.20 所示。

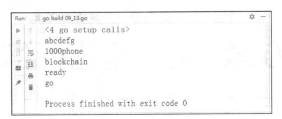

图 9.20　运行结果

9.6　本章小结

本章主要讲述了文件信息的获取，然后介绍了文件的打开关闭操作、读写操作，最后讲解了缓冲区的作用以及如何利用缓冲区对文件进行读写。缓冲区不仅仅用在文件的读写，在网络通信中也起到了很大的作用。

本章小结

9.7　习题

1. 填空题

（1）计算机系统是以_____为单位来对数据进行管理的。

（2）一个文件要有由_____、_____和_____组成的唯一标识。

（3）文件有三种基本权限：_____、_____、_____。

（4）在 Go 语言中，_____实现了带缓冲的 I/O 操作，达到高效读写。

（5）在 Go 语言中，os.Create()方法的作用是_____。

2. 选择题

（1）下列后缀中，表示文本文档的是（　　　）。

　　A. go　　　　　　B. c　　　　　　　　C. java　　　　　　D. txt

（2）下列选项中，表示可读权限的是（　　　）。

　　A. r　　　　　　B. w　　　　　　　　C. e　　　　　　　　D. -

（3）-rwxrw-r-- 权限用八进制表示为（　　　）。

　　A. 0777　　　　B. 0765　　　　　　C. 0766　　　　　　D. 0764

（4）下列选项中，对于 filepath.IsAbs()的作用描述正确的是（　　　）。

　　A. 判断是否是绝对路径　　　　　　　B. 获取绝对路径

　　C. 获取相对路径　　　　　　　　　　D. 拼接路径

（5）关于 os.Create()，对第二个参数关键字 O_RDWR 的作用描述正确的是（　　　）。

　　A. 以只读方式打开文件　　　　　　　B. 以只写方式打开文件

　　C. 以读写方式打开文件　　　　　　　D. 以追加方式打开文件

3. 思考题

（1）简述读写文件的用处。

（2）简述缓冲区的作用。

10 第 10 章　Go 语言网络编程

本章学习目标
- 掌握 HTTP 编程
- 掌握 HTTP 模板引擎
- 掌握 JSON 格式处理

介绍

　　如今已经是互联网时代，互联网拉近了人们的距离，"千里传音"已经成为现实。计算机通过程序产生数据，依照传输协议对数据格式进行加工，再解析成电信号，通过双绞线、同轴电缆等物理介质进行传输。这种电信号可以放大，传输距离远远超过声波，这使得人们可以轻松地与千里之外的朋友进行沟通。本章将介绍计算机之间的传输协议。

10.1　HTTP 概述

10.1.1　HTTP 的概念

HTTP 概述

　　超文本传输协议（HTTP）是分布式、协作的、超媒体信息系统的应用层协议。HTTP 协议在客户端-服务端架构上工作。HTTP 客户端（通常为浏览器）通过 URL 向 Web 服务器发送请求。Web 服务器根据接收到的请求向客户端发送响应信息。它是一个无状态的请求/响应协议。

　　客户端请求信息和服务器响应信息都会包含请求头和请求体。HTTP 请求头提供了关于发送实体的信息，如 Content-Type、Content-Length、Date 等。在浏览器接收并显示网页前，此网页所在的服务器会返回一个包含 HTTP 状态码的信息头（server header），用以响应浏览器的请求。

　　HTTP 状态码的英文为 HTTP Status Code。常见的 HTTP 状态码如表 10.1 所示。

表 10.1	http 状态码
状态码	含义
200	请求成功
301	资源（网页等）被永久转移到其他 URL
404	请求的资源（网页等）不存在
413	由于请求的实体过大，服务器无法处理，因此拒绝请求。为防止客户端连续请求，服务器可能会关闭连接
500	内部服务器错误

10.1.2　HTTP 请求方法

HTTP 定义了许多与服务器交互的方法，最基本的方法有 4 种，分别是：GET、POST、PUT、DELETE，对应着对资源的查、改、增、删 4 种操作。另外还有 HEAD 方法。HEAD 类似 GET 方法，但只请求页面的首部，不响应页面正文部分，用于获取资源的基本信息，即检查链接的可访问性及资源是否修改。

GET 和 POST 的区别如下所示。

- GET 在浏览器回退时不会再响应，而 POST 会再次提交请求。
- GET 产生的 URL 地址可以被添加书签，但是 POST 不可以。
- GET 请求会被浏览器主动缓存，而 POST 只能手动设置。
- GET 请求只能进行 URL 编码，而 POST 支持多种编码方式。
- GET 请求参数会被保存在浏览器的记录里，但 POST 中的参数不会被保留。
- GET 请求在 URL 中传送的参数有长度限制，而 POST 没有。
- 对参数的数据类型，GET 只接受 ASCII 字符，POST 没有限制。
- GET 比 POST 更不安全，因为参数直接暴露在 URL 上，所以 GET 不能用来传递敏感信息。
- GET 参数通过 URL 传递，POST 参数放在 Request Body 中。

对于 GET 方式的请求，浏览器会将信息头和数据一起发送出去，服务器响应 200（返回数据）；而对于 POST 方式，浏览器先发送信息头，服务器响应 100 continue（一切正常），浏览器再发送数据，服务器响应 200 ok（返回数据）。

10.1.3　HTTPS 通信原理

安全超文本传输协议（Secure Hypertext Transfer Protocol，HTTPS）比 HTTP 更加安全。

HTTPS 是基于 SSL/TLS 的 HTTP，HTTP 是应用层协议，TLS 是传输层协议，在应用层和传输层之间，增加了一个安全套接层 SSL。

服务器用 RSA 生成公钥和私钥，把公钥放在证书里发送给客户端，私钥自己保存。客户端首先向一个权威的服务器求证证书的合法性，如果证书合法，客户端产生一段随机数，这段随机数就作为通信的密钥，称为对称密钥。这段随机数以公钥加密，然后发送到服务器，服务器用密钥解密获取对称密钥，最后，双方以对称密钥进行加密解密通信。

10.1.4　HTTPS 的作用

HTTPS 的作用首先是内容加密，建立一个信息安全通道，来保证数据传输的安全；其次是身份认证，确认网站的真实性；最后是保证数据完整性，防止内容被第三方替换或者篡改。

　　HTTPS 和 HTTP 有一定的区别。HTTPS 协议需要到 CA 申请证书。HTTP 是超文本传输协议，信息是明文传输；HTTPS 则是具有安全性的 SSL 加密传输协议。HTTP 使用的是 80 端口，而 HTTPS 使用的是 443 端口。HTTP 的连接很简单，是无状态的；HTTPS 协议是由 SSL+HTTP 协议构建的、可进行加密传输和身份认证的网络协议，比 HTTP 协议安全。

10.2　HTTP 协议客户端实现

HTTP 协议客户端实现

　　Go 语言标准库内置了 net/http 包，涵盖了 HTTP 客户端和服务端具体的实现方式。内置的 net/http 包提供了最简洁的 HTTP 客户端实现方式，无须借助第三方网络通信库，就可以直接使用 HTTP 中用得最多的 GET 和 POST 方式请求数据。

　　实现 HTTP 客户端就是客户端通过网络访问向服务端发送请求，服务端发送响应信息，并将相应信息输出到客户端的过程。实现客户端有多种方式，具体如下所示。

1. 使用 http.NewRequest ()方法

　　首先创建一个 client（客户端）对象，其次创建一个 request（请求）对象，最后使用 client 发送 request。详情如例 10-1 所示。

　　例 10-1　客户端网络访问。

```
1   package main
2   import (
3       "fmt"
4       "net/http"
5   )
6   func main(){
7       testHttpNewRequest()
8   }
9   func testHttpNewRequest() {
10      //1.创建一个客户端
11      client := http.Client{}
12      //2.创建一个请求，请求方式既可以是 GET，也可以是 POST
13      request, err := http.NewRequest("GET", "https://www.toutiao.com/search/suggest/
initial_page/", nil)
14      CheckErr(err)
15      //3.客户端发送请求
16      cookName := &http.Cookie{Name: "username", Value: "Steven"}
17      //添加 cookie
18      request.AddCookie(cookName)
19      response, err := client.Do(request)
20      CheckErr(err)
21      //设置请求头
22      request.Header.Set("Accept-Lanauage", "zh-cn")
23      defer response.Body.Close()
24      //查看请求头的数据
25      fmt.Printf("Header:%+v\n", request.Header)
26      fmt.Printf("响应状态码: %v\n", response.StatusCode)
```

```
27      //4.操作数据
28      if response.StatusCode == 200 {
29          //data, err := ioutil.ReadAll(response.Body)
30          fmt.Println("网络请求成功")
31          CheckErr(err)
32          //fmt.Println(string(data))
33      } else {
34          fmt.Println("网络请求失败", response.Status)
35      }
36 }
37 //检查错误
38 func CheckErr(err error) {
39      //fmt.Println("09--------------")
40      defer func() {
41          if ins, ok := recover().(error); ok {
42              fmt.Println("程序出现异常: ", ins.Error())
43          }
44      }()
45      if err != nil {
46          panic(err)
47      }
48 }
```

运行结果如图 10.1 所示。

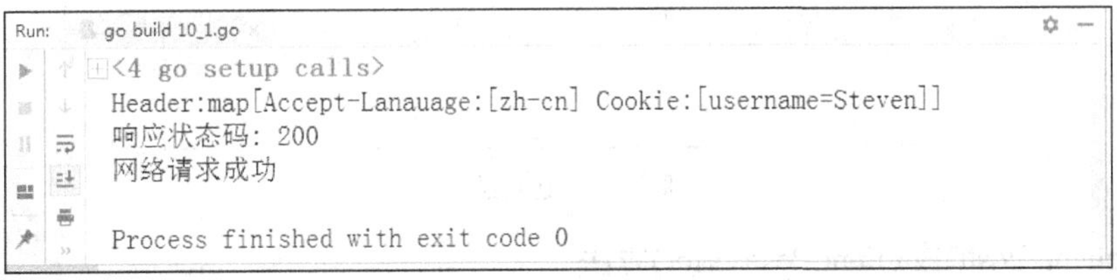

图 10.1　运行结果

2.　使用 client. Get()方法

这种方法总共两个步骤，先创建一个 client（客户端）对象，然后使用 client 调用 Get()方法，具体使用方式如例 10-2 所示。

例 10-2　客户端网络访问。

```
1  package main
2  import (
3      "fmt"
4      "net/http"
5  )
6  func main(){
7      testClientGet()
8  }
9  func testClientGet() {
10     //创建客户端
11     client := http.Client{}
12     //通过 client 去请求
13     response, err := client.Get("https://www.toutiao.com/search/suggest/initial_page")
```

```
14      CheckErr(err)
15      fmt.Printf("响应状态码: %v\n", response.StatusCode)
16      if response.StatusCode == 200 {
17          fmt.Println("网络请求成功")
18          defer response.Body.Close()
19          //处理
20      }
21  }
22  //检查错误
23  func CheckErr(err error) {
24      //fmt.Println("09---------------")
25      defer func() {
26          if ins, ok := recover().(error); ok {
27              fmt.Println("程序出现异常: ", ins.Error())
28          }
29      }()
30      if err != nil {
31          panic(err)
32      }
33  }
```

运行结果如图 10.2 所示。

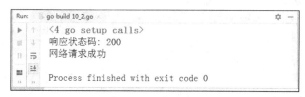

图 10.2　运行结果

3. 使用 client. Post()或 client.PostForm()方法

这种方法也是两个步骤，先创建一个 client（客户端）对象，然后使用 client 调用 Post()或 PostForm()方法。其实 client 的 Post()或 PostForm()方法，就是对 http.NewRequest()的封装。具体使用方式如例 10-3 所示。

例 10-3　客户端网络访问。

```
1   package main
2   import (
3       "fmt"
4       "net/http"
5   )
6   func main(){
7       testClientGet()
8   }
9   func testClientGet() {
10      //创建客户端
11      client := http.Client{}
12      //通过 client 去请求
13      response, err := client.Get("https://www.toutiao.com/search/suggest/initial_page")
14      CheckErr(err)
15      fmt.Printf("响应状态码: %v\n", response.StatusCode)
```

```
16
17     if response.StatusCode == 200 {
18         fmt.Println("网络请求成功")
19         defer response.Body.Close()
20         //处理
21     }
22 }
23 //检查错误
24 func CheckErr(err error) {
25     //fmt.Println("09--------------")
26     defer func() {
27         if ins, ok := recover().(error); ok {
28             fmt.Println("程序出现异常: ", ins.Error())
29         }
30     }()
31     if err != nil {
32         panic(err)
33     }
34 }
```

运行结果如图 10.3 所示。

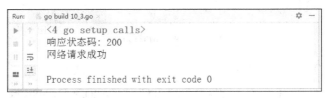

图 10.3　运行结果

4. 使用 http.Get()方法

这种方式只有一个步骤，http 的 Get()方法就是对 DefaultClient.Get()的封装。具体使用方式如例 10-4 所示。

例 10-4　客户端网络访问。

```
1  package main
2  import (
3      "fmt"
4      "net/http"
5  )
6  func main(){
7      testHttpGet()
8  }
9  func testHttpGet() {
10     //获取服务器的数据
11     response, err := http.Get("http://www.baidu.com")
12     CheckErr(err)
13     fmt.Printf("响应状态码: %v\n", response.StatusCode)
14     if response.StatusCode == 200 {
15         //操作响应数据
16         defer response.Body.Close()
17         fmt.Println("网络请求成功")
```

```
18          CheckErr(err)
19      } else {
20          fmt.Println("请求失败", response.Status)
21      }
22 }
23 func CheckErr(err error) {
24      defer func() {
25          if ins, ok := recover().(error); ok {
26              fmt.Println("程序出现异常: ", ins.Error())
27          }
28      }()
29      if err != nil {
30          panic(err)
31      }
32 }
```

运行结果如图 10.4 所示。

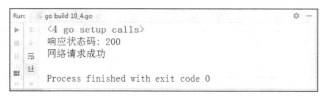

图 10.4　运行结果

5. 使用 http. Post()或 http.PostForm()方法

http 的 Post()函数或 PostForm()，就是对 DefaultClient.Post()或 DefaultClient.PostForm()的封装。这种方法也只需要一个步骤，具体使用方式如例 10-5 所示。

例 10-5　客户端网络访问。

```
1 package main
2 import (
3     "fmt"
4     "net/http"
5     "net/url"
6     "strings"
7 )
8 func main(){
9     testHttpPost()
10 }
11 func testHttpPost() {
12     //构建参数
13     data := url.Values{
14         "theCityName": {"重庆"},
15     }
16     //参数转化成 body
17     reader := strings.NewReader(data.Encode())
18     //发起 post 请求 MIME 格式
19     //http://www.webxml.com.cn/WebServices/WeatherWebService.asmx/getWeatherbyCityName?thecityname=%E5%A4%A9%E6%B4%A5
20     response, err := http.Post("http://www.webxml.com.cn/WebServices/WeatherWebService.
```

```
asmx/getWeatherbyCityName",
    21            "application/x-www-form-urlencoded", reader)
    22        CheckErr(err)
    23        fmt.Printf("响应状态码: %v\n", response.StatusCode)
    24        if response.StatusCode == 200 {
    25            //操作响应数据
    26            defer response.Body.Close()
    27            fmt.Println("网络请求成功")
    28            CheckErr(err)
    29        } else {
    30            fmt.Println("请求失败", response.Status)
    31        }
    32 }
    33 func CheckErr(err error) {
    34        defer func() {
    35            if ins, ok := recover().(error); ok {
    36                fmt.Println("程序出现异常: ", ins.Error())
    37            }
    38        }()
    39        if err != nil {
    40            panic(err)
    41        }
    42 }
```

运行结果如图 10.5 所示。

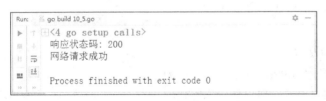

图 10.5　运行结果

HTTP 协议服
务端实现

10.3　HTTP 协议服务端实现

Go 语言标准库内置的 net/http 包，可以实现 HTTP 服务端。实现 HTTP 服务端就是能够启动 Web 服务，相当于搭建起了一个 Web 服务器。这样客户端就可以通过网页请求来与服务器端进行交互。

10.3.1　启动 Web 服务的几种方式

1. 使用 http. FileServer ()方法

http.FileServer()搭建的服务器只提供静态文件的访问。因为这种 web 服务只支持静态文件访问，所以称之为静态文件服务。

http.ListenAndServer()函数用来启动 Web 服务，绑定并监听 http 端口。其中第一个参数为监听地址，第二个参数表示提供文件访问服务的 HTTP 处理器 Handler。

Handler 是一个接口，其中只有 ServeHTTP(http.ResponseWriter, *http.Request)这一个方法，只要实现了该方法，那么就自动实现了 Handler 接口。具体声明如下所示。

```
type Handler interface {
    ServeHTTP(ResponseWriter, *Request)
}
```

http.FileServer()正好可以返回 Handler 类型，也就是可以提供文件访问服务的 HTTP 处理器。
FileServer()的参数是 FileSystem 接口，可使用 http.Dir()来指定服务端文件所在的路径。如果该路
径中有 index.html 文件，则会优先显示 html 文件，否则会显示文件目录。

文件服务器搭建的核心代码如例 10-6 所示。

例 10-6　文件服务器。

```
1   package main
2   import (
3       "net/http"
4   )
5   func main() {
6       testFileServer()
7   }
8   func testFileServer() {
9       //如果该路径里面有 index.html 文件，会优先显示 html 文件，否则会看到文件目录
10      http.ListenAndServe(":2003", http.FileServer(http.Dir("./public/")))
11  }
```

本例中没有 index.html，运行以后使用浏览器访问结果
如图 10.6 所示。

2. 使用 http. HandleFunc()方法

http. HandleFunc()的作用是注册网络访问的路由。因为
它采用的是默认的路由分发任务方式，所以称之为默认的
多路由分发服务。

图 10.6　访问结果

HandleFunc()的第一个参数是请求路径的匹配模式，第二个参数是一个函数类型，表示这个请求
需要处理的事情。

```
http.HandleFunc(pattern string, handler func(ResponseWriter, *Request))
```

作为服务器，随时会处理很多的请求，如果没有路由，就需要使用 if else 或 switch 这样的分支
语言来进行判断，实在太辛苦。Go 语言提供了一个 ServeMux()方法去分发任务。HandleFunc()其实
就是直接将参数交给 DefaultServeMux()来进行处理。具体定义如下所示。

```
func HandleFunc(pattern string, handler func(ResponseWriter, *Request)) {
    DefaultServeMux.HandleFunc(pattern, handler)
}
```

HandleFunc()是一个典型的函数式编程的例子，而函数式编程也是 Go 语言神奇的地方。

HandleFunc()的第二个参数其实就是 Handler 接口中的 ServeHTTP()方法。所以这第二个参数其
实就是实现了 Handler 接口的 handler 实例。

ServeHTTP()方法有两个参数，其中第一个参数是 ResponseWriter 类型，包含了服务器端给客户端的响应数据。服务器端往 ResponseWriter 写入了什么内容，浏览器的网页源码就是什么内容。第二个参数是一个 *Request 指针，包含了客户端发送给服务器端的请求信息（路径、浏览器类型等）。

通过 http.HandleFunc()注册网络路由时，http.ListenAndServer()的第二个参数通常为 nil，这意味着服务端采用默认的 http.DefaultServeMux 进行分发处理。

默认多路由分发服务器搭建的核心代码如例 10-7 所示。

例 10-7　多路由服务器。

```
1  package main
2  import (
3      "net/http"
4      "fmt"
5  )
6  func main() {
7      //绑定路径，去触发方法
8      http.HandleFunc("/index", indexHandler)
9      //绑定端口
10     //第一个参数为监听地址，第二个参数表示服务端处理程序，通常为 nil，这意味着服务端调用
http.DefaultServeMux 进行处理。
11     err := http.ListenAndServe("localhost:3013", nil)
12     fmt.Println(err)
13 }
14 func indexHandler(w http.ResponseWriter, r *http.Request) {
15     fmt.Println("/index=========")
16     w.Write([]byte("这是默认首页"))
17 }
18
```

使用浏览器访问结果如图 10.7 所示。

3. 使用 http.NewServeMux()方法

http. NewServeMux ()的作用是注册网络访问的多路路由。因为它采用的是自定义的多路由分发任务方式，所以称之为自定义多路由分发服务。

图 10.7　访问结果

Mux 是 multiplexer 的缩写，意思是多路由转换器（多路路由器）。

注册网络路由时，如果 http.ListenAndServer()的第二个参数为 nil，那么表示服务端采用默认的 http.DefaultServeMux 进行分发处理。也可以自定义 ServeMux。

ServeMux 结构体有一个 map 属性，这是一个路由的集合。该 map 中的 key 是 string，而 value 是一个 muxEntry。muxEntry 是路由的具体条目，又包括请求路径和路由的处理逻辑，即 Handler 接口。具体定义如下所示。

```
type ServeMux struct {
    mu    sync.RWMutex
    m     map[string]muxEntry
    hosts bool // whether any patterns contain hostnames
}
```

```
type muxEntry struct {
    explicit bool
    h        Handler
    pattern  string
}
```

http.HandlerFunc()其实是在调用 DefaultServeMux.HandleFunc()。两个 HandleFunc()虽然名字完全一样，但一个是 http 包中的函数，一个是 DefaultServeMux 对象中的方法。

ServeMux 对象中的 HandleFunc()方法又是在调用同一个对象中的 Handle()方法。Handle()方法可以根据给定的请求路径来注册路由。核心代码如下所示。

```
1   //http 包中的 HandleFunc()函数
2   func HandleFunc(pattern string, handler func(ResponseWriter, *Request)) {
3       DefaultServeMux.HandleFunc(pattern, handler)
4   }
5
6   //ServeMux 对象的 HandleFunc()方法
7   func (mux *ServeMux) HandleFunc(pattern string, handler func(ResponseWriter, *Request)) {
8       mux.Handle(pattern, HandlerFunc(handler))
9   }
10  // Handle 根据给定的请求路径来注册路由，如果 Handle 已经存在，就直接报错
11  func (mux *ServeMux) Handle(pattern string, handler Handler) {
12      //进行加锁，高并发处理
13      mux.mu.Lock()
14      //释放锁
15      defer mux.mu.Unlock()
16      //请求路径为空，直接报错
17      if pattern == "" {
18          panic("http: invalid pattern " + pattern)
19      }
20      //Handle 不存在，直接报错
21      if handler == nil {
22          panic("http: nil handler")
23      }
24      //如果 Handle 已经存在，就直接报错
25      if mux.m[pattern].explicit {
26          panic("http: multiple registrations for " + pattern)
27      }
28  //路由表不存在，创建一个，这个路由表是一个映射 map
29  //key 就是请求路径，value 是 muxEntry，包含具体路由信息
30      if mux.m == nil {
31          mux.m = make(map[string]muxEntry)
32      }
33      mux.m[pattern] = muxEntry{explicit: true, h: handler, pattern: pattern}
34  //如果首字母不是 '/'，包含 hostName
35      if pattern[0] != '/' {
36          mux.hosts = true
37      }
38      // Helpful behavior:
39      // If pattern is /tree/, insert an implicit permanent redirect for /tree.
40      // It can be overridden by an explicit registration.
```

```
41      n := len(pattern)
42      //如何向/tree/ 请求注册路由，而且/tree 还没有注册过
43      if n > 0 && pattern[n-1] == '/' && !mux.m[pattern[0:n-1]].explicit {
44          // If pattern contains a host name, strip it and use remaining
45          // path for redirect.
46          path := pattern //保存原始路径
47          if pattern[0] != '/' { //如果首字母不是 '/'
48              // In pattern, at least the last character is a '/', so
49              // strings.Index can't be -1.
50              path = pattern[strings.Index(pattern, "/"):]//返回最近的 "/" 之后的串作为请求路径
51          }
52          //构建请求 URL 直接重定向，而且注册的路径有/tree 和/tree
53          url := &url.URL{Path: path}
54          mux.m[pattern[0:n-1]] = muxEntry{h: RedirectHandler(url.String(), Status
MovedPermanently), pattern: pattern}
55      }
56  }
```

采用自定义多路由分发服务时实现动静文件访问分离的核心代码如下所示。

```
1   func main() {
2       //multiplexer    多路由转换器
3       serveMux := http.NewServeMux()
4       //静态文件的路由
5       serveMux.HandleFunc(HTML_PREFIX, staticHandler)
6       err := http.ListenAndServe(":4000", serveMux)
7       helper.CheckErr(err)
8   }
9   //静态文件路由处理器
10  func staticHandler(w http.ResponseWriter, r *http.Request) {
11      //解析路由路径
12      fmt.Println(r.URL.Path)
13      fmt.Println(r.URL.Path[len(HTML_PREFIX)-1:])
14      //拼凑成文件的真实物理路径
15      file := PUBLIC_DIR + r.URL.Path[len(HTML_PREFIX)-1:]
16      fmt.Println(file)
17      //判断文件是否存在
18      if ok := helper.IsFileExist(file); !ok {
19          //http.NotFound(w, r)
20          w.Write([]byte("异常：您访问的文件不存在！"))
21          return
22      }
23      http.ServeFile(w, r, file)
24  }
```

自定义多路由分发服务器搭建的核心代码如下所示。

```
1   func main() {
2       //multiplexer    多路由转换器
3       serveMux := http.NewServeMux()
4       //动态文件路由
5       serveMux.HandleFunc("/login", loginHandler)
```

```
 6      serveMux.HandleFunc("/reg", regHandler)
 7      //静态文件路由
 8      serveMux.HandleFunc(HTML_PREFIX, staticHandler)
 9      err := http.ListenAndServe(":4000", serveMux)
10      helper.CheckErr(err)
11  }
12  //静态文件路由处理器
13  func staticHandler(w http.ResponseWriter, r *http.Request) {
14      //解析路由路径
15      fmt.Println(r.URL.Path)
16      fmt.Println(r.URL.Path[len(HTML_PREFIX)-1:])
17      //拼凑成文件的真实物理路径
18      file := PUBLIC_DIR + r.URL.Path[len(HTML_PREFIX)-1:]
19      fmt.Println(file)
20      //判断文件是否存在
21      if ok := helper.IsFileExist(file); !ok {
22          //http.NotFound(w, r)
23          w.Write([]byte("异常：您访问的文件不存在！"))
24          return
25      }
26      http.ServeFile(w, r, file)
27  }
```

由于这部分代码过多，完整的代码就不在这里展示了，感兴趣的读者可以扫描二维码领取。

10.3.2　服务器端获取客户端请求的数据

1. 获取 GET 方式传递的参数

比较常见的获取方式如下所示。

- r.ParseForm()，返回 error，判断是否解析传参时出错。

- r.Form 属性，返回 url.Values，它是 map[string][]string 类型。一般情况下，使用 r. FormValue(key) 方法更简洁方便。

- r. FormValue(key)方法可以根据客户端传参的 key 获取对应的值。

- 其中 r 表示*http.Request 类型，w 表示 http.ResponseWriter 类型。

获取 GET 方式传递的参数，核心代码如下所示。

```
 1  func loginActionHandler(w http.ResponseWriter, r *http.Request) {
 2      r.ParseForm()
 3      if r.Method == "GET" && r.ParseForm() == nil {
 4          username := r.FormValue("username")
 5          pwd := r.FormValue("password")
 6          if len(username) < 4 || len(username) > 10 {
 7              w.Write([]byte("用户名不符合规范"))
 8          }
 9          if len(pwd) < 6 || len(pwd) > 16 {
10              w.Write([]byte("密码不符合规范"))
11          }
12          //页面跳转
13          http.Redirect(w, r, "/list", http.StatusFound)
```

```
14          return
15      } else {
16          w.Write([]byte("请求方式不对"))
17          return
18      }
19      w.Write([]byte("登录失败！"))
20  }
```

2. 获取 POST 方式传递的参数

Post 传参分为以下两种情况。

- 普通的 post 表单请求：Content-Type=application/x-www-form-urlencoded。
- 有文件上传的表单：Content-Type=multipart/form-data。

第一种情况比较简单，直接用 r.PostFormValue(key)方法，可以根据表单的 name 取到对应的传值。核心代码如下所示。

```
1  func regActionHandler(w http.ResponseWriter, r *http.Request) {
2      r.ParseForm()
3      if r.Method == "POST" && r.ParseForm() == nil {
4          username := r.PostFormValue("username")
5          pwd := r.PostFormValue("password")
6          pwd = helper.HASH(pwd, "md5", false)
7          logininfo := username + ":" + pwd
8          //将信息保存进文件
9          helper.AppendToRegInfo(USER_FILE, logininfo+"\n")
10          //注册信息保存进 cookie
11          helper.SetCookie(w, r, COOKIE_NAME, logininfo)
12          //页面跳转
13          http.Redirect(w, r, "/list", 302)
14          return
15      } else {
16          w.Write([]byte("请求方式不对"))
17          return
18      }
19      w.Write([]byte("注册失败！"))
20  }
```

第二种表单中上传文件，则需要使用 r.FormFile(key)方法，根据文件上传控件的 name 取到上传文件的 File 和 FileHeader 对象。这样就能获取上传文件的名称、后缀、尺寸、具体的字节，然后通过 io 的 copy()操作实现文件上传。核心代码如下所示。

```
1  func uploadHandler(w http.ResponseWriter, r *http.Request) {
2      //判断用户是否登录
3      validateUser(w, r)
4      if r.Method == "GET" {
5          w.Write([]byte(VIEW_UPLOAD))
6          return
7      }
8      if r.Method == "POST" {
9          srcFile, fileHeader, err := r.FormFile("uploadfile")
```

```
10          defer srcFile.Close()
11          if err != nil {
12              http.Error(w, err.Error(), http.StatusInternalServerError)
13              return
14          }
15          filename := fileHeader.Filename
16          ext := helper.GetFileSuffix(filename)
17          if ext != "jpg" && ext != "jpeg" && ext != "png" && ext != "bmp" && ext !=
18              "gif" {//w.Write([]byte("图片后缀不符合要求"))
19              http.Redirect(w, r, "/upload", http.StatusFound)
20              return
21          }
22          destFile, err := os.Create(UPLOAD_DIR + "/" + filename)
23          if err != nil {
24              http.Error(w, err.Error(), http.StatusInternalServerError)
25              return
26          }
27          defer destFile.Close()
28          _, err = io.Copy(destFile, srcFile)
29          if err != nil {
30              http.Error(w, err.Error(), http.StatusInternalServerError)
31              return
32          }
33          http.Redirect(w, r, "/html/upload/"+filename, http.StatusFound)
34      }
35 }
```

3. 获取 Cookie 中的数值

Cookie 是一个结构体，其中有 Cookie 的名和值、domain、过期时间等信息。具体定义方式如下所示。

```
type Cookie struct {
Name    string
    Value string
    Path        string   // optional
    Domain      string   // optional
    Expires     time.Time // optional
    RawExpires string    // for reading cookies only
//  MaxAge=0 means no 'Max-Age' attribute specified.
//  MaxAge<0 means delete cookie now, equivalently 'Max-Age: 0'
//  MaxAge>0 means Max-Age attribute present and given in seconds
    MaxAge    int
    Secure    bool
    HttpOnly bool
    Raw       string
    Unparsed []string // Raw text of unparsed attribute-value pairs
}
```

可以通过 http.SetCookie()函数来设置 Cookie，通过 r.Cookie()方法来获取 Cookie。核心代码如下所示。

```
func setCookieHandler(w http.ResponseWriter, r *http.Request) {
```

```
    str := "steven:123456"
    //str := base64.URLEncoding.EncodeToString([]byte("王向军:123456"))
    cookie1 := http.Cookie{
    Name:    "logininfo",
    Value:   str,
    MaxAge:  60,
    Expires: time.Unix(60, 0),
    }
    http.SetCookie(w, &cookie1)
    w.Write([]byte("cookie 已经被设置"))
}
func getCookieHandler(w http.ResponseWriter, r *http.Request) {
    //header := r.Header["Cookie"]
    //fmt.Fprint(w, "获取 cookie:" , header , )
    //var htmlStr = "获取 cookie" + header[0]
    //io.WriteString(w, htmlStr)
    cookie1, _ := r.Cookie("logininfo")
    res := cookie1.Value
    w.Write([]byte(res))
    //res, _ := base64.URLEncoding.DecodeString(cookie1.Value)
    //w.Write(res)
}
```

10.4　Golang 模板

Golang 模板

10.4.1　模板的概念

模板就是在写动态页面时不变的部分，服务端程序渲染可变部分生成动态网页，Go 语言提供了 html/template 包来支持模板渲染。Go 提供的 html/template 包对 HTML 模板提供了丰富的模板语言，主要用于 Web 应用程序。

10.4.2　基本语法

1. 变量

模板中的变量通过{{.}} 来访问。{{.}} 称为管道和 root。在模板文件内，{{.}}代表当前变量，即在非循环体内，{{.}}就代表传入的那个变量。模板中使用{{/* comment */}} 来进行注释。

Golang 渲染 template 的时候，可以在模板文件中读取变量内的值并渲染到模板里。有两个常用的传入类型。一是 struct，在模板内可以读取该 struct 的内容。二是 map[string]interface{}，在模板内可以使用 key 来进行渲染。

假设定义了一个结构体，如下所示。

```
type User struct {
    UserId int
    Username string
    Age uint
    Sex string
```

```
    }
```

在模板内获取数据的方式如下所示。

```
{{.}}{{.Username}}{{.UserId}}{{.Age}}{{.Sex}}
```

假如在程序中是这样给 User 对象赋值的。

```
user := User{1, "Steven" , 35 , "男"}
```

那么相应渲染后的模板内容如下所示。

```
{1 Steven 35 男}Steven135 男
```

假设定义了一个 map，如下所示。

```
//定义本地数据
locals := make(map[string]interface{})
locals["filelist"] = filelist
locals["username"] = username
```

在模板内获取数据的方式如下所示。

```
{{.}}<br/>{{.filelist}}<br/>{{.username}}<br/>}
```

模板中还可以定义变量，变量初始化后，就可以在该模板文件中调用。如下所示。

```
{{$MyUserName := "StevenWang"}}
{{$MyUserName}}
```

这样就可以在页面上显示"StevenWang"。

2. 逻辑判断

Golang 的模板支持 if 条件判断，当前支持最简单的 bool 类型和 string 类型，定义方式如下所示。

```
{{if .condition}}
{{end}}
```

当.condition 是 bool 类型时，值为 true 表示执行。当.condition 是 string 类型时，值非空表示执行。此模板也支持 if…else if 嵌套，定义方式如下所示。

```
{{if .condition1}}
{{else if .contition2}}
{{end}}
```

Golang 的模板提供了一些内置的模板函数来执行逻辑判断，下面列举目前常用的一些内置模板函数，如表 10.2 所示。

表 10.2　　　　　　　　　　　内置模板函数

函数语法	函数作用
{{if not .condition}} {{end}}	not 非
{{if and .condition1 .condition2}} {{end}}	and 与
{{if or .condition1 .condition2}} {{end}}	or 或
{{if eq .var1 .var2}} {{end}}	eq 等于
{{if ne .var1 .var2}} {{end}}	ne 不等于
{{if lt .var1 .var2}} {{end}}	lt 小于
{{if le .var1 .var2}} {{end}}	le 小于等于
{{if gt .var1 .var2}} {{end}}	gt 大于
{{if ge .var1 .var2}} {{end}}	ge 大于等于

假设在 go 文件中定义了一个 map，如下所示。

```
//定义本地数据
locals := make(map[string]interface{})
locals["username1"] = "Steven"
locals["username2"] = "Daniel"
```

然后在模板文件中进行逻辑判断，如下所示。

```
{{if eq .username .user}}
    OK: 账号名称一致
{{else if ne .username .user}}
    Err: 账号名称不一致
{{end}}
```

最后页面会输出："Err：账号名称不一致"。

3. 循环遍历

Golang 的 template 支持 range 循环来遍历 map、slice 中的内容，语法格式如下所示。

```
{{range $index, $value := .slice}}
{{end}}
```

在这个 range 循环内，遍历数据通过$index 和$value 来实现。还有一种遍历方式，语法格式如下所示。

```
{{range .slice}}
{{end}}
```

这种方式无法访问到$index 和$key 的值，需要通过{{.}}来访问对应的$value。这种情况下，在循环体内，外部变量需要使用{{$.}}来访问。

模板文件的代码如下所示。

```
{{range $index , $value := .filelist}}
    <figure>
        <a href="/html/upload/{{$value}}"><img src="/html/upload/{{$value}}"/></a>
        <figcaption>
        {{$value}} <br/>
            <a href='/delete?id={{$value}}'>【删除】</a> {{$.username}}上传
        </figcaption>
    </figure>
{{end}}
```

4. 模板嵌套

在编写模板的时候，经常需要将公用的模板进行整合，比如每一个页面都有导航栏和页脚，通常的做法是将其编写为一个单独的模块，让所有的页面进行导入，这样就不用重复编写了。

任何网页都有一个主模板，然后可以在主模板内嵌入子模板来实现模块共享。当模板想要引入子模板时，通常使用如下语句。

```
{{template "header.html"}}
```

10.5　JSON 编码

10.5.1　JSON 简介

JSON（JavaScript Object Notation，JavaScript 对象表示法）是一种轻量级的数据交换格式，因简单、可读性强被广泛使用。

1. JSON 语法规则

对象是一个无序的"'名称/值'对"集合。一个对象以"{"（左大括号）开始，以"}"（右大括号）结束。每个"名称"后跟一个"："（冒号）；"'名称/值'对"之间使用"，"（逗号）分隔。

数组是值（value）的有序集合。一个数组以"["（左中括号）开始，以"]"（右中括号）结束。值之间使用"，"（逗号）分隔。

值（value）可以是双引号括起来的字符串（string）、数值（number）、true、false、null、对象（object）或者数组（array）。这些结构可以嵌套。

字符串（string）是由双引号括起来的任意数量 unicode 字符的集合，使用反斜杠转义。一个字符（character）即一个单独的字符串（character string）。JSON 的字符串与 C 或者 Java 的字符串非常相似。

2. JSON 的优点

- 数据格式比较简单，易于读写，格式都是压缩的，占用带宽小。
- 便于客户端的解析，JavaScript 可以轻松进行 JSON 数据的读取。

- 支持当前主流的所有编程语言，便于服务器端的解析。

3. Go 的标准包 encoding/json 对 JSON 的支持

JSON 编码即将 Go 数据类型转换为 JSON 字符串。用到的函数如下所示。

```
func Marshal(v interface{}) ([]byte, error)
```

该函数递归遍历 v 的结构，生成对应的 JSON。

10.5.2　map 转 JSON

下面通过一个案例实现 map 转 JSON，如例 10-8 所示。

例 10-8　map 转 JSON。

```
1  package main
2  import (
3      "encoding/json"
4      "fmt"
5  )
6  func main(){
7      //定义一个 map 变量并初始化
8      m := map[string][]string{
9              "level":   {"debug"},
10             "message": {"File not found", "Stack overflow"},
11         }
12     //将 map 解析成 JSON 格式
13     if data, err := json.Marshal(m); err == nil {
14             fmt.Printf("%s\n", data)
15         }
16 }
```

运行结果如图 10.8 所示。

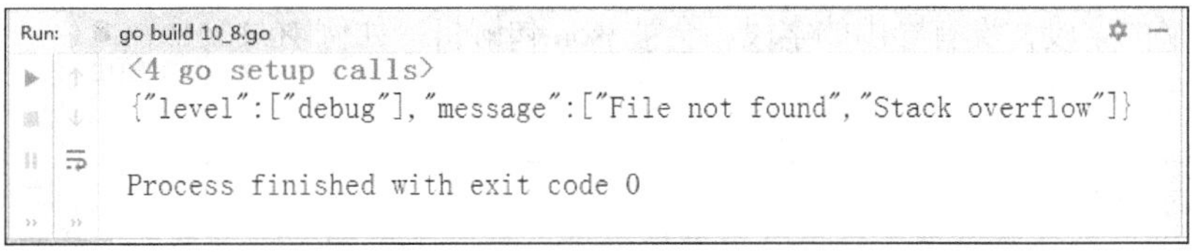

图 10.8　运行结果

大家可以看到 Marshal() 函数返回的 JSON 字符串是没有空白字符和缩进的，这种紧凑的表示形式是最常用的传输形式，但是不好阅读。如果需要为前端生成便于阅读的格式，可以调用 json.MarshalIndent()，该函数有两个参数表示每一行的前缀和缩进方式，具体如例 10-9 所示。

例 10-9　map 转 JSON。

```
1  package main
2  import (
3      "encoding/json"
4      "fmt"
5  )
```

```
6  func main() {
7      //定义 map 变量并初始化
8      m := map[string][]string{
9          "level":   {"debug"},
10         "message": {"File not found", "Stack overflow"},
11     }
12     //将 map 解析成方便阅读的 JSON 格式
13     if data, err := json.MarshalIndent(m, "", " "); err == nil {
14         fmt.Printf("%s\n", data)
15     }
16 }
```

运行结果如图 10.9 所示。

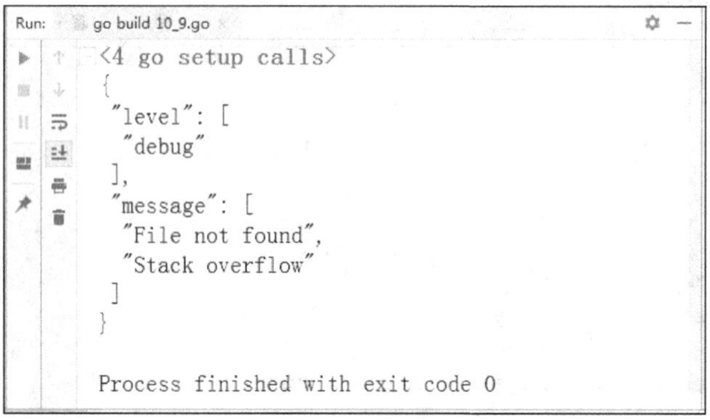

图 10.9 运行结果

在编码过程中，json 包会将 Go 的类型转换为 JSON 类型。

10.5.3 结构体转 JSON

结构体转换成 JSON 在开发中经常会用到。json 包是通过反射机制来实现编解码的，因此结构体必须导出所转换的字段，没有导出的字段不会被 json 包解析。如例 10-10 所示。

例 10-10 结构体转 JSON。

```
1  package main
2  import (
3      "encoding/json"
4      "fmt"
5  )
6  type DebugInfo struct {
7      Level  string
8      Msg    string
9      author string // 未导出字段不会被 json 解析(首字母小写)
10 }
11 func main() {
12     //定义一个结构体切片并初始化
13     dbgInfs := []DebugInfo{
14         DebugInfo{"debug", `File: "test.txt" Not Found`, "Cynhard"},
15         DebugInfo{"", "Logic error", "Gopher"},
```

```
16          }
17          //将结构体解析成 JSON 格式
18          if data, err := json.Marshal(dbgInfs); err == nil {
19              fmt.Printf("%s\n", data)
20          }
21  }
```

运行结果如图 10.10 所示。

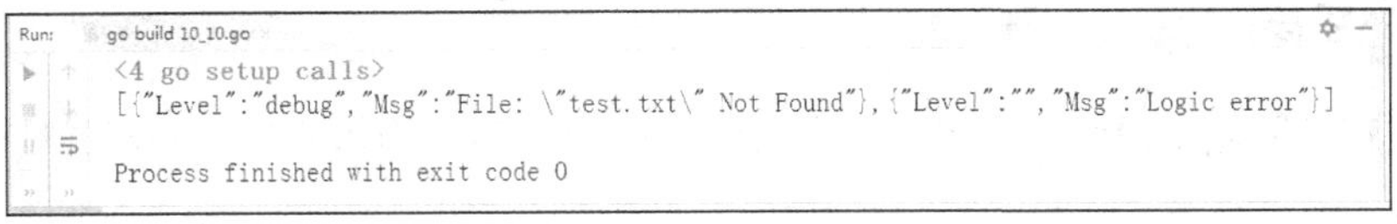

图 10.10　运行结果

10.5.4　结构体字段标签

json 包在解析结构体时，如果遇到 key 为 JSON 的字段标签，则会按照一定规则解析该标签：第一个出现的是字段在 JSON 串中使用的名字，之后为其他选项，例如 omitempty 指定空值字段不出现在 JSON 中。如果整个 value 为 "-"，则不解析该字段。将例 10-10 中的结构体改为如例 10-11 所示。

例 10-11　结构体字段标签。

```
1   package main
2   import (
3       "encoding/json"
4       "fmt"
5   )
6   //可通过结构体标签，改变编码后 JSON 字符串的键名
7   type User struct {
8       Name    string `json:" _name"`
9       Age     int    `json:" _age"`
10      Sex     uint   `json:"-"`//不解析
11      Address string  //不改变 key 标签
12  }
13  var user = User{
14      Name: "Steven",
15      Age: 35,
16      Sex:     1,
17      Address: "北京海淀区",
18  }
19  func main() {
20      arr, _ := json.Marshal(user)
21      fmt.Println(string(arr))
22  }
23
```

运行结果如图 10.11 所示。

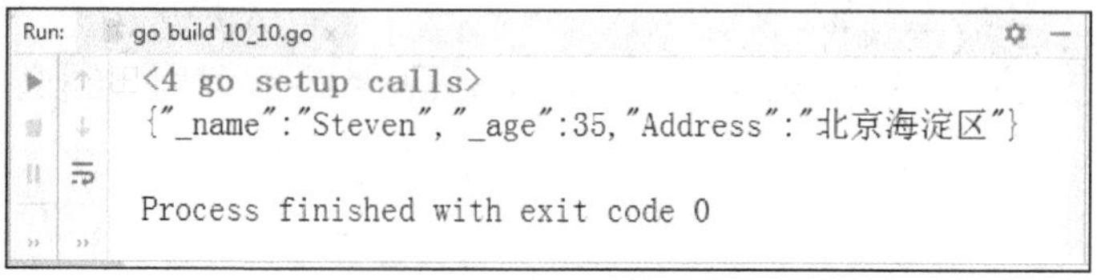

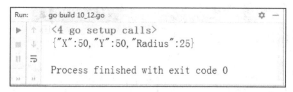

图 10.11　运行结果

10.5.5　匿名字段

json 包在解析匿名字段时，会将匿名字段的字段当成该结构体的字段处理，具体使用方式如例 10-12 所示。

例 10-12　解析匿名字段。

```
1  package main
2  import (
3      "encoding/json"
4      "fmt"
5  )
6  type Point struct{ X, Y int }
7  type Circle struct {
8      Point
9      Radius int
10 }
11 func main() {
12     //解析匿名字段
13     if data, err := json.Marshal(Circle{Point{50, 50}, 25}); err == nil {
14         fmt.Printf("%s\n", data)
15     }
16 }
```

运行结果如图 10.12 所示。

图 10.12　运行结果

10.5.6　注意事项

Marshal()函数只有在转换成功的时候才会返回数据，在转换的过程中需要注意如下几点。

* JSON 对象只支持 string 作为 key，所以要编码一个 map，必须是 map[string]T 这种类型（T 是 Go 语言中的任意类型）。
* channel、complex 和 function 是不能被编码成 JSON 的。
* 指针在编码的时候会输出指针指向的内容，而空指针会输出 null。

10.6　JSON 解析

JSON 解析就是将 JSON 转换为 Go 数据类型。

用到的函数声明如下所示。

```
func Unmarshal(data []byte, v interface{}) error
```

此函数将 data 表示的 JSON 转换为 v。

10.6.1　JSON 转切片

下面通过一个小案例演示 JSON 转切片，如例 10-13 所示。

例 10-13　JSON 转切片。

```
1   package main
2   import (
3       "encoding/json"
4       "fmt"
5   )
6   func main() {
7       //定义 JSON 格式的字符串
8       data := `[{"Level":"debug","Msg":"File: \"test.txt\" Not Found"},` +
9           `{"Level":"","Msg":"Logic error"}]`
10      var dbgInfos []map[string]string
11      //将字符串解析成 map 切片
12      json.Unmarshal([]byte(data), &dbgInfos)
13      fmt.Println(dbgInfos)
14  }
```

运行结果如图 10.13 所示。

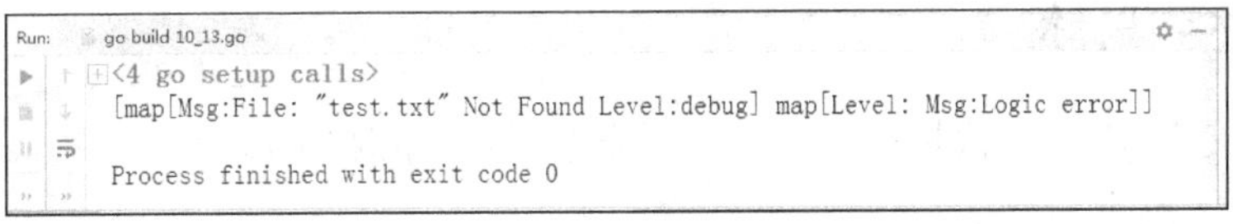

图 10.13　运行结果

在解码过程中，json 包会将 JSON 类型转换为 Go 类型，转换规则如下所示。

```
JSON boolean -> bool
JSON number -> float64 JSON string -> string JSON 数组 -> []interface{} JSON
object -> map null -> nil
```

10.6.2　JSON 转结构体

JSON 可以转换成结构体。同编码一样，json 包是通过反射机制来实现解码的，因此结构体必须导出所转换的字段，不导出的字段不会被 json 包解析。另外解析时不区分大小写。如例 10-14 所示。

例 10-14 JSON 转结构体。

```
1  package main
2  import (
3     "encoding/json"
4     "fmt"
5  )
6  type DebugInfo struct {
7     Level string
8     Msg string
9     author string   // 未导出字段不会被 json 解析
10 }
11 func (dbgInfo DebugInfo) String() string {
12    return fmt.Sprintf("{Level: %s, Msg: %s}", dbgInfo.Level, dbgInfo.Msg)
13 }
14 func main() {
15    //定义 JSON 格式字符串
16    data := `[{"level":"debug","msg":"File Not Found","author":"Cynhard"},` +
17       `{"level":"","msg":"Logic error","author":"Gopher"}]`
18    var dbgInfos []DebugInfo
19    //将字符串解析成结构体切片
20    json.Unmarshal([]byte(data), &dbgInfos)
21    fmt.Println(dbgInfos)
22 }
```

运行结果如图 10.14 所示。

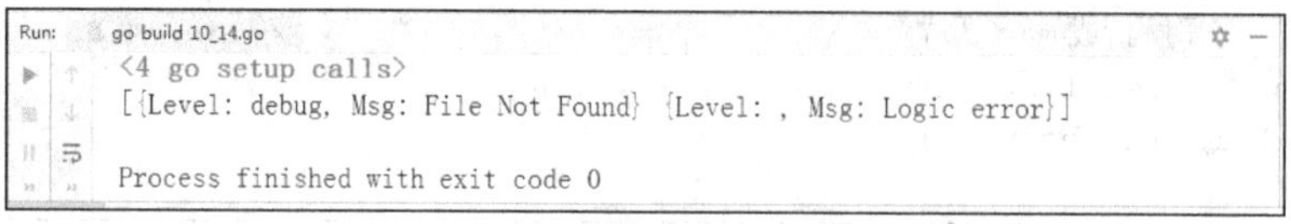

图 10.14　运行结果

10.6.3　结构体字段标签

解码时依然支持结构体字段标签，规则和编码时一样，如例 10-15 所示。

例 10-15 结构体字段标签。

```
1  package main
2  import (
3     "encoding/json"
4     "fmt"
5  )
6  type DebugInfo struct {
7     Level  string `json:"level"`    // level 解码为 Level
8     Msg    string `json:"message"` // message 解码为 Msg
9     Author string `json:"-"`        // 忽略 Author
10 }
11 func (dbgInfo DebugInfo) String() string {
12    return fmt.Sprintf("{Level: %s, Msg: %s}", dbgInfo.Level, dbgInfo.Msg)
```

```
13 }
14 func main() {
15     //定义 JSON 格式字符串
16     data := `[{"level":"debug","message":"File Not Found","author":"Cynhard"},` +
17         `{"level":"","message":"Logic error","author":"Gopher"}]`
18     var dbgInfos []DebugInfo
19     //将字符串按照标签解析成结构体切片
20     json.Unmarshal([]byte(data), &dbgInfos)
21     fmt.Println(dbgInfos)
22 }
```

运行结果如图 10.15 所示。

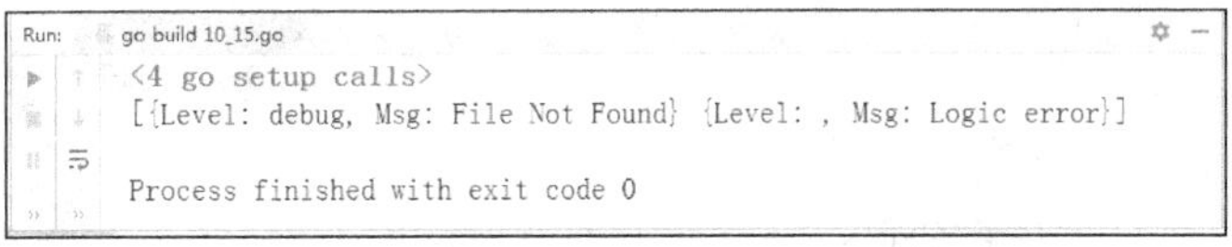

图 10.15　运行结果

10.6.4　匿名字段

编码时，和解码类似，在解码 JSON 时，如果找不到字段，则查找字段的字段，如例 10-16 所示。

例 10-16　匿名字段。

```
1  package main
2  import (
3      "encoding/json"
4      "fmt"
5  )
6  type Point struct{ X, Y int }
7  type Circle struct {
8      Point
9      Radius int
10 }
11 func main() {
12     //定义 JSON 格式字符串
13     data := `{"X":80,"Y":80,"Radius":40}`
14     var c Circle
15     //将字符串解析成匿名字段
16     json.Unmarshal([]byte(data), &c)
17     fmt.Println(c)
18 }
```

运行结果如图 10.16 所示。

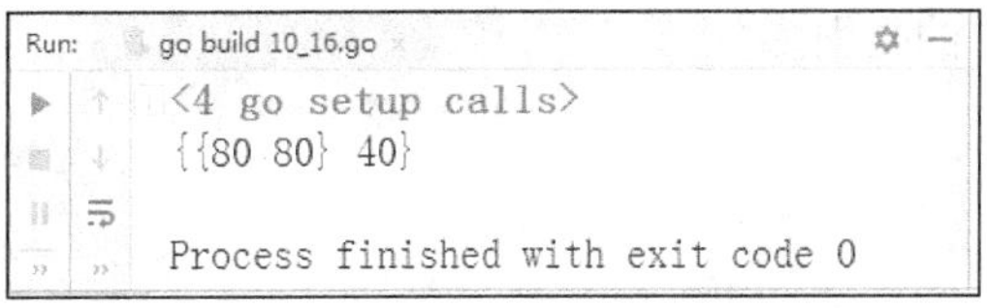

图 10.16　运行结果

10.7　本章小结

本章介绍了 Go 语言网络编程相关知识。作为一门诞生于网络时代的语言，Go 内置了丰富的用于网络编程的标准库。无论是处理 HTTP 请求或响应，还是开发网站或 Web 服务器，Go 都让问题变得更加简单，可以让开发者用少量的代码做更多的事情。

10.8　习题

1. 填空题

（1）HTTP 是＿＿＿＿＿层传输协议

（2）安全超文本传输协议简称＿＿＿＿＿，它比 HTTP 更加安全。

（3）JSON 是一种轻量级的＿＿＿＿＿。

（4）HTTP 协议的消息有＿＿＿＿＿和＿＿＿＿＿两种。

（5）HTTP 使用的是＿＿＿＿＿端口，而 HTTPS 使用的是＿＿＿＿＿端口。

2. 选择题

（1）下列选项中，表示请求成功的 HTTP 状态码是（　　　）。

  A．200　　　　　　B．301　　　　　　C．404　　　　　　D．500

（2）Go 语言提供了（　　　）包来支持模板渲染。

  A．math　　　　　B．html/template　　　C．strings　　　　D．net/http

（3）关于 GET 和 POST 请求，下列说法正确的是（　　　）。

  A．GET 和 POST 都可以支持多种编码方式

  B．GET 请求会被浏览器主动缓存，而 POST 只能手动设置

  C．对参数的数据类型，GET 和 POST 都只接受 ASCII 字符

  D．GET 比 POST 更安全

（4）下列选项中，非 HTTP 协议特点的是（　　　）。

  A．持久链接　　　B．简单、高效　　　C．请求/响应模式　　　D．只能传输文本数据

（5）下列选项中，不属于 HTTP 请求方法的是（　　　）。

  A．SET　　　　　B．GET　　　　　　C．PUT　　　　　　D．POST

3. 思考题

（1）简述 JSON 字符串的主要作用。

（2）简述 GET 与 POST 的区别。

第 11 章　Go 语言数据库编程

本章学习目标

- 了解 MySQL 数据库的特点
- 掌握启动和停止 MySQL 服务
- 掌握操作 MySQL 数据库的方法
- 掌握操作 MySQL 数据表中数据的方法
- 能在 Go 程序中实现 MySQL 数据库操作

介绍

随着网络逐渐融入人们的生活，Web 数据库也逐渐显示出它的重要性，数据库在网站的建设中已经成为必不可少的重要部分。例如，客户资料、产品资料、交易记录、访问流量、财务报告等都离不开数据库系统的支持。数据库技术已经成为网络的核心技术，因此，本章主要讲解数据库的相关知识。

数据库介绍

11.1　数据库介绍

数据库（Database）是存储信息的表的集合。简单来说，数据库可被视为电子化的文件柜——存储电子文件的地方，用户可以对文件中的数据进行添加、删除、更新、查询等操作。与普通的文件存储相比，MySQL 具有安全性高、支持海量数据存储、利于数据信息的查询和管理、支持高并发访问等优点。

关系型数据库是当前商业开发中使用最多的数据库种类，它是建立在关系模型基础上的数据库。关系模型实际上是一个二维表格模型，它可以映射现实世界中各种实体以及实体之间的联系，因此，一个关系型数据库是由二维表及其之间的联系组成的一个数据组织。

实际开发中经常使用数据库管理系统（DBMS）来完成对数据库的操作，MySQL 是一种开放源代码的关系型数据库管理系统，它使用结构化查询语言（SQL）进行数据库管理。由于 MySQL 体积小，速度快，一般中小型网站的开发都选择 MySQL 作为网站数据库。

11.2 MySQL 数据库的使用

MySQL 数据库的使用

在使用 MySQL 之前，首先要在操作系统中安装 MySQL。本书的资料提供了 MySQL 详细的安装步骤，此处不再赘述。接下来讲解 MySQL 的基本使用，包括如何启动服务、登录数据库和关闭服务等。

MySQL 服务和 MySQL 数据库不同，MySQL 服务是一系列的后台进程，而 MySQL 数据库是一系列的数据目录和数据文件；MySQL 数据库必须在 MySQL 服务启动之后才可以进行访问。

11.2.1 服务启动和停止 MySQL 服务

此处以 Windows 操作系统为例。右键单击【计算机】，选择【管理】，打开计算机管理界面，如图 11.1 所示。

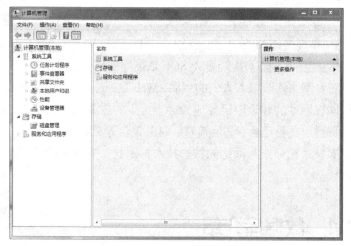

图 11.1 计算机管理界面

在界面的左侧导航栏中，展开【服务和应用程序】，单击【服务】，会出现 Windows 的所有服务，找到 MySQL，如图 11.2 所示。

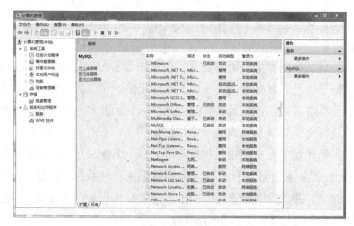

图 11.2 服务管理界面

右键单击【MySQL】，如图 11.3 所示。

图 11.3　服务管理界面

图 11.3 右键菜单中有启动和停止 MySQL 服务的选项，因为此时已经处于启动状态，所以启动选项为灰色。

另外，还可以通过 DOS 命令启动和停止 MySQL 服务。打开 DOS 命令行窗口，输入"net stop mysql"命令停止 MySQL 服务，如图 11.4 所示。

图 11.4　DOS 命令行窗口

需要启动 MySQL 服务时，输入"net start mysql"命令，如图 11.5 所示。

图 11.5　DOS 命令行窗口

11.2.2　登录和退出 MySQL 数据库

启动 MySQL 服务后，就可以登录并使用 MySQL 数据库。登录 MySQL 数据库有两种方式，用户可以选择通过命令行登录，也可以通过 Command Line Client 登录。

1. 使用命令行登录退出

打开 DOS 命令行窗口，输入 "mysql-uroot-p" 命令，再输入密码，成功登录 MySQL 数据库，如图 11.6 所示。

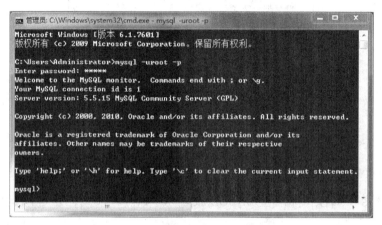

图 11.6　登录 MySQL 数据库

此时可以输入 "show databases;" 命令查看数据库中所有的库，如图 11.7 所示。

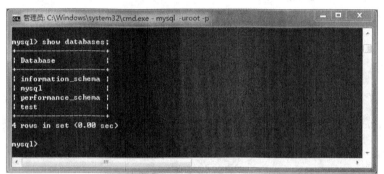

图 11.7　查看所有的库

使用完毕后，可以输入 "exit;" 命令退出 MySQL 数据库，如图 11.8 所示。

图 11.8　退出 MySQL 数据库

2. 使用 Command Line Client 登录退出

使用 DOS 命令行窗口登录和退出 MySQL 比较烦琐，可以使用更简单的方式登录。单击开始菜单中的【程序】，找到并单击【MySQL】，然后单击【MySQL Server 5.5】，如图 11.9 所示。

图 11.9　开始菜单

打开"MySQL 5.5 Command Line Client"，如图 11.10 所示。

图 11.10　Command Line Client

输入 MySQL 的登录密码然后回车，成功登录 MySQL 数据库，如图 11.11 所示。

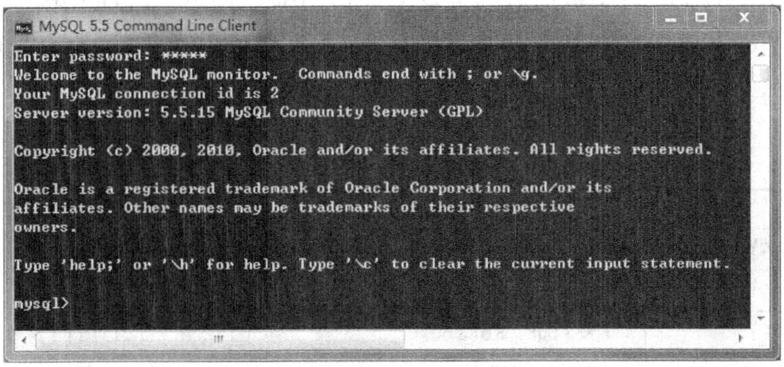

图 11.11　登录 MySQL 数据库

使用完毕后，退出 MySQL 数据库与 DOS 命令行的退出方式一致，此处不再演示。

11.2.3 MySQL 数据库基本操作

列出数据库管理系统中所有的数据库，具体操作如下所示。

```
mysql> SHOW DATABASES;
```

在安装 MySQL 时系统会自动创建几个数据库，一般都会有 information_schema 和 mysql 数据库。information_schema 主要存储了系统中的一些数据库对象信息，比如用户表信息、列信息、权限信息、字符集信息、分区信息等。mysql 存储了系统的用户权限信息。

切换到要操作的数据库，具体操作如下所示。

```
USE 数据库名;
```

使用该命令后所有 SQL 命令都只针对该数据库。

显示指定数据库的所有表，具体操作如下所示。

```
SHOW TABLES;
```

使用该命令前需要使用 use 命令来选择要操作的数据库。

显示表定义时的结构，具体操作如下所示。

```
DESC 表名称
```

包括该表中每列（字段）的名称、该列的数据类型、该列的约束条件等。

11.3 MySQL 数据类型

11.3.1 数值类型

MySQL 支持所有标准 SQL 中的数值类型，其中包括严格数据类型（如 INTEGER、SMALLINT、DECIMAL 和 NUMBERIC）、近似数值数据类型（如 FLOAT、REAL 和 DOUBLE PRESISION）。作为 SQL 标准的扩展，MySQL 也支持整数类型 TINYINT、MEDIUMINT 和 BIGINT。MySQL 中不同数值类型所对应的字节大小和取值范围是不同的，具体如表 11.1 所示。

表 11.1　　　　　　　　　　　　　　数值类型

类型	大小	范围（有符号）	范围（无符号）	用途
TINYINT	1 字节	(−128，127)	(0，255) 2 的 8 次方	微小整数值
SMALLINT	2 字节	(−32 768，32 767)	(0，65 535) 2 的 16 次方	小整数值
MEDIUMINT	3 字节	(−8 388 608，8 388 607)	(0，16 777 215) 2 的 24 次方	中整数值
INT 或 INTEGER	4 字节	(−2 147 483 648，2 147 483 647)	(0，4 294 967 295) 2 的 32 次方	大整数值
BIGINT	8 字节	(−9 233 372 036 854 775 808，9 223 372 036 854 775 807)	(0，18 446 744 073 709 551 615)	极大整数值

类型	大小	范围（有符号）	范围（无符号）	用途
FLOAT	4 字节	(−3.402 823 466 E+38，−1.175 494 351 E−38)，0，(1.175 494 351 E−38，3.402 823 466 351 E+38)	0，(1.175 494 351 E−38，3.402 823 466 E+38)	单精度浮点数值
DOUBLE	8 字节	(−1.797 693 134 862 315 7 E+308，−2.225 073 858 507 201 4 E−308)，0，(2.225 073 858 507 201 4 E−308，1.797 693 134 862 315 7 E+308)	0，(2.225 073 858 507 201 4 E−308，1.797 693 134 862 315 7 E+308)	双精度浮点数值
DECIMAL	DECIMAL(M,D)，如果 M>D，为 M+2,否则为 D+2	依赖于 M 和 D 的值	依赖于 M 和 D 的值	小数值

在表 11.1 中，占用字节数最小的是 TINYINT，占用字节数最大的是 BIGINT，DECIMAL 类型的取值范围与 M 和 D 相关。M 是表示有效数字数的精度。M 的范围为 1~65。D 表示小数点后的位数。D 的范围是 0~30。MySQL 要求 D 小于或等于（<=）P。

11.3.2 日期时间类型

表示时间值的日期和时间类型为 DATETIME、DATE、TIMESTAMP、TIME 和 YEAR。最常用的是 DATATIME 类型。每个时间类型有一个有效值范围和一个"零"值，当指定 MySQL 不能表示的值时使用"零"值。这些日期时间类型有对应的字节数和取值范围等，具体如表 11.2 所示。

表 11.2 **日期时间类型**

类型	大小（字节）	范围	格式	用途
DATE	3	1000-01-01/9999-12-31	YYYY-MM-DD	日期值
TIME	3	-838:59:59/838:59:59	HH:MM:SS	时间值或持续时间
YEAR	1	1901/2155	YYYY	年份值
DATETIME	8	1000-01-01 00:00:00/9999-12-31 23:59:59	YYYY-MM-DD HH:MM:SS	混合日期和时间值
TIMESTAMP	4	1970-01-01 00:00:00/2038 结束时间是第 2147483647 秒，北京时间 2038-1-19 11:14:07，格林尼治时间 2038 年 1 月 19 日 03:14:07	YYYY-MM-DD HH:MM:SS	混合日期和时间值，时间戳

11.3.3 字符串类型

MySQL 提供了 8 种基本的字符串类型，分别为 CHAR、VARCHAR、BINARY、VARBINARY、BLOB、TEXT、ENUM 和 SET 类型，可以存储的范围从简单的一个字符到巨大的文本块或二进制字符串数据。常见的字符串类型所对应的字节大小和取值范围如表 11.3 所示。

表 11.3 **字符串类型**

类型	大小	用途
CHAR	0~255 字节	定长字符串
VARCHAR	0~65535 字节	变长字符串
TINYBLOB	0~255 字节	不超过 255 个字符的二进制字符串
TINYTEXT	0~255 字节	短文本字符串
BLOB	0~65 535 字节	二进制形式的长文本数据
TEXT	0~65 535 字节	长文本数据

类型	大小	用途
MEDIUMBLOB	0～16 777 215 字节	二进制形式的中等长度文本数据
MEDIUMTEXT	0～16 777 215 字节	中等长度文本数据
LONGBLOB	0～4 294 967 295 字节	二进制形式的极大文本数据
LONGTEXT	0～4 294 967 295 字节	极大文本数据

CHAR 和 VARCHAR 类型类似，但它们保存和检索的方式不同，最大长度和是否尾部空格被保留等方面也不同。它们在存储或检索过程中不进行大小写转换。

BINARY 和 VARBINARY 类型类似于 CHAR 和 VARCHAR，不同的是它们包含二进制字符串而非字符型字符串。也就是说，它们没有字符集，并且按照二进制的值进行排序和比较。

BLOB 是一个二进制大对象，可以容纳可变数量的数据。BLOB 有 4 种类型：TINYBLOB、BLOB、MEDIUMBLOB 和 LONGBLOB。它们只是可容纳值的最大长度不同。

TEXT 有 4 种类型：TINYTEXT、TEXT、MEDIUMTEXT 和 LONGTEXT。它们对应 4 种 BLOB 类型，是有相同的最大长度和存储需求。

11.4 SQL 基础入门

11.4.1 SQL 语言简介

结构化查询语言（Structured Query Language，SQL）是一种特殊目的的编程语言。

SQL 是最重要的关系型数据库操作语言，用于存取数据以及查询、更新和管理关系数据库系统；SQL 的影响力已经超出数据库领域，该语言得到其他领域的重视和采用，如人工智能领域的数据检索，第四代软件开发工具等。

11.4.2 SQL 分类

完整的结构化查询语言包含 6 个部分，或者说 SQL 语句有 6 个类别，如表 11.4 所示。

表 11.4　　　　　　　　　　SQL 语句类别

简称	全称	汉语名称	用途
DQL	Data Query Language	数据查询语言	用以从表中获得数据
DML	Data Manipulate Language	数据操作语言	添加、修改和删除表中的行
DDL	Data Define Language	数据定义语言	创建、删除数据库和表
TPL	Transaction Process Language	事务处理语言	同时执行多条 SQL 语句的情况
DCL	Data Control Language	数据控制语言	获得许可，确定单个用户和用户组对数据库对象的访问
CCL	Cursor Control Language	指针控制语言	用于对一个或多个表单独行的操作

学习 SQL 的重心应该放在 DQL 和 DML 语句上，尤其 DQL 是重点及难点。

在数据库操作中常提到的 CRUD 是在做计算处理时的增加（Create）、查询（Retrieve）（重新得到数据）、更新（Update）和删除（Delete）几个单词的首字母缩写。CRUD 主要被用在描述数据库的基本操作，相当于 DQL + DML。

11.4.3 DDL 语句基本用法

1. 创建数据库

语法结构如下所示。

```
CREATE DATABASE   数据库名;
```

执行结果如下所示。

```
mysql> create database testdb;
Query OK, 1 row affected (0.00 sec)
```

Query OK 表示执行成功。

如果创建已经存在的数据库，则会提示错误，如下所示。

```
ERROR 1007 (HY000): Can't create database 'testdb'; database exists
```

此语句表示创建数据库失败，因为该库已经存在。

操作数据库需要注意，数据库名不要使用中文。由于数据库中将来会存储一些非 ASCII 字符，所以务必指定字符编码，一般都是指定 UTF-8 编码。CHARSET 选择 utf8，COLLATION 选择 utf8_general_ci。MySQL 中字符集是 "utf8"，不是 "utf-8"。

2. 删除数据库

语法结构如下所示。

```
DROP DATABASE   数据库名;
```

执行结果如下所示。

```
mysql> drop database testdb;
Query OK, 0 rows affected (0.00 sec)
```

数据库删除后，该库中所有的表数据都会全部删除，所以删除前一定要仔细检查并做好备份工作。

3. 创建表

语法结构如下所示。

```
CREATE TABLE   表名 (列名称 1   数据类型 1   列约束条件 1   ，列名称 2   数据类型 2   列约束条
件 2  ，列名称 3   数据类型 3   列约束条件 3 ...)
```

列名称、数据类型是必选项，而约束条件是可选项。

选择数据库引擎。有两种选择：InnoDB 或 MyISAM。如果要支持事务，需要选择 InnoDB，MyISAM 不支持事务；如果对该表的绝大多数操作都只是查询数据，而很少增、删、改，可以使用 MyISAM。如果读写比较频繁，就要使用 InnoDB 数据库引擎。

例如：创建一个 "员工表"，名字为 emp，项目包括 "姓名 ename" "雇佣日期 hiredate" "薪水

salary" "部门编号 deptno"。

创建与切换数据库的具体操作与执行结果如下所示。

```
//创建数据库 testdb
mysql> create database testdb;
Query OK, 1 row affected (0.01 sec)
//切换到数据库 testdb
mysql> use testdb;
Database changed
//在数据库 testdb 中创建表 emp
mysql> CREATE TABLE emp(ename varchar(20) , hiredate date , salary decimal(10,2) ,
deptno tinyint(2)) ;
Query OK, 0 rows affected (0.02 sec)
```

展示所有表的操作与执行结果如下所示。

```
//展示 testdb 中所有的表
mysql> show tables;
+-----------------+
| Tables_in_testdb |
+-----------------+
| emp             |
+-----------------+
1 row in set (0.00 sec)

//展示 emp 表的结构
mysql> desc emp;
+----------+---------------+------+-----+---------+-------+
| Field    | Type          | Null | Key | Default | Extra |
+----------+---------------+------+-----+---------+-------+
| ename    | varchar(10)   | YES  |     | NULL    |       |
| hiredate | date          | YES  |     | NULL    |       |
| salary   | decimal(10,2) | YES  |     | NULL    |       |
| deptno   | int(2)        | YES  |     | NULL    |       |
+----------+---------------+------+-----+---------+-------+
4 rows in set (0.01 sec)
```

4. 删除表

语法结构如下所示。

```
DROP TABLE   表名;
```

执行结果如下所示。

```
mysql> drop table emp2;
Query OK, 0 rows affected (0.01 sec)
```

5. 修改表

（1）更改表名

语法结构如下所示。

```
ALTER TABLE  原表名  RENAME  新表名;
```

执行结果如下所示。

```
mysql> alter table emp0 rename emp1;
Query OK, 0 rows affected (0.01 sec)
```

（2）增加表字段（表中增加新列）

语法结构如下所示。

```
ALTER TABLE  表名  ADD  [COLUMN]  列名  新列的数据类型;
```

关键字"COLUMN"为可选项，可以省略不写。

执行结果如下所示。

```
mysql> ALTER TABLE emp1 ADD COLUMN   age  tinyint(3);
Query OK, 0 rows affected (0.02 sec)
Records: 0  Duplicates: 0  Warnings: 0
```

（3）删除表字段

语法结构如下所示。

```
ALTER TABLE  表名  DROP  [COLUMN]  列名;
```

关键字"COLUMN"为可选项，可以省略不写。

下面先添加 tel 表，再删除，执行结果如下所示。

```
mysql> ALTER TABLE emp1 ADD   tel  varchar(15);
Query OK, 0 rows affected (0.02 sec)
Records: 0  Duplicates: 0  Warnings: 0
```

```
mysql> ALTER TABLE emp1 DROP   tel ;
Query OK, 0 rows affected (0.02 sec)
Records: 0  Duplicates: 0  Warnings: 0
```

11.4.4　DML 语句基本用法

1. 插入数据

插入新数据 INSERT 语法如下所示。

```
INSERT INTO 表名(字段 1 , 字段 2 ... ) VALUES(值 1 , 值 2 ...);
```

具体用法如下所示。

```
INSERT INTO emp(ename , age , hiredate , salary , deptno) VALUES('Steven', 30,
'2015-12-15' , 40000 , 1);
```

2. 更新记录

更新数据 UPDATE 语法如下所示。

```
UPDATE  表名  SET  字段1 = 值1 , 字段2=值2  ...  WHERE 条件;
```

具体用法如下所示。

```
UPDATE emp SET ename='StevenWang' , age=31 WHERE ename='Steven';
```

3. 删除记录

删除数据 DELETE 语法如下所示。

```
DELETE   FROM   表名   WHERE 条件
```

具体用法如下所示。

```
DELETE FROM emp WHERE ename='Steven';
```

11.4.5 DQL 语句基本用法

1. 查询所有记录

查询所有记录 SELECT 语法如下所示。

```
SELECT  *  FROM   表名
```

具体用法如下所示。

```
SELECT *  FROM emp;
SELECT ename , age , salary  FROM emp;
```

2. 按照一定的条件查找

按照条件查询的语法如下所示。

```
SELECT  *  FROM   表名 WHERE 条件
```

具体用法如下所示。

```
SELECT *  FROM emp WHERE salary>30000;
```

3. SQL 高级查询

SQL 的高级查询包括许多内容，包括 SQL 运算符、SQL 函数的用法、不重复记录查询（distinct）、排序和限制查询（order by、limit）、分组聚合查询（group by）、多表连接查询（inner join、left join、right join）、子查询（in、not in、exists、any、all）等等。想仔细研究这部分内容的读者可以参考"好程序员"成长系列丛书《MySQL 从入门到精通》。

Go 程序操作
MySQL
数据库

11.5　Go 程序操作 MySQL 数据库

11.5.1　安装 MySQL 模块

Go 官方提供了 database 包，database 包下有 sql/driver。该包用来定义操作数据库的接口，这保证了无论使用哪种数据库，操作方式都是相同的。但 Go 官方并没有提供连接数据库的 driver，如果要操作数据库，还需要第三方的 driver 包。

在安装 MySQL 模块之前需要先安装 Git，如果没有安装 Git，MySQL 模块安装会失败。

下载安装 MySQL 驱动模块的步骤如下所示。

（1）Windows 系统

下载：go get github.com/Go-SQL-Driver/MySQL，如图 11.12 所示。

图 11.12　下载 MySQL

安装：go install github.com/Go-SQL-Driver/MySQL，如图 11.13 所示。

图 11.13　安装 MySQL

（2）Ubuntu 系统

下载：go get github.com/Go-SQL-Driver/MySQL。

安装：go install github.com/Go-SQL-Driver/MySQL。

（3）下载后目录结构

目录结构如图 11.14 所示。

图 11.14　目录结构

11.5.2 导入包

示例代码如下。

```
import (
    "database/sql"
    "fmt"
    _ "github.com/go-sql-driver/mysql"
)
```

Golang 提供了 database/sql 包，用于对 SQL 数据库的访问。它提供了一系列接口方法，用于访问关系数据库但并不会提供数据库特有的方法，那些特有的方法交给数据库驱动去实现。

匿名导入包——只导入包但是不使用包内的类型和数据，使用匿名的方式（在包路径前添加下画线 "_"）导入 MySQL 驱动。匿名导入包与其他方式导入包一样，会让导入包编译到可执行文件中。通常来说，导入包后就能调用该包中的数据和方法。但是对于数据库操作来说，开发者不应该直接使用导入的驱动包所提供的方法，而应该使用 sql.DB 对象所提供的统一的方法。因此在导入 MySQL 驱动时，使用了匿名导入包的方式。在导入一个数据库驱动后，该驱动会自行初始化并注册到 Golang 的 database/sql 上下文中，这样就可以通过 database/sql 包所提供的方法来访问数据库了。

11.5.3 连接数据库

sql 包中的 Open()函数，原型如下所示。

```
func Open(driverName, dataSourceName string) (*DB, error)
```

driverName：使用的驱动名。这个名字其实就是数据库驱动注册到 database/sql 时所使用的名字。
dataSourceName：数据库连接信息。它包含了数据库的用户名、密码、数据库主机以及需要连接的数据库名等信息。

使用示例如下。

```
db, err := sql.Open("mysql", "用户名:密码@tcp(IP:端口)/数据库?charset=utf8")
```

sql.Open()返回的 sql.DB 对象是 Goroutine 并发安全的。sql.DB 通过数据库驱动为开发者提供管理底层数据库连接的打开和关闭操作。sql.DB 帮助开发者管理数据库连接池。正在使用的连接被标记为繁忙，用完后回到连接池等待下次使用。所以，如果开发者没有把连接释放回连接池，会导致过多连接使系统资源耗尽。

sql.DB 的设计目标就是作为长连接（一次连接多次数据交互）使用，不宜频繁开关。比较好的做法是，为每个不同的 datastore 建一个 DB 对象，保持这些对象打开。如果需要短连接（一次连接一次数据交互），就把 DB 作为参数传入 function，而不要在 function 中开关。

11.5.4 增删改数据

直接调用 DB 对象的 Exec()方法如下所示。

```
func (db *DB) Exec(query string, args ...interface{}) (Result, error)
```

通过 db.Exec() 插入数据，通过返回的 err 可知插入失败的原因，通过返回的结果可以进一步查询本次插入数据影响的行数（RowsAffected）和最后插入的 ID（如果数据库支持查询最后插入 ID）。Exec() 方法的使用方式如下所示。

```
result, err := db.Exec("INSERT INTO userinfo (username, departname, created)
VALUES (?, ?, ?)","Steven","区块链教学部","2017-10-1")
```

预编译语句（PreparedStatement）提供了诸多好处。PreparedStatement 可以实现自定义参数的查询，通常来说比手动拼接字符串 SQL 语句高效；PreparedStatement 还可以防止 SQL 注入攻击。因此，大家在开发中尽量使用它。

通常使用 PreparedStatement 和 Exec() 完成 INSERT、UPDATE、DELETE 操作。使用 DB 对象的 Prepare() 方法获得预编译对象 stmt，然后调用 Exec() 方法，语法如下所示。

```
func (db *DB) Prepare(query string) (*Stmt, error)
```

具体用法如下所示。

```
stmt, err := db.Prepare("INSERT userinfo SET
username=?,departname=?,created=?")
result, err := stmt.Exec("Jackson", "研发部", "2017-10-1")
```

获取影响数据库的行数，可以根据该数值判断是否操作（插入、删除或修改）成功。语法如下所示。

```
count, err := result.RowsAffected()
```

11.5.5　查询数据

数据库查询的一般步骤如下。

（1）调用 db.Query() 方法执行 SQL 语句，此方法返回一个 Rows 作为查询结果，语法如下所示。

```
func (db *DB) Query(query string, args ...interface{}) (*Rows, error)
```

（2）将 rows.Next() 方法的返回值作为 for 循环的条件，迭代查询数据，语法如下所示。

```
func (rs *Rows) Next() bool
```

（3）在循环中，通过 rows.Scan() 方法读取每一行数据，语法如下所示。

```
func (rs *Rows) Scan(dest ...interface{}) error
```

（4）调用 db.Close() 关闭查询。

通过 QueryRow() 方法查询单条数据，语法如下所示。

```
func (db *DB) QueryRow(query string, args ...interface{}) *Row
```

整体步骤如下所示。

```
var username, departname, created string
err := db.QueryRow("SELECT username,departname,created FROM user_info WHERE uid=?",
3).Scan(&username, &departname, &created)
```

查询多行数据如下所示。

```
stmt, err := db.Prepare("SELECT * FROM user_info WHERE uid<?")
rows, err := stmt.Query(10)
user := new(UserTable)
for rows.Next() {
    err := rows.Scan(&user.Uid, &user.Username, &user.Department, &user.Created)
if err != nil {
            panic(err)
            continue
        }
 fmt.Println(*user)
}
```

rows.Scan()方法的参数顺序很重要，必须和查询结果的 column 相对应（数量和顺序都需要一致）。例如，"SELECT * From user_info where age >=20 AND age < 30"查询的 column 顺序是"id, name, age"，和插入操作顺序相同，因此 rows.Scan() 也需要按照此顺序"rows.Scan(&id, &name, &age)"，不然会造成数据读取的错位。

因为 Golang 是强类型语言，所以查询数据时先定义数据类型。数据库中的数据有 3 种可能状态：存在值、存在零值、未赋值，因此可以将待查询的数据类型定义为 sql.NullString、sql.NullInt64 类型等。可以通过 Valid 值来判断查询到的值是赋值状态还是未赋值状态。每次 db.Query()操作后，都建议调用 rows.Close()。

因为 db.Query()会从数据库连接池中获取一个连接，这个底层连接在结果集（rows）未关闭前会被标记为处于繁忙状态。当遍历读到最后一条记录时，会发生一个内部 EOF 错误，自动调用 rows.Close()。但如果出现异常，提前退出循环，rows 不会关闭，连接不会回到连接池中，连接也不会关闭，则此连接会一直被占用。因此通常使用 defer rows.Close()来确保数据库连接可以正确放回到连接池中。

阅读源码发现 rows.Close()操作是幂等操作，而一个幂等操作的特点是：其任意多次执行所产生的影响与一次执行的影响相同。所以即便对已关闭的 rows 再执行 close()也没关系。

11.5.6 示例代码

案例中的表结构如下所示。

```
CREATE TABLE user_info (
 uid int(10) NOT NULL AUTO_INCREMENT,
 username varchar(64) DEFAULT NULL,
 departname varchar(64) DEFAULT NULL,
 created date DEFAULT NULL,
```

```
PRIMARY KEY (uid)
) ;
```

完整代码如例 11-1 所示。

例 11-1 Go 程序操作 MySQL。

```
1    package main
2    import (
3        "database/sql"
4        "fmt"
5        _ "github.com/go-sql-driver/mysql"
6    )
7    //定义数据库连接信息
8    type DbConn struct {
9        Dsn string //数据库驱动连接字符串
10       Db  *sql.DB
11   }
12   //user_info 表的映射对象
13   type UserTable struct {
14       Uid        int
15       Username   string
16       Department string
17       Created    string
18   }
19   func main() {
20       var err error
21       dbConn := DbConn{
22           Dsn: "root:@tcp(127.0.0.1:3306)/testdb?charset=utf8",
23       }
24       dbConn.Db, err = sql.Open("mysql", dbConn.Dsn)
25       if err != nil {
26           panic(err)
27           return
28       }
29       defer dbConn.Db.Close()
30       //1.测试封装的 ExecData()方法
31       execData(&dbConn)
32       //2.测试封装的 PreExecData()方法
33       preExecData(&dbConn)
34       //3.查询单行数据
35       //查询最后一条数据的信息
36       result := dbConn.QueryRowData("select * from user_info where uid=(select max
(uid) from user_info)")
37       fmt.Println(result)
38       //4.查询多行数据
39       result1 := dbConn.QueryData("select * from user_info where uid<10")
40       fmt.Println(len(result1))
41       ////遍历查询的结果集
42       //for k, v := range result1 {
43       // fmt.Println("uid: ", k,  v)
44       //}
45       //5.查询多行数据
46       result2 := dbConn.PreQueryData("select * from user_info where uid<? order by
```

```
uid desc" , 10)
    47        fmt.Println(len(result2))
    48        ////遍历查询的结果集
    49        //for k, v := range result2 {
    50        //  fmt.Println("uid: ", k,  v)
    51        //}
    52        dbConn.PreQueryData2("select * from user_info where uid<? order by uid desc" , 10)
    53        fmt.Println(len(result2))
    54        ////遍历查询的结果集
    55        //for k, v := range result2 {
    56        //  fmt.Println("uid: ", k,  v)
    57        //}
    58  }
    59  //一、测试封装的 ExecData()函数
    60  func execData(dbConn *DbConn) {
    61        count, id, err := dbConn.ExecData("INSERT user_info(username , departname ,
created)  VALUES ('Josh','business group','2018-07-3')")
    62        //count , err := execData("UPDATE user_info SET created='2018-06-30' WHERE uid=14")
    63        //count , err := execData("DELETE FROM user_info WHERE uid=10")
    64        if err != nil {
    65            fmt.Println(err.Error())
    66        } else {
    67            fmt.Println("受影响行数: ", count)
    68            fmt.Println("新添加数据的 id: ", id)
    69        }
    70  }
    71  //二、测试封装的 PreExecData()函数
    72  func preExecData(dbConn *DbConn) {
    73        count, id, err := dbConn.PreExecData("INSERT user_info(username , departname ,
created)  VALUES (?,?,?)", "Jackson", "Education Department", "2017-10-8")
    74        //count, id, err := PreExecData("Delete from user_info WHERE uid<?", 4)
    75        //count, id, err := PreExecData("UPDATE user_info set departname=? WHERE
departname = ?", "BC Group", "blockchain")
    76        if err != nil {
    77            fmt.Println(err.Error())
    78        } else {
    79            fmt.Println("受影响行数: ", count)
    80            fmt.Println("新添加数据的 id: ", id)
    81        }
    82  }
    83  //1.封装增删改数据的函数，该函数直接使用 DB 的 Exec()方法实现数据操作
    84  func (dbConn *DbConn) ExecData(sqlString string) (count, id int64, err error) {
    85      result, err := dbConn.Db.Exec(sqlString)
    86      if err != nil {
    87          panic(err)
    88          return
    89      }
    90      if id, err = result.LastInsertId(); err != nil {
    91          panic(err)
    92          return
    93      }
    94      if count, err = result.RowsAffected(); err != nil {
    95          panic(err)
    96          return
```

```
97          }
98      return count, id, nil
99  }
100 //2.封装增删改数据的函数，该函数使用预编译语句加 Exec() 方法实现增删改数据
101 func (dbConn *DbConn) PreExecData(sqlString string, args ...interface{}) (count,
id int64, err error) {
102     stmt, err := dbConn.Db.Prepare(sqlString)
103     defer stmt.Close()
104     if err != nil {
105         panic(err)
106         return
107     }
108     result, err := stmt.Exec(args ...)
109     if err != nil {
110         panic(err)
111         return
112     }
113     if id, err = result.LastInsertId(); err != nil {
114         panic(err)
115         return
116     }
117     if count, err = result.RowsAffected(); err != nil {
118         panic(err)
119         return
120     }
121     return count, id, nil
122 }
123 //3.查询当行数据
124 func (dbConn *DbConn) QueryRowData(sqlString string) (data UserTable) {
125     user := new(UserTable)
126     err := dbConn.Db.QueryRow(sqlString).Scan(&user.Uid, &user.Username,
&user.Department, &user.Created)
127     if err != nil {
128         panic(err)
129         return
130     }
131     return *user
132 }
133 //4.未使用预编译，直接查询多行数据
134 func (dbConn *DbConn) QueryData(sqlString string) (resultSet map[int]UserTable) {
135     rows, err := dbConn.Db.Query(sqlString)
136     defer rows.Close()
137     if err != nil {
138         panic(err)
139         return
140     }
141     resultSet = make(map[int]UserTable)
142     user := new(UserTable)
143     for rows.Next() {
144         err := rows.Scan(&user.Uid, &user.Username, &user.Department, &user.Created)
145         if err != nil {
146             panic(err)
147             continue
148         }
149         resultSet[user.Uid] = *user
```

```
150      }
151      return resultSet
152 }
153 //5.使用预编译语句查询多行数据
154 func (dbConn *DbConn) PreQueryData(sqlString string , args ...interface{})
(resultSet map[int]UserTable) {
155      stmt, err := dbConn.Db.Prepare(sqlString)
156      defer stmt.Close()
157      if err != nil {
158          panic(err)
159          return
160      }
161      rows, err := stmt.Query(args ...)
162      defer rows.Close()
163      if err != nil {
164          panic(err)
165          return
166      }
167      resultSet = make(map[int]UserTable)
168      user := new(UserTable)
169      for rows.Next() {
170          err := rows.Scan(&user.Uid, &user.Username, &user.Department, &user.Created)
171          if err != nil {
172              panic(err)
173              continue
174          }
175          resultSet[user.Uid] = *user
176      }
177      return resultSet
178 }
179 //查询数据，无返回值，只打印输出，用于测试
180 func (dbConn *DbConn) PreQueryData2(sqlString string , args ...interface{})  {
181      stmt, err := dbConn.Db.Prepare(sqlString)
182      defer stmt.Close()
183      if err != nil {
184          panic(err)
185          return
186      }
187      rows, err := stmt.Query(args ...)
188      defer rows.Close()
189      if err != nil {
190          panic(err)
191          return
192      }
193      user := new(UserTable)
194      for rows.Next() {
195          err := rows.Scan(&user.Uid, &user.Username, &user.Department, &user.Created)
196          if err != nil {
197              panic(err)
198              continue
199          }
200          fmt.Println(*user)
201      }
202 }
```

运行结果如图 11.15 所示。

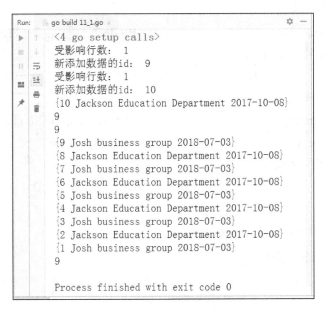

图 11.15　Go 操作 MySQL

例 11-1 演示了操作数据库的方法，在实际开发中，应尽量封装这些方法。

本章小结

11.6　本章小结

本章主要介绍了 MySQL 相关知识，对 MySQL 数据库使用、支持的数据类型、数据库基本操作、数据表的基本操作以及对数据表中数据的基本操作进行了讲解，为后面学习 Beego 框架打下基础。本章内容比较多，大家需要多加练习，融会贯通。

11.7　习题

1．填空题

（1）数据库（Database）是存储信息的表的集合。用户可以对文件中的数据进行＿＿＿＿、＿＿＿＿、＿＿＿＿、查询等操作。

（2）使用＿＿＿＿语句可以实现数据的批量插入。

（3）在 MySQL 中可以使用语句＿＿＿＿删除数据表。

（4）MySQL 提供了 8 种基本的字符串类型，分别为 CHAR、VARCHAR、BINARY、＿＿＿＿、＿＿＿＿、＿＿＿＿、＿＿＿＿和 SET 类型。

（5）Golang 提供了＿＿＿＿包，用于对 SQL 数据库的访问。

2．选择题

（1）下列描述正确的是（　　　）。

　　A．SQL 是一种过程化语言　　　　　　B．SQL 采用集合操作方式

    C．SQL 不能嵌入到高级语言中   D．SQL 是一种 DBMS

（2）下列不属于数据类型的是（   ）。

    A．DECIMAL   B．ENUM   C．BIGINT   D．FLOAT

（3）下列不属于字符串类型的是（   ）。

    A．REAL   B．CHAR   C．BLOB   D．VARCHAR

（4）下列创建数据库的操作正确的是（   ）。

    A．CREAT qianfeng；   B．CREAT DATABASE qianfeng；

    C．DATABASE qianfeng；   D．qianfeng CREAT；

（5）SELECT 语句执行结果是（   ）。

    A．数据项   B．元祖   C．表   D．试图

3．思考题

（1）简述 MySQL 支持的数据类型有哪些。

（2）列出一些常见的数据库产品。

12 第 12 章 Go 语言并发编程

本章学习目标

- 理解并发与并行
- 理解进程和线程
- 掌握 Go 语言中的 Goroutine 和 channel
- 掌握 select 分支语句
- 掌握 sync 包的应用

介绍

并发指在同一时间内可以执行多个任务。大家可以观察到，计算机、平板电脑、手机，它们都可以一边播放音乐一边玩游戏，同时还能上网聊天，每个程序都要同时渲染画面和发出声音。随着科技的发展与人类需求的增长，并发变得越来越重要，一台 Web 服务器会一次处理成千上万的请求。出色的并发性是 Go 语言的特色之一。本章详细介绍 Go 语言的并发机制。

12.1 并发和并行

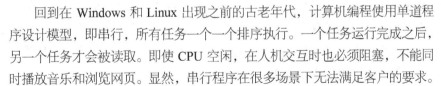

并发和并行

12.1.1 单道程序与多道程序

回到在 Windows 和 Linux 出现之前的古老年代，计算机编程使用单道程序设计模型，即串行，所有任务一个一个排序执行。一个任务运行完成之后，另一个任务才会被读取。即使 CPU 空闲，在人机交互时也必须阻塞，不能同时播放音乐和浏览网页。显然，串行程序在很多场景下无法满足客户的要求。

现代计算机编程采用多道程序设计模型，多个任务轮流使用 CPU（当下常见 CPU 为纳秒级，1 秒可以执行近 10 亿条指令）。人们在使用计算机时可以边听音乐边上网，是因为人眼的反应速度是毫秒级，所以看似任务同时在运行。这种情况可以概括为：宏观并行，微观串行。

12.1.2 并发与并行的区别

在讨论如何在 Go 中进行并发处理之前，首先必须了解什么是并发，以及它与并行有什么不同。

1. 并发

并发（Concurrency）是同时处理许多个任务，实际上是把任务在不同的时间点交给处理器进行处理，在微观层面，任务不会同时运行。

2. 并行

并行（Parallelism）是把每一个任务分配给每一个处理器独立完成，多个任务一定是同时运行。并行就是同时做很多事情，乍听起来可能与并发类似，但实际上是不同的。

串行、并行、并发的区别如图 12.1 所示。

生活中也有类似的场景，比如许多人去打水，多人排队使用一个水龙头，每个人一次性打满水后才轮到下一个人，这种情况就是串行。显然排在后面的人需要等很久才能打到水。

当多人使用一个水龙头时，每个人只能一次接水 5 秒，用完水后再去排队，这种情况就是并发。此时排在后面的人不需要等太久就能用到水了，宏观上看他们可以同时用到水。

4 个人同时使用 4 个水龙头打水，这种情况就是并行，要求打水人数和水龙头数量相等。但实际情况是需要打水的人数往往比水龙头的数量多，所以多数情况还是需要并发处理。

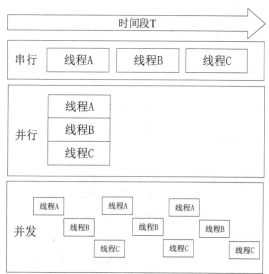

图 12.1 并行与并发

12.2 进程和线程

12.2.1 程序与进程

程序是编译好的二进制文件，在磁盘上，不占用系统资源（CPU、内存、设备）。进程是活跃的程序，占用系统资源，在内存中执行。程序运行起来，产生一个进程。程序就像是剧本，进程就像是演戏，同一个剧本可以在多个舞台同时上演。同样，同一个程序也可以加载为不同的进程（彼此之间互不影响），比如同时运行两个 QQ。

12.2.2 进程与线程的区别

线程也叫轻量级进程，通常一个进程包含若干个线程。线程可以利用进程所拥有的资源。在引入线程的操作系统中，通常都是把进程作为分配资源的基本单位，而把线程作为独立运行和独立调度的基本单位，比如音乐进程，可以一边查看排行榜一边听音乐，互不影响。

12.2.3 进程与线程的联系

进程和线程是操作系统级别的两个基本概念。计算机的核心是 CPU，它承担了所有的计算任务，就像一座工厂，时刻在运行。进程就好比工厂的车间，它代表 CPU 所能处理的单个任务；进程是一个容器。线程就好比车间里的工人。一个进程可以包括多个线程，线程是容器中的工作单位。

12.3　Goroutine

Goroutine

12.3.1　协程的概念

协程（Coroutine），最初在 1963 年被提出，又称为微线程，是一种比线程更加轻量级的存在。正如一个进程可以拥有多个线程，一个线程也可以拥有多个协程。如图 12.2 所示。

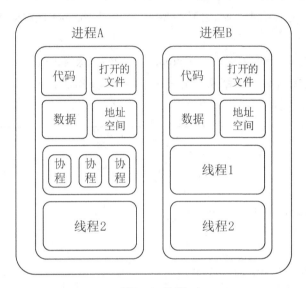

图 12.2　协程

协程是编译器级的，进程和线程是操作系统级的。协程不被操作系统内核管理，而完全由程序控制，因此没有线程切换的开销。和多线程比，线程数量越多，协程的性能优势就越明显。协程的最大优势在于其轻量级，可以轻松创建上万个而不会导致系统资源衰竭。

12.3.2　Go 语言中的协程

Go 语言中的协程叫作 Goroutine。Goroutine 由 Go 程序运行时（runtime）调度和管理，Go 程序会智能地将 Goroutine 中的任务合理地分配给每个 CPU。创建 Goroutine 的成本很小，每个 Goroutine 的堆栈只有几 kb，且堆栈可以根据应用程序的需要增长和收缩。

12.3.3　Coroutine 与 Goroutine

Goroutine 能并行执行，Coroutine 只能顺序执行；Goroutine 可在多线程环境产生，Coroutine 只能发生在单线程。Coroutine 程序需要主动交出控制权，系统才能获得控制权并将控制权交给其他 Coroutine。

Coroutine 的运行机制属于协作式任务处理，应用程序在不使用 CPU 时，需要主动交出 CPU 使用权。如果开发者无意间让应用程序长时间占用 CPU，操作系统也无能为力，计算机很容易失去响应或者死机。

Goroutine 属于抢占式任务处理，和现有的多线程和多进程任务处理非常类似。应用程序对 CPU 的控制最终由操作系统来管理，如果操作系统发现一个应用程序长时间占用 CPU，那么用户有权终止这个任务。

12.3.4 普通函数创建 Goroutine

在函数或方法前面加上关键字 go，将会同时运行一个新的 Goroutine。

使用 go 关键字创建 Goroutine 时，被调用的函数往往没有返回值，如果有返回值也会被忽略。如果需要在 Goroutine 中返回数据，必须使用 channel，通过 channel 把数据从 Goroutine 中作为返回值传出。

Go 程序的执行过程是：创建和启动主 Goroutine，初始化操作，执行 main()函数，当 main()函数结束，主 Goroutine 随之结束，程序结束。使用方式如例 12-1 所示。

例 12-1 Goroutine 案例 1。

```
1   package main
2   import (
3       "fmt"
4   )
5   func hello() {
6       fmt.Println("Hello world goroutine")
7   }
8   func main() {
9       go hello()
10      fmt.Println("main function")
11  }
```

运行结果会有两种，如图 12.3、图 12.4 所示。

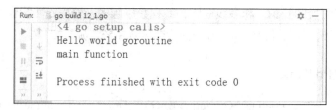

图 12.3 运行结果

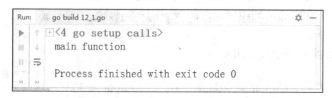

图 12.4 运行结果

被启动的 Goroutine 叫作子 Goroutine。如果 main()的 Goroutine 终止了，程序将被终止，而其他 Goroutine 将不再运行。换句话说，所有 Goroutine 在 main()函数结束时会一同结束。如果 main()的

Goroutine 比子 Goroutine 先终止，运行的结果就不会打印 "Hello world goroutine"，如图 12.4 所示。修改后如例 12-2 所示。

例 12-2　Goroutine 案例 2。

```
1  package main
2  import (
3      "fmt"
4      "time"
5  )
6  func hello() {
7      fmt.Println("Hello world goroutine")
8  }
9  func main() {
10     go hello()
11     time.Sleep(50 * time.Microsecond)
12     fmt.Println("main function")
13 }
```

运行结果如图 12.5 所示。

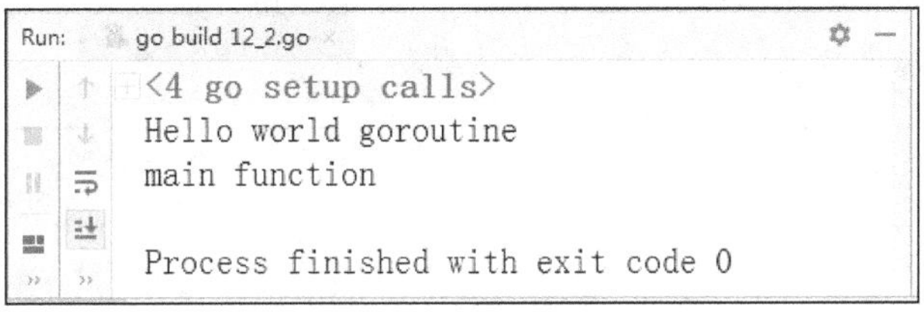

图 12.5　运行结果

在上面的程序中，已经调用了时间包的 Sleep() 方法，程序会在运行过程中 "睡觉"。在这种情况下，main() 的 Goroutine 被用来睡觉 50 毫秒。现在 go hello() 有足够的时间在 main Goroutine 终止之前执行。这个程序首先打印 "Hello world goroutine"，等待 50 毫秒，然后打印 "main function"。

下面再看一个案例，如例 12-3 所示。

例 12-3　Goroutine 案例 3。

```
1  package main
2  import (
3      "fmt"
4      "time"
5  )
6  func main() {
7      go running()
8      var input string
9      fmt.Scanln(&input)
10 }
11 func running() {
12     var times int
13     for {
14         times++
15         fmt.Println("tick", times)
16         time.Sleep(time.Second)
```

```
17        }
18 }
```

如果输入时间与输入内容不同，运行结果也会不同。运行结果如图 12.6 所示。

控制台不断输出 tick，同时还可以接收用户输入。两个环节同时运行。

该案例中，Go 程序启动时，runtime 默认为 main()函数创建一个 Goroutine。在 main()函数的 Goroutine 执行到 go running()语句时，归属于 running()函数的 Goroutine 被创建，running()函数开始在自己的 Goroutine 中执行。

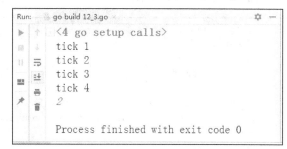

图 12.6　运行结果

此时，main()继续执行，两个 Goroutine 通过 Go 程序的调度机制同时运行。

12.3.5　匿名函数创建 Goroutine

go 关键字后也可以是匿名函数或闭包。将例 12-3 修改为匿名函数形式，如例 12-4 所示。

例 12-4　匿名函数。

```
1  package main
2  import (
3      "fmt"
4      "time"
5  )
6  func main() {
7      go func() {
8          var times int
9          for {
10         times++
11         fmt.Println("tick" , times)
12         time.Sleep(time.Second)
13         }
14     }()
15     var input string
16     fmt.Scanln(&input)
17 }
```

输入时间与输入内容不同，运行结果也会不同。运行结果如图 12.7 所示。

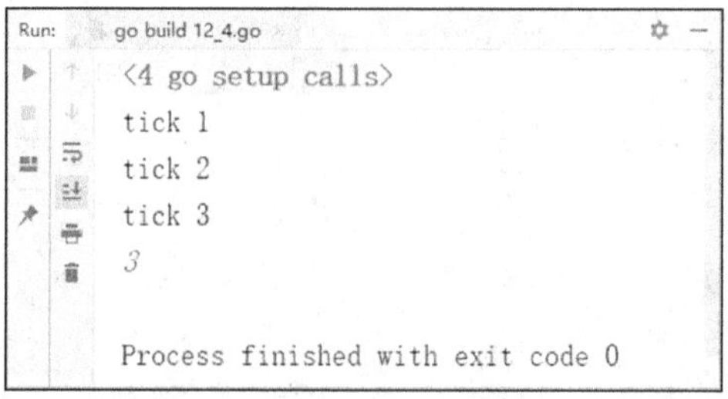

图 12.7　运行结果

12.3.6　启动多个 Goroutine

下面通过一个案例展示多个 Goroutine 启动效果。如例 12-5 所示。

例 12-5　多个 Goroutine。

```
1  package main
2  import (
3      "fmt"
4      "time"
5  )
6  func main() {
7      go printNum()
8      go printLetter()
9      time.Sleep(3 * time.Second)
10     fmt.Println("\n main over...")
11 }
12 func printNum() {
13     for i:=1; i<=5 ;i++  {
14         time.Sleep(250 * time.Millisecond)
15         fmt.Printf("%d" , i)
16     }
17 }
18 func printLetter() {
19     for i:='a'; i<='e' ;i++  {
20         time.Sleep(400 * time.Millisecond)
21         fmt.Printf("%c" , i)
22     }
23 }
```

运行结果如图 12.8 所示。

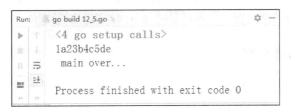

图 12.8　运行结果

在例 12-5 中，多个 Goroutine 随机调度，打印的结果是数字与字母交叉输出。

12.3.7　调整并发的运行性能

在 Go 程序运行时，runtime 实现了一个小型的任务调度器。此调度器的工作原理类似于操作系统调度线程，Go 程序调度器可以高效地将 CPU 资源分配给每一个任务。在多个 Goroutine 的情况下，可以使用 runtime.Gosched() 交出控制权。

传统逻辑中，开发者需要维护线程池中的线程与 CPU 核心数量的对应关系，这在 Go 语言中可以通过 runtime.GOMAXPROCS() 函数做到。

语法格式如下所示。

```
runtime.GOMAXPROCS(逻辑 CPU 数量)
```

逻辑 CPU 数量有几种数值，如表 12.1 所示。

表 12.1   逻辑 CPU 数量数值含义

数值	含义
<1	不修改任何数值
=1	单核执行
>1	多核并发执行

Go1.5 版本之前，默认使用单核执行。Go1.5 版本开始，默认执行 runtime.GOMAXPROCS（逻辑 CPU 数量），让代码并发执行，最大效率地利用 CPU。

12.4　channel

12.4.1　channel 的概述

channel 即 Go 的通道，是协程之间的通信机制。一个 channel 是一条通信管道，它可以让一个协程通过它给另一个协程发送数据。每个 channel 都需要指定数据类型，即 channel 可发送数据的类型。如果使用 channel 发送 int 类型数据，可以写成 chan int。数据发送的方式如同水在管道中的流动。

传统的线程之间可以通过共享内存进行数据交互，不同的线程共享内存的同步问题需要使用锁来解决，这样会导致性能低下。Go 语言中提倡使用 channel 的方式代替共享内存。换言之，Go 语言主张通过数据传递来实现共享内存，而不是通过共享内存来实现数据传递。

12.4.2　创建 channel 类型

声明 channel 类型的语法格式如下所示。

```
var channel变量 chan channel类型
```

chan 类型的空值是 nil，声明后需要配合 make() 才能使用。

channel 是引用类型，需要使用 make() 进行创建，语法格式如下所示。

```
channel示例 := make(chan 数据类型)
```

具体创建语法如下所示。

```
ch1 := make(chan int) //创建一个整数类型 channel
ch2 := make(chan interface{}) //创建一个空接口类型的 channel，可以存放任意数据
type Equip struct {/* 属性 */}
```

```
ch3 := make(chan *Equip) //创建一个 Equip 指针类型的 channel，可以存放 Equip 指针
```

12.4.3　使用 channel 发送数据

通过 channel 发送数据需要使用特殊的操作符 "<-"。将数据通过 channel 发送的语法格式如下所示。

```
channel 变量 <- 值
```

channel 发送的值的类型必须与 channel 的元素类型一致。如果接收方一直没有接收，那么发送操作将持续阻塞。此时所有的 Goroutine，包括 main() 的 Goroutine 都处于等待状态。

运行会提示报错：fatal error: all goroutines are asleep - deadlock!。

使用 channel 时要考虑发生死锁（deadlock）的可能。如果 Goroutine 在一个 channel 上发送数据，其他的 Goroutine 应该接收得到数据；如果没有接收，那么程序将在运行时出现死锁。如果 Goroutine 正在等待从 channel 接收数据，其他一些 Goroutine 将会在该 channel 上写入数据；如果没有写入，程序将会死锁。

12.4.4　通过 channel 接收数据

channel 收发操作在不同的两个 Goroutine 间进行。语法格式有四种。

1. 阻塞接收数据

channel 接收同样使用特殊的操作符 "<-"。语法格式如下所示。

```
data := <-ch
```

执行该语句时 channel 将会阻塞，直到接收到数据并赋值给 data 变量。

2. 完整写法

阻塞接收数据的完整写法如下所示。

```
data , ok := <-ch
```

data 表示接收到的数据。未接收到数据时，data 为 channel 类型的零值。

ok（布尔类型）表示是否接收到数据。通过 ok 值可以判断当前 channel 是否被关闭。

3. 忽略接收数据

接收任意数据，忽略接收的数据，语法格式如下所示。

```
<-ch
```

执行该语句时 channel 将会阻塞。其目的不在于接收 channel 中数据，而是为了阻塞 Goroutine。

4. 循环接收数据

循环接收数据，需要配合使用关闭 channel，借助普通 for 循环和 for ... range 语句循环接收多个元素。遍历 channel，遍历的结果就是接收到的数据，数据类型就是 channel 的数据类型。普通 for 循

环接收 channel 数据，需要有 break 循环的条件；for … range 会自动判断出 channel 已关闭，而无须通过判断来终止循环。循环接收数据的三种语法格式如例 12-6 所示。

例 12-6　channel 接收的三种方式。

```
 1  package main
 2  import (
 3      "fmt"
 4  )
 5  func main() {
 6      ch1 := make(chan string)
 7      go sendData(ch1)
 8      //1.循环接收数据方式1
 9      //for {
10      //  data := <-ch1
11      //  //如果通道关闭，通道中传输的数据则为各数据类型的默认值；chan int 默认值为 0,
chan string默认值为"" 等
12      //  if data == "" {
13      //      break
14      //  }
15      //  fmt.Println("从通道中读取数据方式1: ", data)
16      //}
17      //2.循环接收数据方式2
18      //for {
19      //  data, ok := <-ch1
20      //  fmt.Println(ok)
21      //  通过多个返回值的形式来判断通道是否关闭，如果通道关闭，则 ok 值为 false
22      //  if !ok {
23      //      break
24      //  }
25      //  fmt.Println("从通道中读取数据方式2: ", data)
26      //}
27      //3.循环接收数据方式3
28      //for … range 循环会自动判断通道是否关闭，自动 break 循环
29      for value := range ch1 {
30          fmt.Println("从通道中读取数据方式3: ", value)
31      }
32  }
33  func sendData(ch1 chan string) {
34      defer close(ch1)
35      for i := 0; i < 3; i++ {
36          ch1 <- fmt.Sprintf("发送数据%d\n", i)
37      }
38      fmt.Println("发送数据完毕。。")
39      //显式调用close()实现关闭通道
40  }
```

三种方式的运行结果分别如图 12.9、图 12.10、图 12.11 所示。

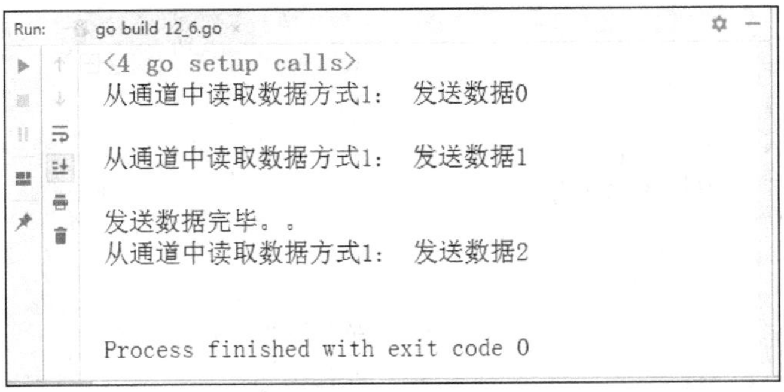

图 12.9 运行结果

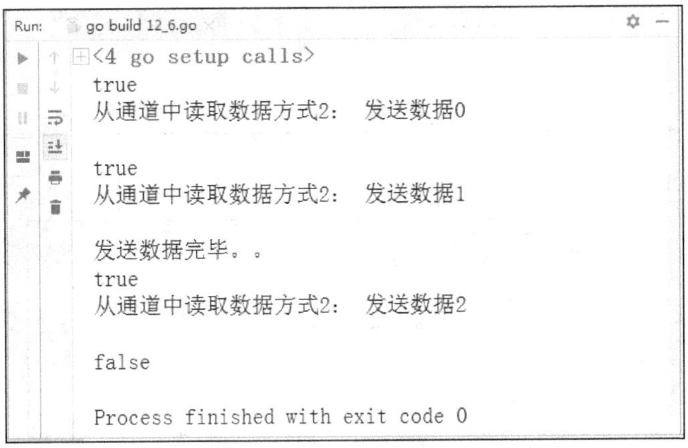

图 12.10 运行结果

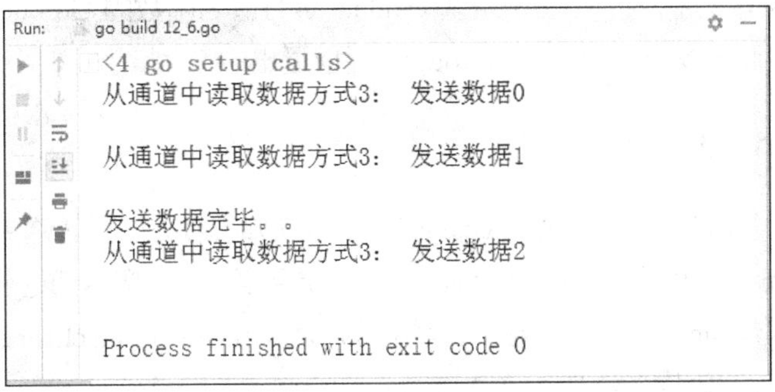

图 12.11 运行结果

12.4.5 阻塞

channel 默认是阻塞的。当数据被发送到 channel 时会发生阻塞，直到有其他 Goroutine 从该 channel 中读取数据。当从 channel 读取数据时，读取也会被阻塞，直到其他 Goroutine 将数据写入该 channel。这些 channel 的特性帮助 Goroutine 有效地通信，而不需要使用其他语言中的显式锁或条件变量。

例 12-7 阻塞基本用法。

```
1  package main
2  import (
3      "fmt"
```

```
4    )
5    func main() {
6        var ch1 chan int
7        ch1 = make(chan int)
8        fmt.Printf("%T\n", ch1)
9        ch2 := make(chan bool)
10       go func() {
11           data, ok := <-ch1
12           if ok {
13               fmt.Println("子goroutine取到数值: ", data)
14           }
15           ch2 <- true
16       }()
17       ch1 <- 10
18       <-ch2 //阻塞
19       fmt.Println("main over...")
20   }
```

运行结果如图 12.12 所示。

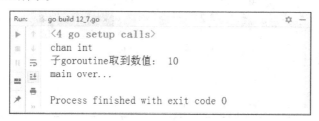

图 12.12　运行结果

在例 12-7 中，第 18 行代码的作用是阻塞 channel 等待匿名函数的 Goroutine 运行结束，防止主函数的 Goroutine 退出而导致匿名函数的 Goroutine 提前退出。

12.4.6　关闭 channel

发送方如果数据写入完毕，需要关闭 channel，用于通知接收方数据传递完毕。通常情况是发送方主动关闭 channel。接收方通过多重返回值判断 channel 是否关闭，如果返回值是 false，则表示 channel 已经被关闭。往关闭的 channel 中写入数据会报错：panic: send on closed channel。但是可以从关闭后的 channel 中读取数据，返回数据的默认值和 false。

下面通过一个案例来观察关闭 channel 以后是否可以写入数据，如例 12-8 所示。

例 12-8　Channel 关闭以后是否可以写入数据。

```
1    package main
2    import "fmt"
3    func main() {
4        //channel 关闭后是否可以写入和读取呢?
5        ch1 := make(chan int)
6        go func() {
7            ch1 <- 100
8            ch1 <- 200
9            close(ch1)
10           ch1 <- 10 //关闭的 channel, 无法写入数据
```

```
11      }()
12      data, ok := <-ch1
13      fmt.Println("main 读取数据: ", data, ok)
14      data, ok = <-ch1
15      fmt.Println("main 读取数据: ", data, ok)
16      data, ok = <-ch1
17      fmt.Println("main 读取数据: ", data, ok)
18      data, ok = <-ch1
19      fmt.Println("main 读取数据: ", data, ok)
20      data, ok = <-ch1
21      fmt.Println("main 读取数据: ", data, ok)
22  }
```

运行结果如图 12.13 所示。

图 12.13　运行结果

由例 12-8 的运行结果可知，向已经关闭的 channel 写入数据会导致程序崩溃。

12.4.7　缓冲 channel

默认创建的都是非缓冲 channel，读写都是即时阻塞。缓冲 channel 自带一块缓冲区，可以暂时存储数据，如果缓冲区满了，就会发生阻塞。下面通过案例对比缓冲 channel 与非缓冲 channel，如例 12-9 所示。

例 12-9　缓冲 channel。

```
1  package main
2  import (
3      "fmt"
4      "time"
5  )
6  func main() {
7      //1.非缓冲通道
8      ch1 := make(chan int)
9      fmt.Println("非缓冲通道" ,len(ch1) , cap(ch1))
10     go func(){
11         data := <- ch1
```

```
12          fmt.Println("获得数据", data)
13      }()
14      //
15      ch1 <- 100
16      time.Sleep(time.Second)
17      fmt.Println("赋值 ok" , "main over...")
18      //2.非缓冲通道
19      ch2 := make(chan string)
20      go sendData(ch2)
21      for data := range ch2 {
22          fmt.Println("\t 读取数据", data)
23      }
24      fmt.Println("main over...")
25      //3.缓冲通道，缓冲区满了才会阻塞
26      ch3 := make(chan string , 6)
27      go sendData(ch3)
28      for data := range ch3 {
29          fmt.Println("\t 读取数据", data)
30      }
31      fmt.Println("main over...")
32 }
33 func sendData(ch chan string) {
34      for i := 1; i <= 3; i++ {
35          ch <- fmt.Sprintf("data%d", i)
36          fmt.Println("往通道放入数据: ", i)
37      }
38      defer close(ch)
39 }
```

运行结果如图 12.14 所示。

图 12.14　运行结果

由例 12-9 的运行结果来看，非缓冲 channel 部分的打印结果是输入数据和接收数据交替的，这

说明读写都是即时阻塞。缓冲 channel 部分的输入数据打印完毕以后才打印接收数据，这意味着缓冲区没有满的情况下是非阻塞的。

下面通过案例模拟生产者消费者模型，如例 12-10 所示。

例 12-10　缓冲 channel 模拟生产者和消费者。

```
1   package main
2   import (
3       "fmt"
4       "time"
5       "math/rand"
6       "strings"
7   )
8   func main() {
9       //用 channel 来传递数据，不再需要自己去加锁维护一个全局的阻塞队列
10      ch1 := make(chan int)
11      ch_bool1 := make(chan bool) //判断结束
12      ch_bool2 := make(chan bool) //判断结束
13      ch_bool3 := make(chan bool) //判断结束
14      rand.Seed(time.Now().UnixNano())
15      //生产者
16      go producer(ch1)
17      //消费者
18      go consumer(1 , ch1 , ch_bool1)
19      go consumer(2 , ch1 , ch_bool2)
20      go consumer(3 , ch1 , ch_bool3)
21      <-ch_bool1
22      <-ch_bool2
23      <-ch_bool3
24      defer fmt.Println("main...over...")
25  }
26  //生产者
27  func producer(ch1 chan int) {
28      for i:=1; i<=10 ;i++ {
29          ch1 <- i
30          fmt.Println("生产蛋糕，编号为: " , i)
31          time.Sleep(time.Duration(rand.Intn(500)) * time.Millisecond)
32      }
33      defer close(ch1)
34  }
35  //消费者
36  func consumer(num int , ch1 chan int, ch chan bool) {
37      for data := range ch1 {
38          pre := strings.Repeat("————" , num)
39          fmt.Printf("%s %d 号购买%d 号蛋糕 \n" , pre , num , data)
40          time.Sleep(time.Duration(rand.Intn(100)) * time.Millisecond)
41      }
42      ch <- true
43      defer close(ch)
44  }
```

运行结果如图 12.15 所示。

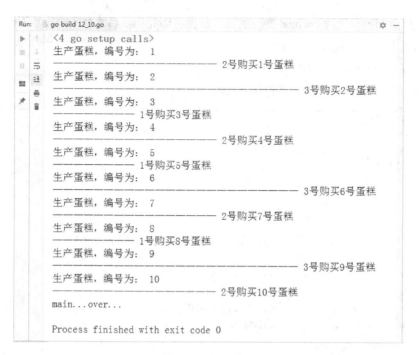

图 12.15　运行结果

12.4.8　单向 channel

channel 默认都是双向的，即可读可写。定向 channel 也叫单向 channel，只读，或只写。只读 channel 使用方式如下所示。

```
make(<- chan Type)
<- chan
```

只写 channel 使用方式如下所示。

```
make(chan <- Type)
chan <- data
```

直接创建单向 channel 没有任何意义。通常的做法是创建双向 channel，然后以单向 channel 的方式进行函数传递。具体使用方式如例 12-11 所示。

例 12-11　单向 channel。

```
1   package main
2   import (
3       "fmt"
4       "time"
5   )
6   func main() {
7       //双向通道
8       ch1 := make(chan string)
9       go fun1(ch1)
10      data := <-ch1
```

```
11      fmt.Println("main，接受到数据：", data)//我是 Steven 老师
12      ch1 <- "Go 语言好学么？"
13      ch1 <- "Go 语言好学么???? "
14      go fun2(ch1)
15      go fun3(ch1)
16      time.Sleep(1 * time.Second)
17      fmt.Println("main over!")
18 }
19 func fun1(ch1 chan string) {
20      ch1 <- "我是 Steven 老师"
21      data := <-ch1
22      data2 := <-ch1
23      fmt.Println("回应：", data, data2)
24 }
25 //功能：只有写入数据
26 func fun2(ch1 chan<- string) {
27      //只能写入
28      ch1 <- "How are you?"
29      //data := <- ch1
30      //<- ch1 //invalid operation: <-ch1 (receive from send-only type chan<- string)
31 }
32 //功能：只有读取数据
33 func fun3(ch1 <-chan string) {
34      data := <-ch1
35      fmt.Println("只读：", data)
36      //ch1 <- "hello" //invalid operation: ch1 <- "hello" (send to receive-only
type <-chan string)
37 }
```

运行结果如图 12.16 所示。

图 12.16　运行结果

12.5　time 包中与 channel 相关的函数

time 包中与 channel 相关的函数

12.5.1　Timer 结构体

计时器类型表示单个事件。当计时器过期时，当前时间将被发送到 c 上（c 是一个只读 channel <-chan time.Time，该 channel 中放入的是 Timer 结构体），除非计时器是 After() 创建的。计时器必须使用 NewTimer() 或 After() 创建。

Timer 结构体的源码定义如下所示。

```
// The Timer type represents a single event.
// When the Timer expires, the current time will be sent on C,
// unless the Timer was created by AfterFunc.
// A Timer must be created with NewTimer or AfterFunc.
type Timer struct {
    C <-chan Time
    r runtimeTimer
}
```

12.5.2　NewTimer()函数

NewTimer()创建一个新的计时器，它会在至少持续时间 d 之后将当前时间发送到其 channel 上。NewTimer()函数的源码如下所示。

```
// NewTimer creates a new Timer that will send
// the current time on its channel after at least duration d.
func NewTimer(d Duration) *Timer
```

具体使用方式如例 12-12 所示。

例 12-12　NewTimer()。

```
1   package main
2   import (
3       "fmt"
4       "time"
5   )
6   func main() {
7       //创建计时器
8       timer1 := time.NewTimer(5 * time.Second)
9       //fmt.Printf("%T\n", timer1) //*time.Timer
10      fmt.Println(time.Now())
11      data := <-timer1.C //<-chan time.Time
12      //timer1.C <- 2018-11-07 21:32:15.135125 +0800 CST m=+0.000275697
13      fmt.Printf("%T\n",timer1.C) //<-chan time.Time
14      fmt.Printf("%T\n",data) //time.Time
15      fmt.Println(data)
16  }
```

运行结果如图 12.17 所示。

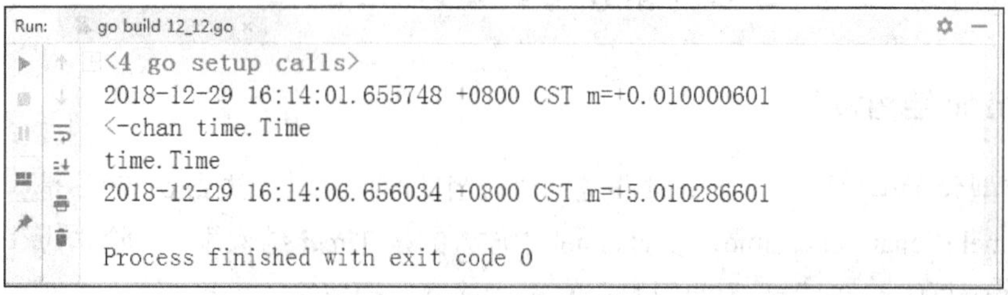

图 12.17　运行结果

12.5.3 After()函数

After()函数相当于 NewTimer(d). C。

After()函数的源码如下所示。

```
// After waits for the duration to elapse and then sends the current time
// on the returned channel.
// It is equivalent to NewTimer(d).C.
// The underlying Timer is not recovered by the garbage collector
// until the timer fires. If efficiency is a concern, use NewTimer
// instead and call Timer.Stop if the timer is no longer needed.
func After(d Duration) <-chan Time {
    return NewTimer(d).C
}
```

具体使用方式如例 12-13 所示。

例 12-13　After()。

```
1   package main
2   import (
3       "fmt"
4       "time"
5   )
6   func main() {
7       //2.使用After(),返回值<- chan Time,同 Timer.C
8       ch1 := time.After(5 * time.Second)
9       fmt.Println(time.Now())
10      data := <-ch1
11      fmt.Printf("%T\n",data) //time.Time
12      fmt.Println(data)
13  }
```

运行结果如图 12.18 所示。

```
Run:    go build 12_13.go                                    ⚙ —
  ▶  ↑  ⊞<4 go setup calls>
  ⬛  ↓  2018-12-29 16:16:43.816023 -0800 CST m=+0.010000601
  ❚❚ ⇥  time.Time
        2018-12-29 16:16:48.816309 -0800 CST m=+5.010286601
  ⬛  ⇥
  ⚲  ⊟  Process finished with exit code 0
```

图 12.18　运行结果

12.6　select 分支语句

select 分支
语句

12.6.1　执行流程

select 语句的机制有点像 switch 语句，不同的是，select 会随机挑选一个可通信的 case 来执行，如果所有 case 都没有数据到达，则执行 default，如果没有 default 语句，select 就会阻塞，直到有 case

接收到数据。

12.6.2　示例代码

select 分支语句的用法如例 12-14 所示。

例 12-14　随机挑选 case。

```
1   package main
2   import (
3       "fmt"
4   )
5   func main() {
6       ch1 := make(chan int)
7       ch2 := make(chan int)
8       go func() {
9           //time.Sleep(1 * time.Second)
10          ch1 <- 100
11      }()
12      go func() {
13          //time.Sleep(1 * time.Second)
14          ch2 <- 200
15      }()
16      select {
17      case data := <-ch1:
18          fmt.Println("ch1中读取数据了:", data)
19      case data := <-ch2:
20          fmt.Println("ch2中读取数据了: ", data)
21      default:
22          fmt.Println("执行了default。。。 ")
23      }
24  }
```

运行结果有三种可能，分别如图 12.19、图 12.20、图 12.21 所示。

图 12.19　运行结果

图 12.20　运行结果

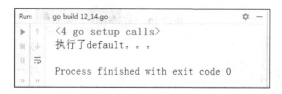

图 12.21　运行结果

以例 12-14 的多次执行效果来看，**select** 是随机挑选 **case** 来执行的，有兴趣的读者可以亲自尝试，多运行几次，观察运行结果。

接下来通过一个案例观察 select 的阻塞机制，如例 12-15 所示。

例 12-15　阻塞。

```
1    package main
2    import (
3        "fmt"
4        "time"
5    )
6    func main() {
7        ch1 := make(chan int)
8        ch2 := make(chan int)
9        go func() {
10           time.Sleep(10 * time.Millisecond)
11           data := <-ch1
12           fmt.Println("ch1: ", data)
13       }()
14       go func() {
15           time.Sleep(2 * time.Second)
16           data := <-ch2
17           fmt.Println("ch2: ", data)
18       }()
19       select {
20       case ch1 <- 100: //阻塞
21           close(ch1)
22           fmt.Println("ch1 中写入数据。。")
23       case ch2 <- 200: //阻塞
24           close(ch2)
25           fmt.Println("ch2 中写入数据。。")
26       case <-time.After(2 * time.Millisecond): //阻塞
27           fmt.Println("执行延时通道")
28       //default:
29       // fmt.Println("default..")
30       }
31       time.Sleep(4 * time.Second)
32       fmt.Printf("main  over ")
33   }
```

运行结果如图 12.22 所示。

图 12.22　运行结果

在例 12-15 中，第 28 行代码将 default 注释掉，select 就发生了阻塞，直到有 case 接收到数据。

12.7　sync 包

sync 包提供了互斥锁。除了 Once 和 WaitGroup 类型，其余多数适用于低水平的

sync 包

275

程序，多数情况下，高水平的同步使用 channel 通信性能会更优一些。sync 包类型的值不应被复制。

前面的案例中，一般使用 time.Sleep()函数，通过睡眠将主 Goroutine 阻塞至所有 Goroutine 结束。而更好的做法是使用 WaitGroup 来实现。

12.7.1 同步等待组

同步的 sync 是串行执行，异步的 sync 是同时执行。

WaitGroup 同步等待组，定义方式如下所示。

```
type WaitGroup struct {
    noCopy noCopy
    state1 [12]byte
    sema uint32
}
```

WaitGroup，即等待一组 Goroutine 结束。父 Goroutine 调用 Add()方法来设置应等待 Goroutine 的数量。每个被等待的 Goroutine 在结束时应该调用 Done()方法。与此同时，主 Goroutine 可调用 Wait() 方法阻塞至所有 Goroutine 结束。

WaitGroup 中的方法如下所示。

```
func (wg *WaitGroup) Add(delta int)
```

Add()方法向内部计数加上 delta，delta 可以是负数；如果内部计数变为 0，Wait()方法阻塞等待的所有 Goroutine 都会释放，如果计数小于 0，则该方法 panic。注意 Add()加上正数的调用应在 Wait() 之前，否则 Wait()可能只会等待很少的 Goroutine。通常来说，本方法应该在创建新的 Goroutine 或者其他应该等待的事件之前调用。

Done()方法减小 WaitGroup 计数器的值，应在 Goroutine 的最后执行，定义方式如下所示。

```
func (wg *WaitGroup) Done()
```

Wait()方法阻塞 Goroutine 直到 WaitGroup 计数减为 0。定义方式如下所示。

```
func (wg *WaitGroup) Wait()
```

具体使用方式如例 12-16 所示。

例 12-16　WaitGroup。

```
1    package main
2    import (
3        "fmt"
4        "math/rand"
5        "strings"
6        "sync"
7        "time"
8    )
9    func main() {
10       var wg sync.WaitGroup
```

```
11      fmt.Printf("%T\n", wg) //sync.WaitGroup
12      fmt.Println(wg)        //{{} [0 0 0 0 0 0 0 0 0 0 0 0] 0}
13      wg.Add(3)
14      rand.Seed(time.Now().UnixNano())
15      go printNum(&wg, 1)
16      go printNum(&wg, 2)
17      go printNum(&wg, 3)
18      wg.Wait() //进入阻塞状态，当计数为 0 时解除阻塞
19      defer fmt.Println("main over...")
20  }
21  func printNum(wg *sync.WaitGroup, num int) {
22      for i := 1; i <= 3; i++ {
23          //在每个 Goroutine 前面添加多个制表符方便观看打印结果
24          pre := strings.Repeat("\t", num-1)
25          fmt.Printf("%s 第%d 号子 goroutine , %d \n", pre, num, i)
26          time.Sleep(time.Second)
27      }
28      wg.Done() //计数器减 1
29  }
```

运行结果如图 12.23 所示。

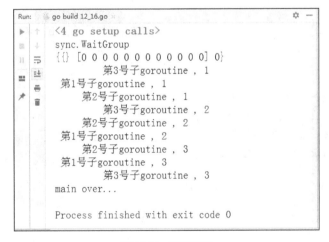

图 12.23 运行结果

由例 12-16 的运行结果可以看出，所有子 Goroutine 运行结束以后主 Goroutine 才退出。

12.7.2 互斥锁

互斥锁的定义方式如下所示。

```
type Mutex struct {
    state int32
    sema  uint32
}
```

Mutex 是一个互斥锁，可以创建为其他结构体的字段；零值为解锁状态。Mutex 类型的锁和

Goroutine 无关，可以由不同的 Goroutine 加锁和解锁。

Mutex 中的方法如下所示。

```
func (m *Mutex) Lock()
```

Lock()方法锁住 m，如果 m 已经加锁，则阻塞直到 m 解锁。

```
func (m *Mutex) Unlock()
```

Unlock()方法解锁 m，如果 m 未加锁就会导致运行时错误。

通过互斥锁实现售票如例 12-17 所示。

例 12-17 售票。

```
1  package main
2  import (
3      "fmt"
4      "strings"
5      "sync"
6      "time"
7      "strconv"
8  )
9  var tickets int = 20
10 var wg sync.WaitGroup
11 var mutex sync.Mutex
12 func main() {
13     wg.Add(4)
14     go saleTickets("1 号窗口", &wg)
15     go saleTickets("2 号窗口", &wg)
16     go saleTickets("3 号窗口", &wg)
17     go saleTickets("4 号窗口", &wg)
18     wg.Wait()
19     defer fmt.Println("所有车票都售空! ")
20 }
21 func saleTickets(name string, wg *sync.WaitGroup) {
22     defer wg.Done()
23     for {
24         //锁定
25         mutex.Lock()
26         if tickets > 0 {
27             time.Sleep(1 * time.Second)
28             //获取窗口的编号
29             num, _ := strconv.Atoi(name[:1])
30             pre := strings.Repeat("————————", num)
31             fmt.Println(pre, name, tickets)
32             tickets--
33         } else {
34             fmt.Printf("%s 结束售票 \n", name)
35             mutex.Unlock()
36             break
37         }
```

```
38          //解锁
39          mutex.Unlock()
40      }
41 }
```

运行结果如图 12.24 所示。

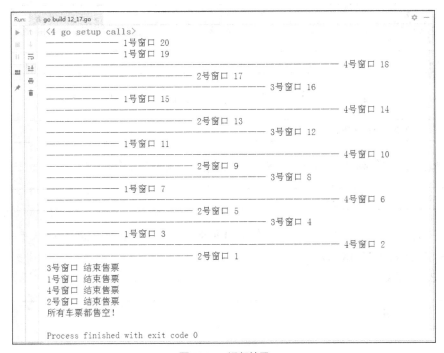

图 12.24　运行结果

12.7.3　读写互斥锁

读写互斥锁的定义方式如下所示。

```
type RWMutex struct {
    w Mutex // held if there are pending writers
    writerSem uint32 // semaphore for writers to wait for completing readers
    readerSem uint32 // semaphore for readers to wait for completing writers
    readerCount int32 // number of pending readers
    readerWait int32 // number of departing readers
}
```

RWMutex 是读写互斥锁,简称读写锁。该锁可以同时被多个读取者持有或被唯一一个写入者持有。RWMutex 可以创建为其他结构体的字段;零值为解锁状态。RWMutex 类型的锁也和 Goroutine 无关,可以由不同的 Goroutine 加读取锁/写入锁和解读取锁/写入锁。

读写锁的使用中,写操作都是互斥的,读和写是互斥的,读和读不互斥。

该规则可以理解为,可以多个 Goroutine 同时读取数据,但是只允许一个 Goroutine 写入数据。

RWMutex 中的方法如下所示。

```
func (rw *RWMutex) Lock()
```

Lock()方法将 rw 锁定为写入状态，禁止其他 Goroutine 读取或者写入。

```
func (rw *RWMutex) Unlock()
```

Unlock()方法解除 rw 的写入锁，如果 rw 未加写入锁会导致运行时错误。

```
func (rw *RWMutex) RLock()
```

RLock()方法将 rw 锁定为读取状态，禁止其他 Goroutine 写入，但不禁止读取。

```
func (rw *RWMutex) RUnlock()
```

RUnlock()方法解除 rw 的读取锁，如果 rw 未加读取锁会导致运行时错误。

```
func (rw *RWMutex) RLocker() Locker
```

Rlocker()方法返回一个读写锁，通过调用 rw.Rlock()和 rw.RUnlock()实现了 Locker 接口。
具体使用方式如例 12-18 所示。

例 12-18　读写锁。

```
 1  package main
 2  import (
 3      "fmt"
 4      "sync"
 5      "time"
 6  )
 7  func main() {
 8      var rwm sync.RWMutex
 9      for i := 1; i <= 3; i++ {
10      go func(i int) {
11      fmt.Printf("goroutine %d, 尝试读锁定。。\n", i)
12      rwm.RLock()
13      fmt.Printf("goroutine %d, 已经读锁定了。\n", i)
14      time.Sleep(5 * time.Second)
15      fmt.Printf("goroutine %d,读解锁。\n", i)
16      rwm.RUnlock()
17      }(i)
18      }
19      time.Sleep(1*time.Second)
20      fmt.Println("main..尝试写锁定。。")
21      rwm.Lock()
22      fmt.Println("main。。已经写锁定了。。")
23      rwm.Unlock()
24      fmt.Printf("main。。写解锁。。。")
25  }
```

运行结果如图 12.25 所示。

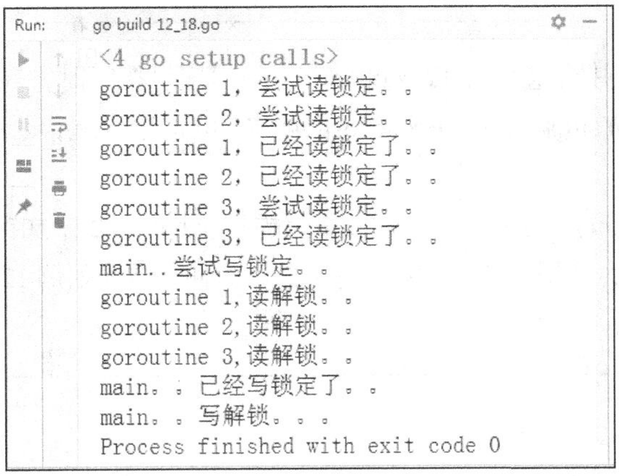

```
Run:    go build 12_18.go                                    ☼  —
  ▶  ↑    <4 go setup calls>
  ■  ↓    goroutine 1, 尝试读锁定。。
  ‖  ⇥    goroutine 2, 尝试读锁定。。
         goroutine 1, 已经读锁定了。。
  ■  ⇥    goroutine 2, 已经读锁定了。。
  ■  ≡    goroutine 3, 尝试读锁定。。
  ⚲  ▥    goroutine 3, 已经读锁定了。。
         main.。尝试写锁定。。
         goroutine 1,读解锁。。
         goroutine 2,读解锁。。
         goroutine 3,读解锁。。
         main。。已经写锁定了。。
         main。。写解锁。。。
         Process finished with exit code 0
```

图 12.25　运行结果

12.7.4　条件变量

条件变量定义方式如下所示。

```
type Cond struct {
    noCopy noCopy
    // L is held while observing or changing the condition
    L Locker
    notify notifyList
    checker copyChecker
}
```

Cond 实现了一个条件变量，一个 Goroutine 集合地，供 Goroutine 等待或者宣布某事件的发生。

每个 Cond 实例都有一个相关的锁（一般是*Mutex 或*RWMutex 类型的值），它须在改变条件时或者调用 Wait()方法时保持锁定。Cond 可以创建为其他结构体的字段，Cond 在开始使用后不能被复制。条件变量 sync.Cond 是多个 Goroutine 等待或接受通知的集合地。

Cond 中的方法如下所示。

```
func NewCond(l Locker)  *Cond
```

使用锁 l 创建一个*Cond。Cond 条件变量总是要和锁结合使用。

```
func (c *Cond) Broadcast()
```

Broadcast()唤醒所有等待 c 的 Goroutine。调用者在调用本方法时，建议（但并非必须）保持 c.L 的锁定。

```
func (c *Cond) Signal()
```

Signal()唤醒等待 c 的一个 Goroutine（如果存在）。调用者在调用本方法时，建议（但并非必须）保持 c.L 的锁定。此方法发送通知给一个人。

```
func (c *Cond) Wait()
```

Wait()自行解锁 c.L 并阻塞当前 Goroutine，待线程恢复执行时，Wait()方法会在返回前锁定c.L。和其他系统不同，Wait()除非被 Broadcast()或者 Signal()唤醒，否则不会主动返回。此方法广播给所有人。

因为 Goroutine 中 Wait()方法是第一个恢复执行的，而此时 c.L 未加锁，调用者不应假设 Wait()恢复时条件已满足，相反，调用者应在循环中等待。具体使用方式如例 12-19 所示。

例 12-19　条件变量。

```
1   package main
2   import (
3       "fmt"
4       "sync"
5       "time"
6   )
7   func main() {
8       var mutex sync.Mutex
9       cond := sync.Cond{L:&mutex}
10      condition := false
11      go func() {
12      time.Sleep(1*time.Second)
13      cond.L.Lock()
14      fmt.Println("子 goroutine 已经锁定。。。")
15      fmt.Println("子 goroutine 更改条件数值，并发送通知。。")
16      condition = true//更改数值
17      cond.Signal() //发送通知：一个 goroutine
18      fmt.Println("子 gorutine。。。继续。。。")
19      time.Sleep(5*time.Second)
20      fmt.Println("子 groutine 解锁。。")
21      cond.L.Unlock()
22      }()
23      cond.L.Lock()
24      fmt.Println("main..已经锁定。。。")
25      if !condition{
26      fmt.Println("main.。即将等待。。。")
27      //wait()
28      // 1.wait 尝试解锁
29      // 2.等待--->当前的 groutine 进入了阻塞状态，等待被唤醒：signal(),broadcast()
30      // 3.一旦被唤醒后，又会锁定
31      cond.Wait()
32      fmt.Println("main.被唤醒。。")
33      }
34      fmt.Println("main。。。继续")
35      fmt.Println("main..解锁。。。")
36      cond.L.Unlock()
37  }
```

运行结果如图 12.26 所示。

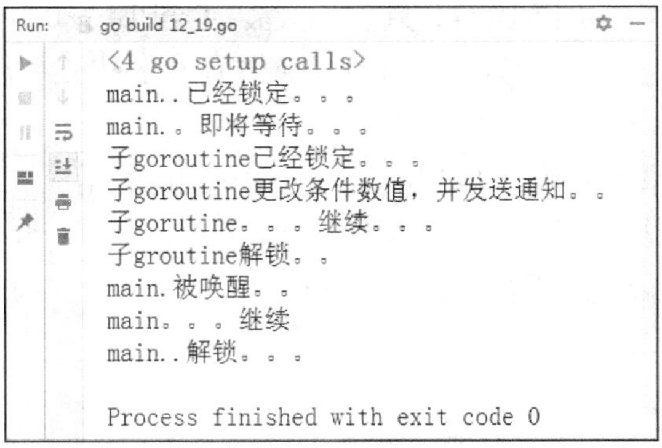

```
Run:     go build 12_19.go                          ☼ —
▶    <4 go setup calls>
     main..已经锁定。。。
     main.。即将等待。。。
     子goroutine已经锁定。。。
     子goroutine更改条件数值，并发送通知。。
     子gorutine。。。继续。。。
     子groutine解锁。。
     main.被唤醒。
     main.。。继续
     main..解锁。。。

     Process finished with exit code 0
```

图 12.26　运行结果

12.8　本章小结

本章首先介绍了 Goroutine 的特性以及使用方法，其次是 Channel 的使用方法，然后是 select 的机制，最后是 sync 与 time 包的使用。本章的内容至关重要，尤其在 Go 服务器的编程中用处颇多，大家多加练习就可以编写出高可用的并发服务器了。

12.9　习题

1. 填空题

（1）Go 语言中的协程叫作_____，运行时由_____调度和管理。

（2）_____是 Goroutine 之间的通信机制。

（3）select 会_____挑选一个可通信的 case 来执行。

（4）向 channel 发送数据使用的操作符是_____。

（5）创建 Goroutine 需要在函数或方法调用前面加上关键字_____。

2. 选择题

（1）下列描述正确的是（　　　）。

  A. 并发等于并行   B. 线程比进程消耗更多的资源

  C. Go 语言不支持并行   D. Goroutine 属于抢占式任务处理

（2）关于 channel，下列说法正确的是（　　　）。

  A. 无缓冲的 channel 是默认的缓冲为 1 的 channel

  B. 无缓冲的 channel 和有缓冲的 channel 都是非同步的

  C. 无缓冲的 channel 和有缓冲的 channel 都是同步的

  D. 无缓冲的 channel 是同步的，而有缓冲的 channel 是非同步的

（3）关于同步锁，下面说法错误的是（　　　）。

  A. 如果有 Goroutine 获得了 Mutex，其他 Goroutine 就只能等待，除非该 Goroutine 释放了
    这个 Mutex

    B. RWMutex 在读锁占用的时候，只会阻止写，不会阻止读

    C. RWMutex 在写锁占用的时候，会阻止任何其他 Goroutine（无论读和写）进来，整个锁等同于由该 Goroutine 独占

    D. Lock() 操作需要保证有 Unlock() 或 RUnlock() 调用与之对应

（4）关于协程，下面说法正确是（　　　　）。

    A. 协程和线程均不能实现程序的并发执行

    B. 协程不存在死锁问题

    C. 线程比协程更轻量级

    D. 可以通过 channel 来进行协程间的通信

（5）Golang 中的引用类型包括（　　　　）。

    A. Interface   B. map   C. channel   D. 以上都是

3. 思考题

（1）简述进程、线程、协程与 Goroutine 的区别。

（2）简述 Go 语言中 select 的执行流程。

13

第13章 Go语言密码学算法

本章学习目标

- 掌握 Hash 算法
- 掌握 DES、3DES、AES 对称加密
- 掌握 RSA 非对称加密算法
- 掌握椭圆曲线加密算法 ECC
- 掌握椭圆曲线数字签名算法 ECDSA
- 掌握 base64 编码解码
- 掌握 base58 编码解码

介绍

时至今日，密码学已经发展了数千年，在公元前的古埃及就出现过使用特殊字符和简单替换形式的密码。近代密码的发展源自第一、第二次世界大战对军事机密的保护。现代密码学与计算机信息技术关系密切，已经发展为包括随机数、Hash 函数、加解密、身份认证等多个课题的庞大领域，相关成果为现代信息系统奠定了坚实的安全基础。

13.1 Hash 算法

Hash 算法

13.1.1 Hash 的定义

Hash（哈希或散列）算法是 IT 领域非常基础也非常重要的一类算法，可以将任意长度的二进制值（明文）映射为较短的固定长度的二进制值（Hash 值），并且不同的明文很难映射为相同的 Hash 值。Hash 值在应用中又被称为数字指纹（fingerprint）或数字摘要（digest）、消息摘要。

例如，计算"hello blockchain"的 MD5 Hash 值为"78e6a8bcdef7a4a254c16054b082c783"。这意味着只要对某文件进行 MD5 Hash 计算，得到结果为"78e6a8bcdef7a4a254c16054b082c783"，就说明文件内容很可能是"hello blockchain"。可见，Hash 的核心思想类似于基于内容的编址或命名。

一个优秀的 Hash 算法，在给定明文和算法的情况下，可以基于有限时间和有限资源计算出 Hash 值。在给定（若干）Hash 值的情况下，很难（基

本不可能）在有限时间内逆推出明文。即使修改一点点原始输入信息，也能使 Hash 值发生巨大的改变。不同的输入信息几乎不可能产生相同的 Hash 值。

13.1.2 流行的 Hash 算法

目前常见的 Hash 算法包括 Message Digest（MD）系列和 Secure Hash Algorithm（SHA）系列算法。

MD 算法主要包括 MD4 和 MD5 两个算法。MD4（RFC 1320）是 MIT 的 Ronald L. Rivest 在 1990 年设计的，其输出为 128 位。MD4 已被证明不够安全。MD5（RFC 1321）是 Rivest 于 1991 年发布的 MD4 改进版本。它对输入仍以 512 位进行分组，其输出是 128 位。MD5 比 MD4 更加安全，但过程更加复杂，计算速度要慢一点。MD5 已于 2004 年被成功碰撞，其安全性已不足以应用于商业场景。

SHA 算法由美国国家标准与技术研究院（National Institute of Standards and Technology，NIST）征集制定。SHA-0 算法于 1993 年问世，1998 年即遭破解。随后的修订版本 SHA-1 算法在 1995 年面世，它的输出为长度 160 位的 Hash 值，安全性更好。SHA-1 设计采用了 MD4 算法类似原理。SHA-1 已于 2005 年被成功碰撞，意味着无法满足商用需求。为了提高安全性，NIST 后来制定出更安全的 SHA-224、SHA-256、SHA-384 和 SHA-512 算法（统称为 SHA-2 算法）。新一代的 SHA-3 算法也正在研究中。

目前 MD5 和 SHA-1 已经不够安全，推荐至少使用 SHA-256 算法。比特币系统就是使用 SHA-256 算法。

SHA-3 算法又名 Keccak 算法。Keccak 的输出长度有：512 位、384 位、256 位、224 位。

SHA-3 并不是要取代 SHA-2，因为 SHA-2 目前并没有暴露明显的弱点。由于对 MD5 出现成功的破解，以及对 SHA-1 出现理论上破解的方法，NIST 认为需要一个与之前算法不同的、可替换的加密杂凑算法，也就是现在的 SHA-3。区块链中的以太坊系统就是使用 Keccak256 算法。

下面列举数字 1 经过 Hash 算法后形成的密文。

MD5('1')，加密后长度为 128 位，16 字节 。密文如下所示。

```
c4ca4238a0b923820dcc509a6f75849b    //32 位十六进制数字
```

SHA1('1')，加密后长度为 160 位，20 字节。密文如下所示。

```
356a192b7913b04c54574d18c28d46e6395428ab    //40 位十六进制数字
```

RIPEMD-160('1')，加密后长度为 160 位，20 字节。密文如下所示。

```
c47907abd2a80492ca9388b05c0e382518ff3960    //40 位十六进制数字
```

SHA256('1')，加密后长度为 256 位，32 字节。密文如下所示。

```
6b86b273ff34fce19d6b804eff5a3f5747ada4eaa22f1d49c01e52ddb7875b4b //64 位十六进制数
```

Keccak256('1')，加密后长度为 256 位，32 字节。密文如下所示。

```
c89efdaa54c0f20c7adf612882df0950f5a951637e0307cdcb4c672f298b8bc6 //64 位十六进制数
```

13.1.3　Hash 与加密解密的区别

Hash 是将目标文本转换成具有相同长度的、不可逆的杂凑字符串，而加密（Encrypt）是将目标文本转换成具有不同长度的、可逆的密文。如图 13.1 所示。

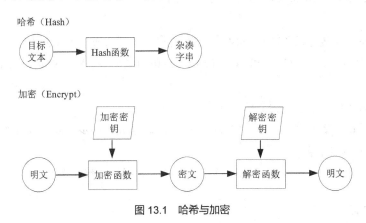

图 13.1　哈希与加密

选择 Hash 或加密的基本原则如下。

- 如果被保护数据仅仅用于比较验证，以后不需要还原成明文形式，则使用 Hash。
- 如果被保护数据以后需要被还原成明文，则使用加密。

对简单 Hash 的攻击方法主要有寻找碰撞法和穷举法。

1. 寻找碰撞法

目前对于 MD5 和 SHA-1 并不存在有效的寻找碰撞方法。

我国杰出的数学家王小云教授曾经在国际密码学会议上发布了针对 MD5 和 SHA-1 的寻找碰撞改进算法，但这种方法和"破解"相去甚远。该理论目前仅具有数学上的意义，她将破解 MD5 的预期步骤降低了好几个数量级，但对于实际应用来说仍然是一个天文数字。

2. 穷举法（或暴力破解法）

通俗地说，穷举法就是将一个范围内（如从 000000 到 999999）的所有值一个一个用 Hash 算法映射，然后将结果和杂凑串比较，如果相同，则这个值一定是源字符串或源字符串的一个碰撞，于是就可以用这个值非法登录了。

穷举法看似笨拙，但目前几乎所有的 MD5 破解机或 MD5 在线破解都是用这种穷举法。究其缘由，就是相当一部分口令是非常简单的，如"123456"或"000000"。穷举法是否能成功很大程度上取决于口令的复杂性。因为穷举法扫描的区间往往是单字符集、规则的区间，或者由字典数据进行组合，因此，如果使用复杂的口令，如"!@#$%^&*()"，穷举法就很难奏效了。

13.1.4　SHA-256

SHA-256 算法输入报文的最大长度是 2^{64} bit，产生的输出是一个 256bit 的报文摘要。SHA-256 算法步骤如下。

（1）附加填充比特

对报文进行填充，使报文长度与 448 模 512 同余（长度=448 mod 512），填充的比特数范围是 1 到

512，填充比特串的最高位为 1，其余位为 0。就是先在报文后面加一个 1，再加很多个 0，直到长度满足 mod 512=448。为什么是 448？因为 448+64=512。第二步会加上一个 64bit 的原始报文的长度信息。

（2）附加长度值

将用 64bit 表示的初始报文（填充前）的位长度附加在步骤 1 的结果后（低位字节优先）。

（3）初始化缓存

使用一个 256bit 的缓存来存放该 Hash 函数的中间及最终结果。该缓存表示为 A=0x6A09E667，B=0xBB67AE85，C=0x3C6EF372，D=0xA54FF53A，E=0x510E527F，F=0x9B05688C，G=0x1F83D9AB，H=0x5BE0CD19。

（4）处理 512bit（16 个字）报文分组序列

该算法使用了 6 种基本逻辑函数，由 64 步迭代运算组成。每步都以 256bit 缓存值 ABCDEFGH 为输入，然后更新缓存内容。

每步使用一个 32bit Kt（常数值）和一个 32bit Wt（分组后的报文）。

13.1.5 核心代码

下面列举一些基础工具函数，如例 13-1 所示。

例 13-1　基础工具函数。

```
1    package main
2    import (
3        "encoding/hex"
4        "fmt"
5    )
6    func main(){
7        arr := []byte{'1', '0', '0', '0','p', 'h', 'o' ,'n', 'e'}
8        fmt.Println(string(arr))
9        str :=BytesToHexString(arr)
10       fmt.Println(str)
11       str = ReverseHexString(str)
12       arr,_ = HexStringToBytes(str)
13       fmt.Printf("%x\n", arr)
14       ReverseBytes(arr)
15       fmt.Println(string(arr))
16   }
17   /**
18    * 将字节数组转成十六进制字符串: []byte -> string
19    */
20   func BytesToHexString(arr []byte) string {
21     return hex.EncodeToString(arr)
22   }
23   /**
24    * 将十六进制字符串转成字节数组: hex string ->  []byte
25    */
26   func HexStringToBytes(s string) ([]byte, error) {
27     arr, err := hex.DecodeString(s)
28     return arr, err
29   }
30   /**
```

```
31    * 十六进制字符串大端和小端颠倒
32    */
33 func ReverseHexString(hexStr string) string {
34    arr, _ := hex.DecodeString(hexStr)
35    ReverseBytes(arr)
36    return hex.EncodeToString(arr)
37 }
38 /**
39    * 字节数组大端和小端颠倒
40    */
41 func ReverseBytes(data []byte) {
42    for i, j := 0, len(data)-1; i < j; i, j = i+1, j-1 {
43       data[i], data[j] = data[j], data[i]
44    }
45 }
```

运行结果如图 13.2 所示。

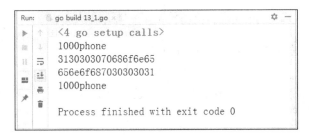

图 13.2　运行结果

Hash 函数的使用案例，如例 13-2 所示。

例 13-2　Hash 函数。

```
1  package main
2  import (
3     "crypto/md5"
4     "crypto/sha1"
5     "crypto/sha256"
6     "crypto/sha512"
7     "encoding/hex"
8     "fmt"
9     "hash"
10 )
11 func main(){
12    str := "1000phone"
13    fmt.Println(str)
14    str1 := HASH(str, "md5", false)
15    fmt.Println(str1)
16    str2 := HASH(str, "sha1", false)
17    fmt.Println(str2)
18    str3 := HASH(str, "sha256", false)
19    fmt.Println(str3)
20    arr := SHA256Double(str, false)
21    fmt.Println(string(arr))
22    str4 := SHA256DoubleString(str, false)
```

```
23        fmt.Println(str4)
24    }
25    //Hash 算法处理
26    func HASH(text string, hashType string, isHex bool) string {
27        var hashInstance hash.Hash
28        switch hashType {
29        case "md5":
30            hashInstance = md5.New()
31        case "sha1":
32            hashInstance = sha1.New()
33        case "sha256":
34            hashInstance = sha256.New()
35        case "sha512":
36            hashInstance = sha512.New()
37        }
38        if isHex {
39            arr , _ := hex.DecodeString(text)
40            hashInstance.Write(arr)
41        } else {
42            hashInstance.Write([]byte(text))
43        }
44        cipherBytes := hashInstance.Sum(nil)
45        return fmt.Sprintf("%x" , cipherBytes)
46    }
47    func SHA256Double(text string, isHex bool) []byte {
48        hashInstance := sha256.New()
49        if isHex {
50            arr , _ := hex.DecodeString(text)
51            hashInstance.Write(arr)
52        } else {
53            hashInstance.Write([]byte(text))
54        }
55        cipherBytes := hashInstance.Sum(nil)
56        hashInstance.Reset()
57        hashInstance.Write(cipherBytes)
58        cipherBytes = hashInstance.Sum(nil)
59        return cipherBytes
60    }
61    func SHA256DoubleString(text string, isHex bool) string {
62        hashInstance := sha256.New()
63        if isHex {
64            arr , _ := hex.DecodeString(text)
65            hashInstance.Write(arr)
66        } else {
67            hashInstance.Write([]byte(text))
68        }
69        cipherBytes := hashInstance.Sum(nil)
70        hashInstance.Reset()
71        hashInstance.Write(cipherBytes)
72        cipherBytes = hashInstance.Sum(nil)
73        return fmt.Sprintf("%x" , cipherBytes)
74    }
```

运行结果如图 13.3 所示。

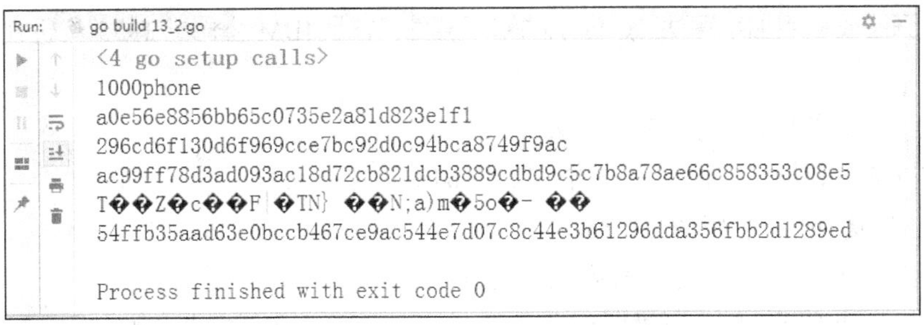
Run: go build 13_2.go
<4 go setup calls>
1000phone
a0e56e8856bb65c0735e2a81d823e1f1
296cd6f130d6f969cce7bc92d0c94bca8749f9ac
ac99ff78d3ad093ac18d72cb821dcb3889cdbd9c5c7b8a78ae66c858353c08e5
T��Z�c��F �TN} ��N;a)m�5o�- ��
54ffb35aad63e0bccb467ce9ac544e7d07c8c44e3b61296dda356fbb2d1289ed
Process finished with exit code 0

图 13.3　运行结果

13.2　对称加密算法

对称加密算法

13.2.1　对称加密简介

对称加密（也叫私钥加密算法）指加密和解密使用相同密钥的加密算法。它要求发送方和接收方在安全通信之前，商定一个密钥。对称算法的安全性依赖于密钥，泄露密钥就意味着任何人都可以对他们发送或接收的消息解密，所以密钥的保密性对通信的安全性至关重要。

对称加密算法的优点是计算量小，加密速度快，加密效率高。

不足之处是，参与方需要提前持有密钥，一旦有人泄露则系统安全性被破坏；另外，如何在不安全通道中提前分发密钥也是个问题，密钥管理非常困难。

基于“对称密钥”的加密算法主要有 DES、3DES（TripleDES）、AES、RC2、RC4、RC5 和 Blowfish 等。本节将介绍最常用的对称加密算法 DES、3DES（TripleDES）和 AES。加密过程如图 13.4 所示。

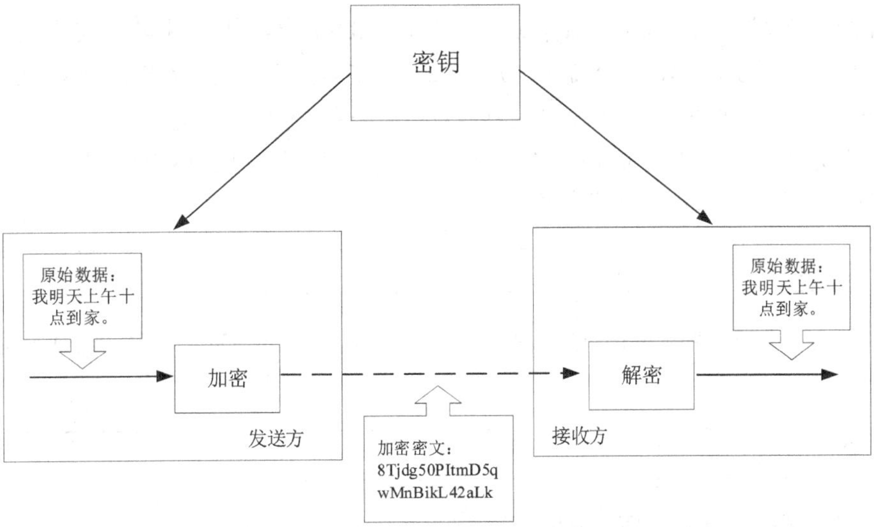
密钥
原始数据：
我明天上午十
点到家。
加密
发送方
加密密文：
8Tjdg50PItmD5q
wMnBikL42aLk
解密
接收方
原始数据：
我明天上午十
点到家。

图 13.4　加密解密

13.2.2　DES 和 3DES 算法

数据加密标准算法（Data Encryption Standard，DES）是加密和解密使用相同密钥的加密算法，也叫作单密钥算法或私钥加密算法，是传统的密钥算法。它是 IBM 公司于 1975 年研究成功并公开发表的。

DES 算法的入口参数有 3 个：Key、Data、Mode。

- Key 是 DES 算法的工作密钥，8 个字节共 64 位。
- Data 是要被加密或被解密的数据。
- Mode 为 DES 的工作方式，有两种：加密或解密。

在没有密钥的情况下，解密耗费时间非常长，基本上认为没有可能。加密解密耗时和需要加密的文本大小成正比，这是 P 问题。知道明文和对应的密文，求解所用的密钥，这是 NP 问题。目前还没有 NP 的求解算法，但是密钥很容易得到验证。想得到 NP 的解，只能暴力破解（穷举破解），攻击者使用自己的用户名和密码字典，逐一尝试登录。穷举验证是对称加密仅有的求解方式，求解时间呈指数级增长。

DES 算法把 64 位的明文输入块变为数据长度为 64 位的密文输出块，其中 8 位为奇偶校验位，另外 56 位作为密码的长度。首先，DES 把输入的 64 位数据块按位重新组合，并把输出分为 L0、R0 两部分，每部分各长 32 位，并进行前后置换，最终由 L0 输出左 32 位，R0 输出右 32 位。根据这个法则经过 16 次迭代运算后，得到 L16、R16，将此作为输入，进行与初始置换相反的逆置换，即得到密文输出。DES 算法具有极高的安全性，到目前为止，除了用穷举搜索法对 DES 算法进行攻击外，还没有发现更有效的办法。56 位长密钥的穷举空间为 2^{56}，这意味着如果一台计算机的速度是每秒检测 100 万个密钥，那么它搜索完全部密钥就需要将近 2285 年的时间，因此 DES 算法是一种很可靠的加密方法。3DES 密钥是 24 字节，即 192 位二进制。

13.2.3　AES 算法

高级加密标准算法（Advanced Encryption Standard，AES）由美国国家标准与技术研究院（NIST）于 2001 年 11 月 26 日发布，并在 2002 年 5 月 26 日成为有效的标准。2006 年，AES 算法已然成为对称密钥加密中最流行的算法之一。该算法与其他对称加密算法相比更安全，效率更高。

AES 算法使用 128 位、192 位或者 256 位的密钥长度（密钥分别是 16 字节、24 字节、32 字节），使得它比密钥长度为 56 位的 DES 算法更健壮可靠。

```
2^64 = 18446744073709551616
```

2^{64} 这个数大于全球小麦 1000 年的产量。如果 1 微秒验证 1 个密码（1 秒验证 100 万个），穷举需要 58 万年。

```
2^256 约= 10 ^ 77
```

10^{80} 是当前人类可见宇宙中所有物质原子数目的总和。

13.2.4　AES 的加密模式

AES 的加密模式对应中文名称如表 13.1 所示。

加密模式（英文名称及简写）	中文名称
Electronic Code Book(ECB)	电子密码本模式
Cipher Block Chaining(CBC)	密码分组链接模式
Cipher Feedback Mode(CFB)	加密反馈模式
Output Feedback Mode(OFB)	输出反馈模式

表 13.1　　　　　　　　　　　　　　　加密模式

ECB：最基本的加密模式，也就是通常理解的加密。相同的明文将永远加密成相同的密文，无初始向量，容易受到密码本重放攻击，一般情况下很少用。

CBC：明文被加密前要与前面的密文进行异或运算，因此只要选择不同的初始向量，相同的明文加密后会形成不同的密文。这是目前应用最广泛的模式。CBC 加密后的密文是上下文相关的，但明文的错误不会传递到后续分组；但如果一个分组丢失，后面的分组将全部作废（同步错误）。

CFB：类似于自同步序列密码，分组加密后，按 8 位分组将密文和明文进行移位异或后得到输出，同时反馈回移位寄存器。优点是最小可以按字节进行加解密，也可以是 n 位的。CFB 也是上下文相关的，CFB 模式下，明文的一个错误会影响后面的密文（错误扩散）。

OFB：将分组密码作为同步序列密码运行，和 CFB 相似。不过 OFB 用前一个 n 位密文输出分组反馈回移位寄存器，没有错误扩散问题。

13.2.5　填充方式

行使 DES、3DES 和 AES 三种对称加密算法时，常采用的是 PKCS5 填充、Zeros 填充（0 填充）。

1. PKCS5 填充

每个填充的字节都记录了填充的总字节数。

"a" 填充后结果为：[97 7 7 7 7 7 7 7]。

"ab" 填充后结果为：[97 98 6 6 6 6 6 6]。

"—a" 填充后结果为：[228 184 128 97 4 4 4 4]。

2. Zeros 填充

全部填充为 0 的字节。

"a" 填充后结果为：[97 0 0 0 0 0 0 0]。

"ab" 填充后结果为：[97 98 0 0 0 0 0 0]。

"—a" 填充后结果为：[228 184 128 97 0 0 0 0]。

13.2.6　核心代码

DES 的加密案例，如例 13-3 所示。

例 13-3　DES。

```
1  package main
2  import (
3    "bytes"
4    "crypto/cipher"
5    "crypto/des"
```

```
 6       "encoding/base64"
 7       "fmt"
 8   )
 9   func main(){
10       key := []byte("00000000") //密钥只占 8 个字节
11       arr := "千锋教育"
12       fmt.Println("------------DES 加密解密字节数组")
13       fmt.Println("加密前: ",arr)
14       resultArr, _ := DesEncrypt([]byte(arr), key)
15       fmt.Printf("加密后: %x\n", resultArr)
16       resultArr, _ = DesDecrypt(resultArr, key)
17       fmt.Println("解密后: ", string(resultArr))
18       fmt.Println("------------DES 加密解密字符串")
19       cipherText, _ := DesEncryptString(arr, key)
20       fmt.Println("加密后: " , cipherText)
21       originalText, _ := DesDecryptString(cipherText, key)
22       fmt.Println("解密后: ", originalText)
23   }
24   //DES 加密字节数组，返回字节数组
25   func DesEncrypt(originalBytes, key []byte) ([]byte, error) {
26       block, err := des.NewCipher(key)
27       if err != nil {
28           return nil, err
29       }
30       originalBytes = PKCS5Padding(originalBytes, block.BlockSize())
31       blockMode := cipher.NewCBCEncrypter(block, key)
32       cipherArr := make([]byte, len(originalBytes))
33       blockMode.CryptBlocks(cipherArr, originalBytes)
34       return cipherArr, nil
35   }
36   //DES 解密字节数组，返回字节数组
37   func DesDecrypt(cipherBytes, key []byte) ([]byte, error) {
38       block, err := des.NewCipher(key)
39       if err != nil {
40           return nil, err
41       }
42       blockMode := cipher.NewCBCDecrypter(block, key)
43       originalText := make([]byte, len(cipherBytes))
44       blockMode.CryptBlocks(originalText, cipherBytes)
45       originalText = PKCS5UnPadding(originalText)
46       return originalText, nil
47   }
48   //DES 加密文本，返回加密后文本
49   func DesEncryptString(originalText string, key []byte) (string, error) {
50       cipherArr, err := DesEncrypt([]byte(originalText), key)
51       if err != nil {
52           return "", err
53       }
54       base64str := base64.StdEncoding.EncodeToString(cipherArr)
55       return base64str, nil
56   }
57   //对加密文本进行 DES 解密，返回解密后明文
```

```
58 func DesDecryptString(cipherText string, key []byte) (string, error) {
59   cipherArr, _ := base64.StdEncoding.DecodeString(cipherText)
60   cipherArr, err := DesDecrypt(cipherArr, key)
61   if err != nil {
62     return "", err
63   }
64   return string(cipherArr), nil
65 }
66 //尾部填充
67 func PKCS5Padding(ciphertext []byte, blockSize int) []byte {
68   padding := blockSize - len(ciphertext)%blockSize
69   padtext := bytes.Repeat([]byte{byte(padding)}, padding)
70   return append(ciphertext, padtext...)
71 }
72 func PKCS5UnPadding(origData []byte) []byte {
73   length := len(origData)
74   // 去掉最后一个字节 unpadding 次
75   unpadding := int(origData[length-1])
76   return origData[:(length - unpadding)]
77 }
```

运行结果如图 13.5 所示。

图 13.5　运行结果

3DES 的加密解密案例，如例 13-4 所示。

例 13-4　3DES。

```
1  package main
2  import (
3      "bytes"
4      "crypto/cipher"
5      "crypto/des"
6      "encoding/base64"
7      "fmt"
8  )
9  func main() {
10     key := []byte("abcdefghijklmnopqrstuvwx") //密钥占 24 个字节
11     fmt.Println("------------3DES 加密解密字节数组")
12     str := "我爱 Go 语言"
13     result, _ := TripleDesEncrypt([]byte(str), key)
14     fmt.Printf("加密后: %x\n", result)
```

```
15    origData, _ := TripleDesDecrypt(result, key)
16    fmt.Println("解密后: ", string(origData))
17    fmt.Println("-----------3DES加密解密字符串")
18    cipherText, _ := TripleDesEncrypt2Str(str, key)
19    fmt.Println("加密后: ", cipherText)
20    originalText, _ := TripleDesDecrypt2Str(cipherText, key)
21    fmt.Println("解密后: ", originalText)
22 }
23 // 3DES加密字节数组，返回字节数组
24 func TripleDesEncrypt(originalBytes, key []byte) ([]byte, error) {
25    block, err := des.NewTripleDESCipher(key)
26    if err != nil {
27      return nil, err
28    }
29    originalBytes = PKCS5Padding(originalBytes, block.BlockSize())
30    // originalBytes = ZeroPadding(originalBytes, block.BlockSize())
31    blockMode := cipher.NewCBCEncrypter(block, key[:8])
32    cipherArr := make([]byte, len(originalBytes))
33    blockMode.CryptBlocks(cipherArr, originalBytes)
34    return cipherArr, nil
35 }
36 // 3DES解密字节数组，返回字节数组
37 func TripleDesDecrypt(cipherBytes, key []byte) ([]byte, error) {
38    block, err := des.NewTripleDESCipher(key)
39    if err != nil {
40      return nil, err
41    }
42    blockMode := cipher.NewCBCDecrypter(block, key[:8])
43    originalArr := make([]byte, len(cipherBytes))
44    blockMode.CryptBlocks(originalArr, cipherBytes)
45    originalArr = PKCS5UnPadding(originalArr)
46    // origData = ZeroUnPadding(origData)
47    return originalArr, nil
48 }
49 // 3DES加密字符串，返回base64处理后字符串
50 func TripleDesEncrypt2Str(originalText string, key []byte) (string, error) {
51    block, err := des.NewTripleDESCipher(key)
52    if err != nil {
53      return "", err
54    }
55    originalData := PKCS5Padding([]byte(originalText), block.BlockSize())
56    // originalData = ZeroPadding(originalData, block.BlockSize())
57    blockMode := cipher.NewCBCEncrypter(block, key[:8])
58    cipherArr := make([]byte, len(originalData))
59    blockMode.CryptBlocks(cipherArr, originalData)
60    cipherText := base64.StdEncoding.EncodeToString(cipherArr)
61    return cipherText, nil
62 }
63 // 3DES解密base64处理后的加密字符串，返回明文字符串
64 func TripleDesDecrypt2Str(cipherText string, key []byte) (string, error) {
65    cipherArr, _ := base64.StdEncoding.DecodeString(cipherText)
66    block, err := des.NewTripleDESCipher(key)
67    if err != nil {
```

```
68        return "", err
69    }
70    blockMode := cipher.NewCBCDecrypter(block, key[:8])
71    originalArr := make([]byte, len(cipherArr))
72    blockMode.CryptBlocks(originalArr, cipherArr)
73    originalArr = PKCS5UnPadding(originalArr)
74    // origData = ZeroUnPadding(origData)
75    return string(originalArr), nil
76 }
77 func PKCS5Padding(ciphertext []byte, blockSize int) []byte {
78    padding := blockSize - len(ciphertext)%blockSize
79    padtext := bytes.Repeat([]byte{byte(padding)}, padding)
80    return append(ciphertext, padtext...)
81 }
82 func PKCS5UnPadding(origData []byte) []byte {
83    length := len(origData)
84    // 去掉最后一个字节 unpadding 次
85    unpadding := int(origData[length-1])
86    return origData[:(length - unpadding)]
87 }
```

运行结果如图 13.6 所示。

图 13.6　运行结果

AES 的加密解密案例，如例 13-5 所示。

例 13-5　AES。

```
1  package main
2  import (
3      "bytes"
4      "crypto/aes"
5      "crypto/cipher"
6      "encoding/base64"
7      "fmt"
8  )
9  func main() {
10     // AES-128。key 长度: 16, 24, 32 bytes 对应 AES-128, AES-192, AES-256
11     key := []byte("1234567890abcdefghijklmnopqrstuv")
12     str := "区块链很有趣"
13     fmt.Println("------------AES 加密解密字节数组")
14     resultArr, _ := AesEncrypt([]byte(str), key)
15     fmt.Printf("加密后: %x\n", resultArr)
16     resultArr, _ = AesDecrypt(resultArr, key)
```

```
17      fmt.Println("解密后: ", string(resultArr))
18      fmt.Println("-----------AES 加密解密字符串")
19      cipherText, _ := AesEncryptString(str, key)
20      fmt.Println("加密后: ", cipherText)
21      originalText, _ := AesDecryptString(cipherText, key)
22      fmt.Println("解密后: ", originalText)
23  }
24  //AES 加密字节数组，返回字节数组
25  func AesEncrypt(originalBytes, key []byte) ([]byte, error) {
26      block, err := aes.NewCipher(key)
27      if err != nil {
28          return nil, err
29      }
30      blockSize := block.BlockSize()
31      originalBytes = PKCS5Padding(originalBytes, blockSize)
32      blockMode := cipher.NewCBCEncrypter(block, key[:blockSize])
33      cipherBytes := make([]byte, len(originalBytes))
34      blockMode.CryptBlocks(cipherBytes, originalBytes)
35      return cipherBytes, nil
36  }
37  //AES 解密字节数组，返回字节数组
38  func AesDecrypt(cipherBytes, key []byte) ([]byte, error) {
39      block, err := aes.NewCipher(key)
40      if err != nil {
41          return nil, err
42      }
43      blockSize := block.BlockSize()
44      blockMode := cipher.NewCBCDecrypter(block, key[:blockSize])
45      originalBytes := make([]byte, len(cipherBytes))
46      blockMode.CryptBlocks(originalBytes, cipherBytes)
47      originalBytes = PKCS5UnPadding(originalBytes)
48      return originalBytes, nil
49  }
50  //AES 加密文本，返回对加密后字节数组进行 base64 处理后字符串
51  func AesEncryptString(originalText string, key []byte) (string, error) {
52      cipherBytes, err := AesEncrypt([]byte(originalText), key)
53      if err != nil {
54          return "", err
55      }
56      base64str := base64.StdEncoding.EncodeToString(cipherBytes)
57      return base64str, nil
58  }
59  //对 base64 处理后的加密文本进行 DES 解密，返回解密后明文
60  func AesDecryptString(cipherText string, key []byte) (string, error) {
61      cipherBytes, _ := base64.StdEncoding.DecodeString(cipherText)
62      cipherBytes, err := AesDecrypt(cipherBytes, key)
63      if err != nil {
64          return "", err
65      }
66      return string(cipherBytes), nil
67  }
68  func PKCS5Padding(ciphertext []byte, blockSize int) []byte {
69      padding := blockSize - len(ciphertext)%blockSize
```

```
70        padtext := bytes.Repeat([]byte{byte(padding)}, padding)
71        return append(ciphertext, padtext...)
72 }
73 func PKCS5UnPadding(origData []byte) []byte {
74        length := len(origData)
75        // 去掉最后一个字节 unpadding 次
76        unpadding := int(origData[length-1])
77        return origData[:(length - unpadding)]
78 }
```

运行结果如图 13.7 所示。

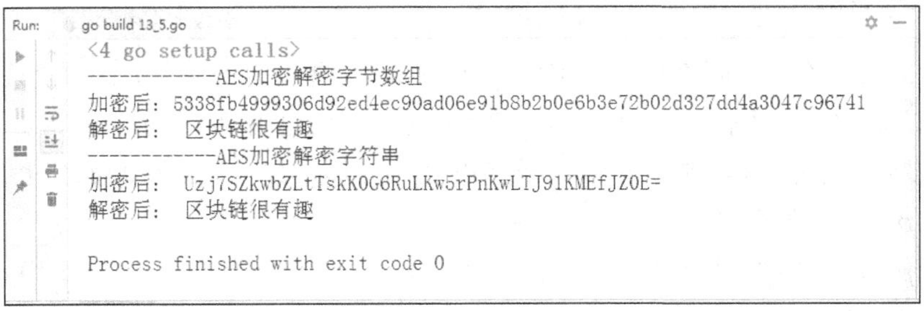

图 13.7　运行结果

13.3　非对称加密算法

13.3.1　非对称加密简介

非对称加密又叫作公开密钥加密（Public Key Cryptography）或公钥加密，指加密和解密使用不同密钥的加密算法。公钥加密需要两个密钥，一个是公开密钥，另一个是私有密钥；一个用于加密，另一个用于解密。

RSA 是目前最有影响力的公钥加密算法，它能够抵抗到目前为止已知的所有密码攻击，已被 ISO 推荐为公钥数据加密标准。其他常见的公钥加密算法有：ElGamal、背包算法、Rabin（RSA 的特例）、椭圆曲线加密算法（Elliptic Curve Cryptography，ECC）。

非对称加密的缺点是加解密速度远远慢于对称加密，在某些极端情况下，需要的时间甚至是对称加密的 1000 倍。非对称加密与对称加密的对比如表 13.2 所示。

表 13.2　　　　　　　　　　　　　对称加密与非对称加密的对比

算法类型	特点	优势	缺陷	代表算法
对称加密	加解密密钥相同或可推算	计算效率高,加密强度高	需提前共享密钥,易泄露	DES、3DES、AES、IDEA
非对称加密	加解密密钥不相关	不需提前共享密钥	计算效率低	RSA、ElGamal、椭圆曲线加密算法（ECC）

13.3.2　非对称加密算法实现数字签名

非对称加密不同于加密和解密都使用同一个密钥的对称加密，虽然两个密钥在数学上相关，但如果知道了其中一个，并不能凭此计算出另外一个。加密消息的密钥是不能解密消息的。因此两个密钥中，一个可以公开，称为公钥；不公开的密钥称为私钥，必须由用户自行严格秘密保管，绝不通过任何途径向任何人提供。

非对称加密算法分为两种：公钥加密、私钥解密和私钥加密、公钥解密。前者是普通的非对称算法，而后者被称为数字签名。目前主流的数字签名算法是椭圆曲线数字签名算法（ECDSA），具体内容在下一节讲解。

总之，非对称加密算法中，公钥的作用是加密消息和验证签名，而私钥的作用是解密消息和进行数字签名。

13.3.3　RSA 算法

RSA 算法基于一个十分简单的数论事实：将两个大素数相乘十分容易，想要对其乘积进行因式分解极其困难，因此可以将乘积公开作为加密密钥。密钥对的生成步骤如下。

（1）随机选择两个不相等的质数 p 和 q（比特币中 p 长度为 512 位二进制数值，q 长度为 1024 位）。

（2）计算 p 和 q 的乘积 N。

（3）计算 p-1 和 q-1 的乘积 $\phi(N)$。

（4）随机选一个整数 e，e 与 m 要互质，且 $0<e<\phi(N)$。

（5）计算 e 的模反元素 d。

（6）公钥是（N,e），私钥是（N,d）。

加解密步骤如下。

（1）假设一个明文 m（$0<=m<N$）。

（2）对明文 m 加密得到密文 c，算法如下所示。

```
a. c=m^e  mod  N
```

（3）对密文 c 解密得到明文 m，算法如下所示。

```
a. m=c^d  mod  N
```

举例说明如下。

```
p=11 ,  q=3
N=pq = 33
φ(N) =(p-1)(1-1)=20
选择 20 的互质数 e=3
计算满足 ed=1 mod 20 的 d,也就是模反元素 d=7
公钥为(33,3),私钥为(33,7)
假设明文 m=8 , (0<8<33)
密文 c=m^e  mod  N = 8 ^ 3 mod 33 = 512 mod 33 = 17 mod 33 , 得出 c=17
明文 m=c^d  mod  N = 17 ^ 7 mod 33 = 8 mod 33 ,  得出 m=8
```

13.3.4　核心代码

生成 RSA 密钥文件，如例 13-6 所示。

例 13-6 生成 RSA 密钥文件。

```
1  package main
2  import (
3      "crypto/rand"
4      "crypto/rsa"
5      "crypto/x509"
6      "encoding/pem"
7      "flag"
8      "log"
9      "os"
10 )
11 func main() {
12     var bits int
13     flag.IntVar(&bits, "b", 2048, "密钥长度，默认为1024位")
14     if err := GenRsaKey(bits); err != nil {
15         log.Fatal("密钥文件生成失败! ")
16     }
17     log.Println("密钥文件生成成功! ")
18 }
19 func GenRsaKey(bits int) error {
20     // 生成私钥文件
21     privateKey, err := rsa.GenerateKey(rand.Reader, bits)
22     if err != nil {
23         return err
24     }
25     derStream := x509.MarshalPKCS1PrivateKey(privateKey)
26     block := &pem.Block{
27         Type:  "私钥",
28         Bytes: derStream,
29     }
30     file, err := os.Create("private.pem")
31     if err != nil {
32         return err
33     }
34     err = pem.Encode(file, block)
35     if err != nil {
36         return err
37     }
38     // 生成公钥文件
39     publicKey := &privateKey.PublicKey
40     derPkix, err := x509.MarshalPKIXPublicKey(publicKey)
41     if err != nil {
42         return err
43     }
44     block = &pem.Block{
45         Type:  "公钥",
46         Bytes: derPkix,
47     }
48     file, err = os.Create("public.pem")
49     if err != nil {
50         return err
51     }
52     err = pem.Encode(file, block)
```

```
53      if err != nil {
54          return err
55      }
56      return nil
57 }
```

运行结果与密钥文件生成结果分别如图 13.8、图 13.9 所示。

图 13.8　运行结果

图 13.9　生成结果

RSA 加密与解密，如例 13-7 所示。

例 13-7　RSA 加密与解密。

```
1  package main
2  import (
3      "crypto/rand"
4      "crypto/rsa"
5      "crypto/x509"
6      "encoding/base64"
7      "encoding/pem"
8      "errors"
9      "flag"
10     "fmt"
11     "io/ioutil"
12     "os"
13 )
14 func main() {
15     str := "一篇诗，一斗酒，一曲长歌，一剑天涯"
16     fmt.Println("加密前: ", str)
17     data, _ := RsaEncryptString(str)
18     fmt.Println("加密后", data)
19     origData, _ := RsaDecryptString(data)
20     fmt.Println("解密后: ", string(origData))
21 }
22 var decrypted string
23 var privateKey, publicKey []byte
24 func init() {
```

```
25    var err error
26    flag.StringVar(&decrypted, "d", "", "加密过的数据")
27    flag.Parse()
28    publicKey, err = ioutil.ReadFile("public.pem")
29    if err != nil {
30      os.Exit(-1)
31    }
32    privateKey, err = ioutil.ReadFile("private.pem")
33    if err != nil {
34      os.Exit(-1)
35    }
36  }
37  // 加密字节数组，返回字节数组
38  func RsaEncrypt(origData []byte) ([]byte, error) {
39    block, _ := pem.Decode(publicKey)
40    if block == nil {
41      return nil, errors.New("public key error")
42    }
43    pubInterface, err := x509.ParsePKIXPublicKey(block.Bytes)
44    if err != nil {
45      return nil, err
46    }
47    pub := pubInterface.(*rsa.PublicKey)
48    return rsa.EncryptPKCS1v15(rand.Reader, pub, origData)
49  }
50  // 解密字节数组，返回字节数组
51  func RsaDecrypt(ciphertext []byte) ([]byte, error) {
52    block, _ := pem.Decode(privateKey)
53    if block == nil {
54      return nil, errors.New("private key error!")
55    }
56    priv, err := x509.ParsePKCS1PrivateKey(block.Bytes)
57    if err != nil {
58      return nil, err
59    }
60    return rsa.DecryptPKCS1v15(rand.Reader, priv, ciphertext)
61  }
62  // 加密字符串，返回 base64 处理的字符串
63  func RsaEncryptString(origData string) (string, error) {
64    block, _ := pem.Decode(publicKey)
65    if block == nil {
66      return "", errors.New("public key error")
67    }
68    pubInterface, err := x509.ParsePKIXPublicKey(block.Bytes)
69    if err != nil {
70      return "", err
71    }
72    pub := pubInterface.(*rsa.PublicKey)
73    cipherArr, err := rsa.EncryptPKCS1v15(rand.Reader, pub, []byte(origData))
74    if err != nil {
75      return "", err
76    } else {
77      return base64.StdEncoding.EncodeToString(cipherArr), nil
78    }
```

```
79  }
80  // 解密经过 base64 处理的加密字符串，返回加密前的明文
81  func RsaDecryptString(cipherText string) (string, error) {
82    block, _ := pem.Decode(privateKey)
83    if block == nil {
84      return "", errors.New("private key error!")
85    }
86    priv, err := x509.ParsePKCS1PrivateKey(block.Bytes)
87    if err != nil {
88      return "", err
89    }
90    cipherArr, _ := base64.StdEncoding.DecodeString(cipherText)
91    originalArr, err := rsa.DecryptPKCS1v15(rand.Reader, priv, cipherArr)
92    if err != nil {
93      return "", err
94    } else {
95      return string(originalArr), nil
96    }
97  }
```

运行结果如图 13.10 所示，由于加密后字段过长，这里只截取一部分。

```
Run:    go build 13_7.go                                    ⚙  —
  ▶       <4 go setup calls>
  ↑   加密前  一篇诗，一斗酒，一曲长歌，一剑天涯
  ⇥   加密后  Zr3fCIPsuSD77mkENItZTb3JUB3ijJA6wgRX49vOWQ5LVkfGaO9EapBZUZLDGkV
      解密后  一篇诗，一斗酒，一曲长歌，一剑天涯
  ⊞
  ⚐   Process finished with exit code 0
```

图 13.10　运行结果

13.4　椭圆曲线加密算法和椭圆曲线数字签名算法

13.4.1　椭圆曲线加密简介

椭圆曲线加密算法（Elliptic Curve Cryptography，ECC）是基于椭圆曲线数学理论实现的一种非对称加密算法。

椭圆曲线算法又细分为多种具体的算法。Go 语言内置的是 secp256R1 算法，而比特币系统中使用 secp256K1 算法。以太坊系统虽然也采用 secp256K1 算法，但是跟比特币系统的 secp256K1 算法上又有所差异。

椭圆曲线公钥系统是 RSA 的强有力竞争者，与经典的 RSA 公钥密码体制相比，椭圆密码体制有明显的优势。

（1）安全性能更高（ECC 可以使用更短的密钥）。同等安全强度下，两者密钥长度的对比如图 13.11 所示。

（2）处理速度快，计算量小。在私钥的处理速度上（解密和签名），ECC 远比 RSA 快得多。

（3）存储空间小。ECC 的密钥尺寸和系统参数与 RSA 相比要小得多，所以占用的存储空间小得多。

椭圆曲线加密算法和椭圆曲线数字签名算法

RSA密钥长度	ECC密钥长度	RSA/ECC（密钥长度比）
512	106	5:1
768	132	6:1
1024	160	7:1
2048	210	10:1
21000	600	35:1

图 13.11　密钥长度对比

（4）带宽要求低使得 ECC 具有广泛的应用前景。

ECC 的这些特点使它必将取代 RSA，成为通用的公钥加密算法。

13.4.2　数字签名的概念

数字签名（Digital Signature）又称公开密钥数字签名、电子签章，是一种类似写在纸上的普通的物理签名，但是使用了公钥加密领域的技术，用于鉴别数字信息的方法。一套数字签名通常定义两种互补的运算，一个用于签名，另一个用于验证。数字签名可以验证数据的来源，可以验证数据传输过程中是否被修改。

数字签名是通过非对称加密算法中的私钥加密、公钥解密过程来实现的。私钥加密就是私钥签名，公钥解密就是公钥验证签名。因此数字签名由两部分组成：第一部分是使用私钥为消息创建签名的算法，第二部分是允许任何人用公钥来验证签名的算法。数字签名的使用流程如图 13.12 所示。

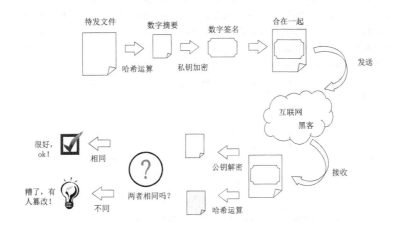

图 13.12　数字签名

数字签名应该满足如下要求。

- 签名不可伪造。
- 签名不可抵赖。
- 签名的识别和应用相对容易，任何人都可以验证签名的有效性。
- 签名不可复制，签名与原文是不可分割的整体。

● 签名消息不可篡改，任意比特数据被篡改，其签名便随之改变，任何人都可以经验证而拒绝接受此签名。

13.4.3 核心代码

下面通过一个案例验证数字签名，如例 13-8 所示。

例 13-8 椭圆曲线数字签名算法（ECDSA）。

```
1   package main
2   import (
3       "crypto/ecdsa"
4       "crypto/elliptic"
5       "crypto/rand"
6       "crypto/sha256"
7       "encoding/hex"
8       "fmt"
9       "log"
10      "math/big"
11  )
12  func main() {
13      fmt.Println("生成签名-----------------------------")
14      privKey, pubKey := NewKeyPair()
15      msg := sha256.Sum256([]byte("hello world"))
16      r, s, _ := ecdsa.Sign(rand.Reader, &privKey, msg[:])
17      strSigR := fmt.Sprintf("%x", r)
18      strSigS := fmt.Sprintf("%x", s)
19      fmt.Println("r、s 的 10 进制分别为: ", r, s)
20      fmt.Println("r、s 的 16 进制分别为: ", strSigR, strSigS)
21      signatureDer := MakeSignatureDerString(strSigR, strSigS)
22      fmt.Println("数字签名 DER 格式为: ", signatureDer)
23      res := VerifySig(pubKey, msg[:], r, s)
24      fmt.Println("签名验证结果: ", res)
25      res = VerifySignature(pubKey, msg[:], strSigR, strSigS)
26      fmt.Println("签名验证结果: ", res)
27  }
28  func NewKeyPair() (ecdsa.PrivateKey, []byte) {
29      curve := elliptic.P256()
30      private, err := ecdsa.GenerateKey(curve, rand.Reader)
31      if err != nil {
32          log.Panic(err)
33      }
34      pubKey := append(private.X.Bytes(), private.Y.Bytes()...)
35      return *private, pubKey
36  }
37  //以下代码为数字签名的标准 DER 格式
38  func MakeSignatureDerString(r, s string) string {
39      lenSigR := len(r) / 2
40      lenSigS := len(s) / 2
41      lenSequence := lenSigR + lenSigS + 4
42      strLenSigR := DecimalToHex(int64(lenSigR))
43      strLenSigS := DecimalToHex(int64(lenSigS))
44      strLenSequence := DecimalToHex(int64(lenSequence))
```

```
45        derString := "30" + strLenSequence
46        derString = derString + "02" + strLenSigR + r
47        derString = derString + "02" + strLenSigS + s
48        derString = derString + "01"
49        return derString
50  }
51  func VerifySig(pubKey, message []byte, r, s *big.Int) bool {
52        curve := elliptic.P256()
53        keyLen := len(pubKey)
54        x := big.Int{}
55        y := big.Int{}
56        x.SetBytes(pubKey[:(keyLen / 2)])
57        y.SetBytes(pubKey[(keyLen / 2):])
58        rawPubKey := ecdsa.PublicKey{curve, &x, &y}
59        res := ecdsa.Verify(&rawPubKey, message, r, s)
60        return res
61  }
62  func VerifySignature(pubKey, message []byte, r, s string) bool {
63        curve := elliptic.P256()
64        keyLen := len(pubKey)
65        x := big.Int{}
66        y := big.Int{}
67        x.SetBytes(pubKey[:(keyLen / 2)])
68        y.SetBytes(pubKey[(keyLen / 2):])
69        rawPubKey := ecdsa.PublicKey{curve, &x, &y}
70        rint := big.Int{}
71        sint := big.Int{}
72        rByte, _ := hex.DecodeString(r)
73        sByte, _ := hex.DecodeString(s)
74        rint.SetBytes(rByte)
75        sint.SetBytes(sByte)
76        res := ecdsa.Verify(&rawPubKey, message, &rint, &sint)
77        return res
78  }
79  //十进制转十六进制
80  func DecimalToHex(n int64) string {
81        if n < 0 {
82            log.Println("Decimal to hexadecimal error: the argument must be greater
than zero.")
83            return ""
84        }
85        if n == 0 {
86            return "0"
87        }
88        hex := map[int64]int64{10: 65, 11: 66, 12: 67, 13: 68, 14: 69, 15: 70}
89        s := ""
90        for q := n; q > 0; q = q / 16 {
91            m := q % 16
92            if m > 9 && m < 16 {
93                m = hex[m]
94                s = fmt.Sprintf("%v%v", string(m), s)
95                continue
96            }
97            s = fmt.Sprintf("%v%v", m, s)
98        }
99        return s
```

```
100        }
```

运行结果如图 13.13 所示，由于数字签名字段过长，这里只截取一部分。

```
Run:      go build 13_8.go                                                    ✿ —
    ↑     <4 go setup calls>
    ↓     生成签名————————————————————————————————
    ⇉     r、s的10进制分别为:    77206025437900025493595556405893637560089941987504920175395294686976
    ⇄     r、s的16进制分别为:    2bb272a4ed2ac7bb23bc71427f4d912beb96f40411b987c1086a19bfb91a4b  15d0
    ⊞     数字签名DER格式为:    3043021F2bb272a4ed2ac7bb23bc71427f4d912beb96f40411b987c1086a19bfb91a
    ⊟     签名验证结果:  true
    ⊞     签名验证结果:  true

          Process finished with exit code 0
```

图 13.13　运行结果

13.5　字符编码与解码

字符编码与
解码

13.5.1　Base64

Base64 是一种基于 64 个可打印字符来表示二进制数据的编码方式。Base64 使用了 26 个小写字母、26 个大写字母、10 个数字以及 2 个符号（如 "+" 和 "/"），用于在电子邮件这样的基于文本的媒介中传输二进制数据。Base64 通常用于编码邮件中的附件。

Base64 字符集如下所示。

ABCDEFGHIJKLMNOPQRSTUVWXYZabcdefghijklmnopqrstuvwxyz0123456789+/

Base64 的编码过程如图 13.14 所示。

文本	M			a			n		
ASCII编码	77			97			110		
二进制制位	0 1 0 0 1 1 0 1 0 1 1 0 0 0 0 1 0 1 1 0 1 1 1 0								
索引	19		22		5		46		
Base64编码	T		W		F		u		

图 13.14　Base64

步骤说明如下。
- 将每个字符转成 ASCII 编码（十进制）。
- 将十进制编码转成二进制编码。
- 将二进制编码按照 6 位一组进行平分。
- 将 6 位一组的二进制数高位补零，然后转成十进制数。
- 以十进制数作为索引，从 Base64 编码表中查找字符。
- 每 3 个字符的文本将编码为 4 个字符长度（3×8=4×6）。若文本为 3 个字符，则正好编码为 4 个字符长度；若文本为 2 个字符，则编码为 3 个字符，由于不足 4 个字符，则在尾部用一个 "=" 补齐；若文本为 1 个字符，则编码为 2 个字符，由于不足 4 个字符，则在尾部用两个 "=" 补齐。如图 13.15 所示。

文本 (1 Byte)	A																							
二进制位	0	1	0	0	0	0	0	1																
二进制制位（补0）	0	1	0	0	0	0	0	1	0	0	0	0												
Base64编码		Q					Q							=					=					
文本（2 Byte）		B							C															
二进制位	0	1	0	0	0	0	1	0	0	1	0	0	0	0	1	1	x	x	x	x	x	x
二进制制位（补0）	0	1	0	0	0	0	1	0	0	0	0	0	0	0	1	1	0	0	x	x	x	x	x	x
Base64编码		Q					K					M					=					

图 13.15　Base64 编码补齐

接下来通过一个案例演示 Base64 编码解码，如例 13-9 所示。

例 13-9　Base64。

```
1  package main
2  import (
3      "encoding/base64"
4      "fmt"
5  )
6  func main() {
7      str := "心怀不惧，方能翱翔于天际"
8      //使用 base64 对 str 进行编码
9      cipherText := Base64EncodeString(str)
10     fmt.Println("base64 编码后: ",cipherText)
11     fmt.Println("base64 解码后: ",Base64DecodeString(cipherText))
12 }
13 func Base64EncodeString(str string) string {
14     return base64.StdEncoding.EncodeToString([]byte(str))
15 }
16 func Base64DecodeString(str string) string {
17     result, _ := base64.StdEncoding.DecodeString(str)
18     return string(result)
19 }
```

运行结果如图 13.16 所示。

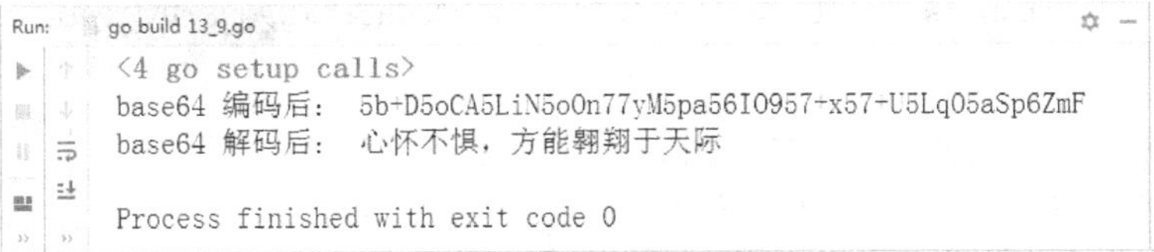

图 13.16　运行结果

13.5.2　Base58

Base58 是一种基于文本的二进制编码方式。这种编码方式不仅实现了数据压缩，保持了易读性，还具有错误诊断功能。Base58 是 Base64 的子集，同样使用大小写字母和 10 个数字，但舍弃了一些容易错读和在特定字体中容易混淆的字符。Base58 不含 Base64 中的 0（数字 0）、O（大写字母 O）、1（小写字母 l）、I（大写字母 I），以及 "+" 和 "/" 两个字符，目的就是去除容易混淆的字符。简而言之，Base58 由不包括 "0" "O" "l" "I" 的大小写字母和数字组成。Base58 字符集如下所示。

123456789ABCDEFGHJKLMNPQRSTUVWXYZabcdefghijkmnopqrstuvwxyz

base58 编码的整体步骤就是不断将数值对 58 取模，如果商大于 58，则对商继续取模。以字符串 "a" 为例。在 ASCII 码中，"a" 对应的十进制数为 97，具体步骤如下。

- 97 对 58 取模，余数为 39，商为 1。
- base58 字符集中，索引下标 39 为 g。
- base58 字符集中，索引下标 1 为 2。
- 得到结果为：g2。
- 反序列化后为：2g。

以字符串 "ab" 为例。"ab" 转十六进制为 6162，再转十进制为 24930，具体步骤如下。

- 24930 对 58 取模，余数为 48，商为 429。
- base58 字符集中，索引下标 48 为 q。
- 429 对 58 取模，余数为 23，商为 7。
- base58 字符集中，索引下标 23 为 Q。
- base58 字符集中，索引下标 7 为 8。
- 得到结果为：qQ8。
- 反序列化后为：8Qq。

接下来通过一个案例演示 Base58 编码解码，如例 13-10 所示。

例 13-10　Base58。

```
1   package main
2   import (
3       "bytes"
4       "encoding/hex"
5       "fmt"
6       "math/big"
7   )
8   //base58 的字母表
9   var base58Alphabets = []byte("123456789ABCDEFGHJKLMNPQRSTUVWXYZabcdefghijkmnopqr
stuvwxyz")
10  func main(){
11      var arr = []byte("天地与我并生，万物与我为宜")
12      cipherText := Base58Encode(arr)
13      fmt.Println("base58 编码后: ",string(cipherText))
14      fmt.Println("base58 解码后: ",string(Base58Decode(cipherText)))
15  }
16  // 将字节数组使用 base58 编码
17  func Base58Encode(input []byte) []byte {
18      var result []byte
19      x := big.NewInt(0).SetBytes(input)
20      base := big.NewInt(int64(len(base58Alphabets)))
21      zero := big.NewInt(0)
22      mod := &big.Int{}
23      //不断将数值对 58 取模，如果商大于 58，则对商继续取模
24      for x.Cmp(zero) != 0 {
```

```
25              x.DivMod(x, base, mod)
26              result = append(result, base58Alphabets[mod.Int64()])
27          }
28          // https://en.bitcoin.it/wiki/Base58Check_encoding#Version_bytes
29          if input[0] == 0x00 {
30              result = append(result, base58Alphabets[0])
31          }
32          ReverseBytes(result)
33          return result
34      }
35      // 将字节数组使用base58解码
36      func Base58Decode(input []byte) []byte {
37          result := big.NewInt(0)
38          for _, b := range input {
39              charIndex := bytes.IndexByte(base58Alphabets, b)
40              result.Mul(result, big.NewInt(58))
41              result.Add(result, big.NewInt(int64(charIndex)))
42          }
43          decoded := result.Bytes()
44          if input[0] == base58Alphabets[0] {
45              decoded = append([]byte{0x00}, decoded...)
46          }
47          return decoded
48      }
49      //转换成十六进制字符串
50      func Base58EncodeHexString(input string) string {
51          arr , _ := hex.DecodeString(input)
52          res := Base58Encode(arr)
53          return fmt.Sprintf("%s", res)
54      }
55      //字节逆转
56      func ReverseBytes(data []byte) {
57          for i, j := 0, len(data)-1; i < j; i, j = i+1, j-1 {
58              data[i], data[j] = data[j], data[i]
59          }
60      }
```

运行结果如图 13.17 所示。

```
Run:      go build 13_10.go                                          ⚙ —
    ▶    ↑  ⊡<4 go setup calls>
    ▌    ↓     base58 编码后：  3awW9srTNiAAHkYNuxo7S3FEYzPQ3cJvBw4AQkRWEZKRR8NWS1LPYf
    ▐▐  ⇥     base58 解码后：  天地与我并生, 万物与我为宜
    ▦    ⇄
               Process finished with exit code 0
```

图 13.17　运行结果

13.6　本章小结

本章主要总结了密码学的一些算法。通过阅读本章内容，相信读者已经掌握了 Go 语言加密解密的方法。完整的安全系统不仅仅需要这些算法，更需要安全的系统环境、物理环境。无论是系统的

损坏还是人为的泄密，都非常容易造成安全问题。

13.7 习题

1. 填空题

（1）_____值在应用中又被称为数字指纹（fingerprint）或数字摘要（digest）、消息摘要。

（2）_____指加密和解密使用相同密钥的加密算法。

（3）加密和解密使用不同密钥的加密算法叫作_____。

（4）加密和解密都是在_____控制下进行的。

（5）加密算法的功能是实现信息的_____性。

2. 选择题

（1）下列选项中，（　　）不是 Hash 算法。

    A. MD5　　　　　　B. SHA-1　　　　　　C. SHA-256　　　　　D. AES

（2）下列选项中，（　　）不是对称加密算法。

    A. DES　　　　　　B. 3DES　　　　　　C. RSA　　　　　　D. AES

（3）下列选项中，（　　）不是非对称加密算法。

    A. RSA　　　　　　B. ElGamal　　　　　C. RC2　　　　　　D. ECC

（4）与非对称密码体制相比，对称密码体制具有加解密（　　）的特点。

    A. 速度快　　　　B. 速度不确定　　　　C. 速度慢　　　　D. 以上说法均不正确

（5）TripleDES 的有效密钥长度为（　　）。

    A. 112 位　　　　B. 56 位　　　　　C. 64 位　　　　　D. 108 位

3. 思考题

（1）列举常用的加密算法，并简述对称加密与非对称加密的区别。

（2）数字签名的意义是什么？请描述数字签名的过程。

第14章 Beego 框架项目实战

14

本章学习目标
- 掌握 Beego 框架搭建
- 掌握 Bee 工具的使用
- 掌握 Redis 的使用
- 掌握 MySQL 的使用

本章开始实战演练。只有把理论知识同具体实际相结合，才能正确回答实践提出的问题，扎实提升读者的理论水平与实战能力。为了让大家能够更牢固地掌握前面学习的知识，提高实际应用编程能力，本书希望通过应用场景和项目实战，帮助读者将功能开发和业务场景进行结合，培养独立开发业务模块的能力。

介绍

14.1 Beego 框架介绍及项目初始化配置

14.1.1 Beego 简介

Beego 是一个使用 Go 语言来开发 Web 应用的 GoWeb 框架，该框架诞生于 2012 年。Beego 可以用来快速开发 API、Web、后端服务等各种应用，主要设计灵感来源于 Tornado、Sinatra、Flask 这三个框架，但是结合了 Go 本身的一些特性（interface、struct 继承等）。该框架采用模块封装，使用简单，容易学习，方便技术开发者快速学习并进行实际开发。对程序员来说，Beego 掌握起来非常简单，只需要关注业务逻辑实现即可，框架自动为项目需求提供不同的模块功能。

Beego 框架介绍及项目初始化配置

14.1.2 Beego 框架的主要特性

简单化：Beego 使用 MVC 模型，支持 RESTful；可以使用 bee 工具来提高开发效率，如监控代码修改进行热编译、自动化测试代码、自动化打包部署等。

智能化：Beego 框架封装了路由模块，支持智能路由、智能监控，并可以监控内存消耗、CPU 使用以及 Goroutine 的运行状况，方便开发者对线上应用进行监控分析。

模块化：Beego 根据功能对代码进行解耦封装，形成了 session、cache、log、配置解析、性能监控、上下文操作、ORM 等独立的模块，方便开发者使用。

高性能：Beego 采用 Go 原生的 HTTP 请求、Goroutine 的并发效率应付大流量 Web 应用和 API 应用。

其中，MVC 的全名是 Model View Controller，是模型（Model）-视图（View）-控制器（Controller）的缩写，是一种软件设计典范。它是用业务逻辑、数据与界面显示分离的方法来组织代码，将众多的业务逻辑聚集到一个部件里面，在需要改进和个性化定制界面及用户交互时，不必重新编写业务逻辑，减少编码的时间。

REST 全称为 Representational State Transfer，意思是：资源在网络中以某种表现形式进行状态转移。RESTful 是通用的、被程序开发人员所遵循的一种设计风格。如表 14.1 所示。

表 14.1 RESTful

操作方法	API	备注及说明
GET	/admin/info	获取管理员信息
GET	/admin/singout	管理员退出系统
POST	/shopping/addShop	添加商品
DELETE	/shopping/restaurant/:id	删除商铺

从表 14.1 中可以看出，RESTful 的操作方法有 GET、POST、DELETE，对应 HTTP 请求类型，除此之外，还有 OPTIONS、HEAD 等操作。API 列所对应的是请求资源所在的路径，根据路径命名就能见名知义地了解该接口 API 所对应的功能。人们通常把这种前后端进行数据交互的形式称为 RESTful 风格。

14.1.3 Beego 安装

（1）在安装 Beego 之前，需要先安装 Git，因为在第 11 章学习数据库的时候已经安装过了，这里不再赘述。

（2）打开 DOS 命令行窗口，执行 go get github.com/astaxie/beego 下载 Beego 源码。如图 14.1 所示。

图 14.1 下载 Beego

（3）执行 go get github.com/beego/bee，下载 bee 工具。如图 14.2 所示。

图 14.2 下载 bee 工具

下载后可以在 GoLand 上看到项目目录，如图 14.3 所示。

图 14.3　项目目录

14.1.4　bee 工具的使用

bee 工具命令与功能如表 14.2 所示。

表 14.2　　　　　　　　　　　　　　　　　bee 工具命令

命令	用途
bee new ProjectName	新建一个全新的 Web 项目
bee api ProjectNames	创建开发 API 应用
bee run	运行项目
bee pack	打包操作
bee version	查看当前 bee、Beego、Go 的版本

使用 new 命令有一点需要注意，该命令只有在 src 目录下执行才能生效，自动生成 Web 项目的目录结构。如果在其他目录下面执行 bee new 命令，也同样会是在 src 目录下面生成对应新项目的目录结构，这是 bee 工具在构建项目的时候默认寻找创建的目录。

14.1.5　创建项目

执行 bee new BeegoDemo。命令执行效果如图 14.4 所示。

大家可以看到，终端中输出了 bee 的图标和版本，并且打印出了很多日志，创建了很多文件和目

录。这就是 bee new 命令的执行效果，表示新建一个项目。现在使用开发工具 GoLand 来打开新建的
BeegoDemo 项目，并查看一下项目目录组织结构。如图 14.5 所示。

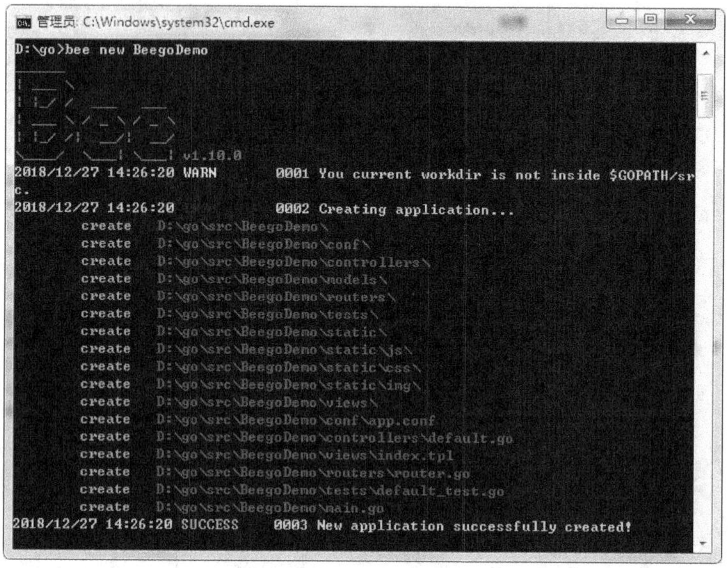

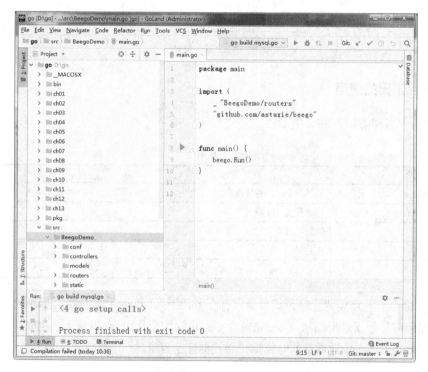

图 14.4　执行效果

图 14.5　项目组织

接下来使用 bee 命令运行案例，看一下效果。在开发工具下方的 terminal 中，打开 terminal，输
入命令 bee run，执行效果如图 14.6 所示。

图 14.6　执行效果

由图 14.6 可以看到，输出日志显示，HTTP 服务已经在 http://localhost:8080 端口运行。接下来打开浏览器验证一下，效果如图 14.7 所示。

图 14.7　Beego 默认页面

14.1.6　结构分析

1. 简单案例分析

上小节中展示的页面是默认初始化好的页面。下面分析程序如何设置这个页面。Go 语言程序运行时候是先执行 main 包下面的 init()函数，然后是 main()函数，因此需要先找到 main.go 文件。该文件代码如例 14-1 所示。

例 14-1　main.go。

```
1   package main
```

```
2   import (
3       _ "BeegoDemo/routers"
4       "github.com/astaxie/beego"
5   )
6   func main() {
7       beego.Run()
8   }
```

首先，看到 import()导入了两个包，一个是 routers，一个是 beego。而 routers 包前面有一个 "_"，这表明是引入 routers 包，并执行 init()方法。这里涉及一个知识点，就是 Go 语言的执行过程，程序执行流程如图 14.8 所示。

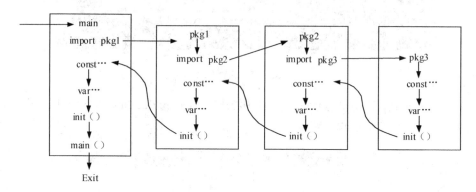

图 14.8 执行流程

所以，程序首先到 routers 包下执行 init()方法。router.go 里面的代码如例 14-2 所示。

例 14-2 router.go。

```
1   package routers
2   import (
3       "BeegoDemo/controllers"
4       "github.com/astaxie/beego"
5   )
6   func init() {
7       beego.Router("/", &controllers.MainController{})
8   }
```

router.go 文件中有一个 init()方法，可以看到 beego.Router()这句代码。router 表示的是路由，这个函数的功能是映射 URL 到控制器，第一个参数是 URL（用户请求的地址），这里注册的是/，也就是访问不带任何参数的 URL，第二个参数是对应的控制器，也就是即将把请求分发到那个控制器来执行相应的逻辑。MainController 结构体及函数声明在 default.go 文件中，这里有一个 Get()方法，方法中有三行代码，如例 14-3 所示。

例 14-3 default.go。

```
1   package controllers
2   import (
3       "github.com/astaxie/beego"
4   )
5   type MainController struct {
```

```
6      beego.Controller
7  }
8  func (c *MainController) Get() {
9      c.Data["Website"] = "beego.me"
10     c.Data["Email"] = "astaxie@gmail.com"
11     c.TplName = "index.tpl"
12 }
```

之前在浏览器中访问的是 http://localhost:8080，这是一个 GET 请求，请求到了后台以后，如果没有任何请求参数，就会被"/"拦截，执行 MainController 中的代码。因为是 GET 请求，所以这里自动找到 Get()函数并执行。

在 Get()函数里面，可以看到三句代码。前两句 c.Data[]= ""表示设置返回的数据字段及内容；最后一句 c.TplName 表示设置处理该请求指向某个模板文件，这里指向了 index.tpl，index.tpl 文件存放在 views 下面。views 下面存放一些模板文件（html、css、js 等）。

init()方法分析完毕后，程序会继续往下执行，就到了 main()函数，在 main()函数中执行 beego.Run()代码。下面大致分析一下代码的逻辑。

在 Run()方法内部，主要做了如下事情。

（1）解析配置文件，也就是 app.conf 文件，包括端口、应用名称等信息。

（2）检查是否开启 session，如果开启 session，就会初始化一个 session 对象。

（3）编译模板。Beego 框架会在项目启动的时候根据配置对 views 目录下的所有模板进行预编译，然后将其存放在 map 中，这样可以有效地提高模板运行的效率，不需要进行多次编译。

（4）监听服务端口。根据 app.conf 文件中的端口配置，启动监听。

2. 组织结构详解

经过对 Beego 的案例简单分析，总结 Beego 项目的组织结构如下。

conf：项目配置文件所在的目录，项目中有一些全局的配置，都可以放在此目录下。

app.conf 文件中默认指定了三个配置。

（1）appname = BeegoDemo　指定项目名称。

（2）httpport = 8080　指定项目服务监听端口。

（3）runmode = dev　指定执行模式。

controllers：该目录是存放控制器文件的目录，控制器控制应用调用哪些业务逻辑。控制器处理 HTTP 请求，并负责返回给前端调用者。

model：model 层可以解释为实体层或者数据层，在 model 层中实现用户和业务数据的处理。和数据库表相关的一些主要操作会在这一目录中实现，执行后的结果数据返回给控制器层。向数据库中插入新数据、删除数据库表数据、修改某一条数据、从数据库中查询业务数据等都是在 model 层实现。

routers：该层是路由层。所谓路由就是分发的意思，当前端浏览器发送一个 HTTP 请求到后台 Web 项目时，程序必须能够根据浏览器的请求 URL 进行不同的业务处理，从接收到前端请求到判断执行具体的业务逻辑的过程的工作，就由 routers 来实现。

static：在 static 目录下，存放的是 Web 项目的静态资源文件，主要有 css、img、js、html 这几类文件。html 中存放应用的静态页面文件。

views：views 中存放的就是应用中存放 html 模板页面的目录。所谓模板，就是页面框架和布局已经使用 html 写好了，只需要在进行访问和展示时，将获取到的数据动态填充到页面中，能够提高渲染效率。因此，使用模板是非常常见的一种方式。

整个框架的执行逻辑如图 14.9 所示。

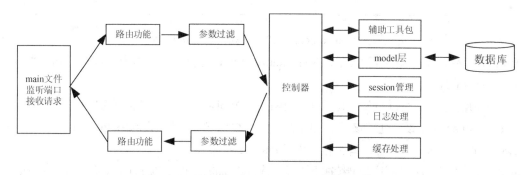

图 14.9　Beego 框架逻辑图

14.1.7　路由设置

Beego 框架支持 4 种路由设置，它们分别是：基础路由、固定路由、正则路由和自动路由。具体说明如下。

1. **基础路由**

直接通过 beego.Get()、beego.POST()、beego.Head()、beego.Delete()等方法来进行路由的映射，通过代码来进行演示。常见的 HTTP 请求方法有 GET、HEAD、PUT、POST、DELETE、OPTIONS 等。

首先是基础的 GET 路由。方法如下所示。

```
beego.Get("",func)
```

其次是基础的 POST 路由。方法如下所示。

```
beego.Post("",func)
```

除此之外，Beego 还支持 PATCH、HEAD、DELETE 等基础路由。

以上这种请求和对应找到请求方法类型的方式就是 RESTful 形式。RESTful 是目前开发 API 很常用的一种形式，其实就是根据协议判断请求方式，而不是根据 URL 字段。如果用户发送 GET 请求就执行 Get()方法，如果发送 POST 请求就执行 Post()方法。

2. **固定路由**

方法如下所示。

```
beego.Router("/",controller);
```

GET 请求就会对应到 Get()方法，POST 请求就会对应到 Post()方法，DELETE 请求就会对应到 Delete()方法，HEAD 请求就会对应到 Head()方法。

3. 正则路由

正则路由是指在进行固定路由的基础上，支持匹配一定格式的正则表达式，如:id、:username、自定义正则、file 的路径和后缀切换以及全匹配等。

上面两种路由都是默认根据请求类型，GET 就执行 Get()方法，POST 执行 Post()方法，有局限性。因为在开发的时候常需要使用固定匹配，直接执行对应的逻辑控制方法，因此 Beego 提供了可以自定义的路由配置。方式如下所示。

```
beego.Router("/",&IndexController{},"")
```

beego.Controller 中定义了很多方法，用来解决常用的 HTTP Method，如 Init()、Prepare()、Post()、Get()、Head()、Delete()等方法。

14.2　Elm 后台管理平台项目介绍

14.2.1　项目介绍

如今很多人已经养成了使用软件点外卖的习惯。这些外卖公司在移动端接受客户的网上点餐，而商家端可以接受商家的入驻和食品的添加。一家外卖公司需要有自己的后台管理系统来对系统内已经入驻的商家、用户及推广活动等进行管理和统计。本章以餐饮外卖为实际使用场景，来实现外卖公司的后台管理系统。通过该后台管理系统，能够统计到用户的信息和增长情况，还可以对商家进行添加、修改等管理操作，商家端则可以对食品菜单进行相关的业务操作。

14.2.2　项目效果展示

管理平台的登录页面如图 14.10 所示。

图 14.10　登录页面

管理平台的数据统计页面如图 14.11 所示。

图 14.11　数据统计页面

管理平台的数据管理页面如图 14.12 所示。

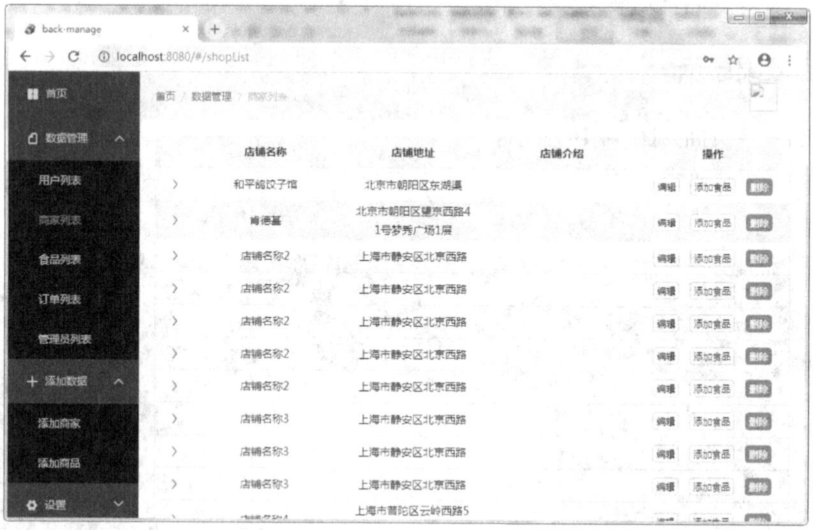

图 14.12　数据管理页面

14.2.3　整体架构简介

整体的项目架构如下。

（1）后台：Beego 框架。

（2）前端：Vue 框架。

（3）数据库：MySQL 数据库+Redis 数据库。

因为本章的主要目标是学习 Beego 框架、掌握 GoWeb 开发，所以我们把重心放在后端的业务逻辑处理上，前端的 Vue 框架和页面只做简单介绍。

14.3　数据库配置及 ORM 映射

数据库配置
及 ORM 映射

14.3.1　ORM 简介

ORM（Object Relationship Mapping），通常翻译为对象关系映射。ORM 模式是一种解决面向对象与关系数据库互不匹配现象的技术。ORM 中间件能在任何一个应用的业务逻辑层和数据库层之间充当桥梁。一般情况下，一个持久化结构体和一个表对应，结构体的每个实例对应表中的一条记录，结构体的每个属性对应表的每个字段。在 Beego 框架中，ORM 被单独封装成一个模块，也被命名为 orm，此项目中会进行实际的使用和操作。ORM 的缺点之一就是可能会使程序运行效率降低。

14.3.2　Beego 项目中使用 MySQL

在 Beego 中使用 MySQL，步骤如下。

（1）导入对应数据库的驱动，具体代码如下所示。

```
1  import (
2      "github.com/astaxie/beego/orm"
3      "github.com/astaxie/beego"
4      _ "github.com/go-sql-driver/mysql"//导入驱动包
5      "CmsProject/util"
6  )
```

（2）注册数据库驱动并进行连接，详细代码如下所示。

```
1      //注册数据库驱动
2      orm.RegisterDriver(driverName, orm.DRMySQL)
3      //数据库连接
4      user := beego.AppConfig.String("mysqluser")
5      user := beego.AppConfig.String("mysqlid")
6      pwd := beego.AppConfig.String("mysqlpwd")
7      host := beego.AppConfig.String("hostname")
8      port := beego.AppConfig.String("port")
9      dbname := beego.AppConfig.String("dbname")
10
11     dbConn := user + ":" + pwd + "@tcp(" + host + ":" + port + ")/" + dbname +
"?charset=utf8"
12     err := orm.RegisterDataBase("default", driverName, dbConn)
13     if err != nil {
14         util.LogError("连接数据库出错")
15         return
16     }
```

```
17      util.LogInfo("连接数据库成功")
```

（3）在执行数据库连接、数据库操作之前，先要在数据库中创建一个新的数据库，否则会报错找不到数据库。字符编码采用 UTF-8，能够存储汉字，否则容易出错。创建步骤如图 14.13 所示。

图 14.13　创建步骤

列出数据库结构体代码列表，部分代码如下所示。

```
1    **
2     * 地区城市表
3     */
4    type City struct {
5        Id          int          `json:"id"`                      //城市 id
6        CityName    string       `json:"name" orm:"size(20)"`     //城市名称
7        PinYin      string       `json:"pin_yin"`                 //城市拼音
8        Longitude   float32      `json:"longitude"`               //城市经度
9        Latitude    float32      `json:"latitude"`                //城市纬度
10       AreaCode    string       `json:"area_code"`               //城市的地区编码
11       Abbr        string       `json:"abbr"`                    //城市的拼音缩写
12       User        []*User      `orm:"reverse(many)"`            //orm 映射 一个城市可以有多个用户
13       Admin       []*Admin     `orm:"reverse(many)"`            //orm 映射 一个城市可以有多个管理员
14   }
15   /**
16    * 管理员表
17    */
18   type Admin struct {
19       Id          int          `json:"id"`                            //管理员编号 id
20       UserName    string       `json:"user_name"  orm:"size(12)"`     //管理员用户名
21       CreateTime  string       `json:"create_time"`                   //记录添加时间
22       Status      int          `json:"status"`                        //管理员状态
23       Avatar      string       `json:"avatar" orm:"size(50)"`         //管理员头像
24       Pwd         string       `json:"pwd"`                           //管理员密码
25       Permission  []*Permission `orm:"reverse(many)"`   //一个管理员可以有多种权限
26       City        *City        `orm:"rel(fk)"`             //orm 映射管理员所在城市
27   }
```

这里有很多结构体类型，这些类型就是根据数据库中的表的字段，以及这些实体之间的关系来进行创建的。接下来，可以通过 orm 代码把这些实体注册到数据库中进行自动创建。

（4）将设计的数据库表结构模型进行注册，核心代码如下所示。

```
1    //register model : 注册实体模型
2    orm.RegisterModel(
```

```
3       new(Permission),
4       new(City),
5       new(FoodCategory),
6       new(OrderStatus),
7       new(Admin),
8       new(User),
9       new(Food),
10      new(Shop),
11      new(UserOrder),
12      new(SupportService),
13      new(Address))
```

（5）执行数据库操作，方法如下所示。

```
orm.RunSyncdb("default",false,true)
```

关于结构体实体模型设计和定义，需要注意以下几点。

（1）一个结构体会形成一个表，一个字段名对应一个字段，字段名需要大写，在数据库中，驼峰命名的字段名从第二个驼峰开始会以“_”来进行分割。

（2）为了解析方便，可以为每一个字段赋值一个 tag，模式类似`json:"level"`。

（3）表的关联关系和字段长度限制可以使用 orm 相关的设置来实现，也是 tag 的形式。

14.3.3　数据导入

创建好数据库表以后，进行数据导入。相关数据在资料文件夹内（通过扫二维码领取），复制，导入（在 DOS 窗口登录 MySQL 后执行 source .sql 文件）即可。打开终端，登录数据库，执行插入语句，成功后查看数据库表内容。

14.3.4　接口文档说明

在正常的后台业务功能开发中，如何对数据接口进行定义，如何请求数据格式，如何返回数据格式，这些都需要一个标准的形式来规范，方便后端开发者和其他端开发者进行对接。在现实的项目中，经常会有团队内部维护的 wiki 文档来存放接口文档。本书的实战项目接口文档通过扫码领取。

14.3.5　模块开发

1. 获取管理员信息

在 router 中注册路由方法，如下所示。

```
beego.Router("/admin/info", &controllers.AdminController{}, "GET:GetAdminInfo")
```

在 AdminController 结构体中定义 GetAdminInfo()方法来处理获取管理员信息的业务逻辑，如下所示。

```
1   func (this *AdminController) GetAdminInfo() {
2       util.LogInfo("获取管理员信息")
3       reJson := make(map[string]interface{})
4       this.Data["json"] = reJson
```

```
5        defer this.ServeJSON()
6        //如果是 XML
7        //reXml := make(map[string]interface{})
8        //this.Data["xml"] = reXml
9        //defer this.ServeXML()
10       //从 session 中获取信息
11       userByte := this.GetSession(ADMIN)
12       //session 为空
13       if userByte == nil {
14        reJson["status"] = util.RECODE_UNLOGIN
15        reJson["type"] = util.EEROR_UNLOGIN
16        reJson["message"] = util.Recode2Text(util.EEROR_UNLOGIN)
17        return
18       }
19       var admin models.Admin
20       //安马歇尔
21       err := json.Unmarshal(userByte.([]byte), &admin)
22       if err != nil {
23           //失败
24           util.LogInfo("获取管理员信息失败")
25           reJson["status"] = util.RECODE_FAIL
26           reJson["type"] = util.RESPMSG_ERRORSESSION
27           reJson["message"] = util.Recode2Text(util.RESPMSG_ERRORSESSION)
28           return
29       }
30       //成功
31       if (admin.Id > 0) {
32           util.LogInfo("获取管理员信息成功")
33           reJson["status"] = util.RECODE_OK
34           reJson["data"] = admin.AdminToRespDesc()
35           return
36       }
37  }
```

2. 管理员退出账号

在 router 中注册路由方法，如下所示。

```
beego.Router("/admin/singout",&controllers.AdminController{}, "GET:SignOut")
```

在 AdminController 结构体中定义 SignOut()方法并进行逻辑处理，具体方法如下所示。

```
1   func (this *AdminController) SignOut() {
2       util.LogInfo("管理员退出当前账号")
3       resp := make(map[string]interface{})
4       this.Data["json"] = resp
5       defer this.ServeJSON()
6       //删除 session
7       this.DelSession(ADMIN)
8       resp["status"] = util.RECODE_OK
9       resp["success"] = util.Recode2Text(util.RESPMSG_SIGNOUT)
10  }
```

3．获取管理员列表信息

在 router 中注册路由方法，如下所示。

```
beego.Router("/admin/all", &controllers.AdminController{},"GET:GetAdminList")
```

在 AdminController 结构体中定义 GetAdminList()方法并进行逻辑处理，具体方法如下所示。

```
1  func (this *AdminController) GetAdminList() {
2      util.LogInfo("管理员列表")
3      reJson := make(map[string]interface{})
4      this.Data["json"] = reJson
5      defer this.ServeJSON()
6      //判断是否有登录的权限
7      if !this.IsLogin() {
8          reJson["status"] = util.RECODE_UNLOGIN
9          reJson["type"] = util.EEROR_UNLOGIN
10         reJson["message"] = util.Recode2Text(util.EEROR_UNLOGIN)
11         return
12     }
13     var adminList []*models.Admin
14     om := orm.NewOrm()
15     offset, _ := this.GetInt("offset")
16     limit, _ := this.GetInt("limit")
17     _, err := om.QueryTable(ADMINTABLENAME).Filter("status", 0).Limit(limit,
offset).All(&adminList)
18     if err != nil {
19         reJson["status"] = util.RECODE_FAIL
20         reJson["type"] = util.RESPMSG_ERROR_FOODLIST
21         reJson["message"] = util.Recode2Text(util.RESPMSG_ERROR_FOODLIST)
22         return
23     }
24     var respList []interface{}
25     for _, admin := range adminList {
26         //重点
27         om.LoadRelated(admin, "City")
28         respList = append(respList, admin.AdminToRespDesc())
29     }
30     reJson["status"] = util.RECODE_OK
31     reJson["data"] = respList
32  }
```

14.3.6　数据格式封装

Beego 支持返回多种类型的数据格式，框架已经封装好了 JSON、XML 等返回数据的格式供开发者调用。

JSON 格式：controller.ServeJSON()方法可以自动将 controller.Data["json"]中的数据按照 JSON 格式进行组装，开发者只需要关注本身的字段名字和对应的字段值即可，大大提高了开发效率。

XML 格式：controller.ServeXML()方法可以自动将 controller.Data["xml"]中的数据按照 XML 格式进行组装。

Redis

14.4 Redis

14.4.1 Redis 简介

Redis 是一个非关系型（key-value）存储系统。它支持存储的 value 类型很多，包括 string（字符串）、list（链表）、set（集合）、zset（sorted set，有序集合）和 hash（哈希类型）。这些数据类型都支持 push/pop、add/remove 及取交集并集和差集等更丰富的操作，并且都是原子操作。Redis 的数据缓存在内存中。Redis 会周期性地将更新的数据写入磁盘，或者把修改操作写入追加的记录文件，并且在此基础上实现了 master-slave（主从）同步。

14.4.2 Redis 安装

首先进入 Redis 官方下载地址，并挑选可以直接安装运行的 msi 文件下载，然后双击 msi 文件，顺着指引，单击【Next】，即可安装成功。安装过程中要设置安装目录、监听端口、最大存储值。如图 14.14、图 14.15、图 14.16 所示。

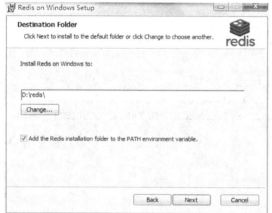

图 14.14 设置安装目录

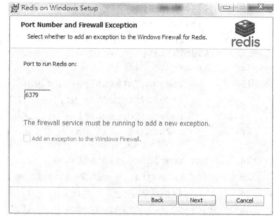

图 14.15 设置监听端口

图 14.16 设置最大存储限制

安装完毕。接下来验证 Redis 服务是否安装并启动成功。首先找到自己安装 Redis 的目录，查看安装的文件是否存在，如图 14.17 所示。

图 14.17　Redis 文件

随后打开 cmd 终端，进入 Redis 安装目录，执行 redis-cli.exe 文件，如图 14.18 所示。

出现上面的画面，表示安装成功。

图 14.18　运行 Redis 客户端

14.4.3　Redis 操作与使用

Redis 支持数据类型：string，hash，list，set，sorted set。

1. string（字符串）

string 类型是 Redis 最基本的数据类型，一个 key 对应一个 value。Redis 的 string 可以包含任何数据，比如 jpg 图片，或者序列化的对象，都可以存储。string 类型最大能够存储 512MB。

存储 string 的操作命令如下所示。

```
set key value
```

获取 string 的操作命令如下所示。

```
get key
```

2. hash（哈希类型）

Redis 中的 hash 是一个（key=>value）对集合。

设置 hash 的操作命令如下所示。

```
hmset keyname field1 "hello" field2 "world"
```

获取 hash 的操作命令如下所示。

```
hget keyname field1
```

3. list（链表）

按照插入顺序保存字符串列表，有顺序，支持 push 操作。

添加 list 字符的操作命令如下所示。

```
lpush keyname value1
```

获取 list 字符的操作命令如下所示。

```
range keyname start stop ( 既包含 start, 也包含 stop)
```

4. set（集合）

Redis 中的 set 是 string 类型的无序集合。集合是通过哈希表实现的，所以添加、删除、查找的复杂度都是 O（1）。

添加 set 元素的操作命令如下所示。

```
sadd setname value1 value2 ...
```

获取 set 元素的操作命令如下所示。

```
smember setname
```

5. zset（sorted set，有序集合）

zset 和 set 一样，都是存储 string 类型的集合，且都不允许重复；区别是 zset 是为每一个元素都关联一个 double 类型的分数，并使用该分数对集合成员进行从小到大的排序。

添加 zset 元素的操作命令如下所示。

```
zadd key score member
```

获取 zset 元素的操作命令如下所示。

```
zrangebyscore key score
```

14.4.4 项目中使用 Redis

项目中把不会经常变的数据以缓存的形式存放，在 Beego 中，Redis 属于 cache 缓存模块的相关内容。Beego 框架目前支持 File、Memcache、Memory 和 Redis 4 种引擎。如果要独立地安装引用缓存模块，安装方式如下：go get github.com/astaxie/beego/cache。

如果使用 Redis 驱动，就需要手工安装引入包：go get -u github.com/astaxie/beego/cache/redis。

使用操作步骤如下。

（1）引入包：import ("github.com/astaxie/beego/cache")。

（2）初始化对象：bm, err := cache.NewCache("memory", `{"interval":60}`)。

（3）常见的操作方法如下所示。

```
bm.Put("astaxie", 1, 10*time.Second)
bm.Get("astaxie")
bm.IsExist("astaxie")
bm.Delete("astaxie")
```

注意：如果引入过程中报错提示找不到，有可能是因为没有下载依赖库，请先下载依赖库：go get github.com/garyburd/redigo/redis。

14.4.5　登录管理员退出操作

管理员退出账号时，要将服务器端的 session 清除，使用 this.DelSession(sessionName) 来进行操作。具体代码如下所示。

```
1   func (this *AdminController) SignOut() {
2       util.LogInfo("管理员退出当前账号")
3       resp := make(map[string]interface{})
4       this.Data["json"] = resp
5       defer this.ServeJSON()
6       //删除 session
7       this.DelSession(ADMIN)
8       resp["status"] = util.RECODE_OK
9       resp["success"] = util.Recode2Text(util.RESPMSG_SIGNOUT)
10  }
```

14.4.6　文件操作

在 Web 开发过程中，文件操作也是常常会涉及的常规操作。在文件上传的过程中，本项目采用 POST 请求，类型是 file，直接把文件进行上传。

在服务端，Beego 框架封装了文件操作的相关方法和 API。

获取文件的方法如下所示。

```
file, head, err := this.GetFile("file") //获取客户端上传的文件参数
```

保存文件的方法如下所示。

```
this.SaveToFile("file", path) //保存文件到某个路径的操作
```

文件操作是比较重要的一项基本技能，大家应该牢牢掌握，多加练习。具体的文件操作代码逻辑较为复杂，可以查看本项目代码。如下所示。

```
1   func (this *FileController) UpdateAdminAvatar() {
2       util.LogInfo("更新用户头像")
```

```
3       resp := make(map[string]interface{})
4       this.Data["json"] = resp
5       defer this.ServeJSON()
6       // 判断是否有登录的权限
7       if !this.IsLogin() {
8       resp["status"] = util.RECODE_UNLOGIN
9       resp["type"] = util.EEROR_UNLOGIN
10      resp["message"] = util.Recode2Text(util.EEROR_UNLOGIN)
11      return
12  }
13  // 获取文件操作 thisl.GetFike ( name )
14  file, head, err := this.GetFile("file")
15      defer file.Close()
16      //beego.Info ( head.Filename )
17      //beego.Info ( head.Size )
18      if err != nil {
19      resp["status"] = util.RECODE_FAIL
20      resp["type"] = util.RESPMSG_ERROR_PICTUREADD
21      resp["failure"] = util.Recode2Text(util.RESPMSG_ERROR_PICTUREADD)
22      return
23  }
24  //filename : default.jpg
25  // fileArr :  [ default jpg ]
26  fileArr := strings.Split(head.Filename, ".")
27  // 文件类型判断
28  if (fileArr[1] != "png" && fileArr[1] != "jpg" && fileArr[1] != "jpeg") {
29      resp["status"] = util.RECODE_FAIL
30      resp["type"] = util.RESPMSG_ERROR_PICTURETYPE
31      resp["failure"] = util.Recode2Text(util.RESPMSG_ERROR_PICTURETYPE)
32      return
33  }
34  // 文件大小判断，控制文件在 2M 以内
35  if head.Size > 1024*1024*2 {
36      esp["status"] = util.RECODE_FAIL
37      esp["type"] = util.RESPMSG_ERROR_PICTURESIZE
38      esp["failure"] = util.Recode2Text(util.RESPMSG_ERROR_PICTURESIZE)
39      return
40  }
41  uploadPath := "./img/"
42  // 判断 upload 是否存在，不存在先创建
43  if exist, _ := util.IsExists(uploadPath); !exist {
44      //err := os.Mkdir ( uploadPath , os.ModePerm )
45      //if err != nil {
46      // 失败
47      // beego.Info ( err.Error ())
48      // resp [ "status" ] = util.RECODE_FAIL
49      // resp [ "type" ] = util.RESPMSG_ERROR_PICTUREADD
50      // resp [ "failure" ] = util.Recode2Text ( util.RESPMSG_ERROR_PICTUREADD )
51      // return
52  //}
53  //Go 语言中更常见的形式
54  if err := os.Mkdir(uploadPath, os.ModePerm); err != nil {
```

```
55  // 失败
56  beego.Info(err.Error())
57      resp["status"] = util.RECODE_FAIL
58      resp["type"] = util.RESPMSG_ERROR_PICTUREADD
59      resp["failure"] = util.Recode2Text(util.RESPMSG_ERROR_PICTUREADD)
60      return
61  }
62  }
63  // 目录创建成功, 继续保存文件
64  // 自己为上传的文件重新命名
65  fileArray := strings.Split(head.Filename, ".")
66  fileName := "avatar" + strconv.Itoa(int(time.Now().UnixNano())) + "." + fileArray[1]
67  path := uploadPath + fileName
68      // 真正执行保存文件的操作
69      // 切记关闭文件
70  if err = this.SaveToFile("file", path); err != nil {
71      // 失败
72      beego.Info(err.Error())
73      resp["status"] = util.RECODE_FAIL
74      resp["type"] = util.RESPMSG_ERROR_PICTUREADD
75      resp["failure"] = util.Recode2Text(util.RESPMSG_ERROR_PICTUREADD)
76      return
77  }
78  // 文件保存到目录成功, 更新数据库
79      om := orm.NewOrm()
80      adminId, _ := strconv.Atoi(this.Ctx.Input.Param(":adminId"))
81      admin := models.Admin{Id: adminId}
82      //select * from admin where id = ? value adminId
83      if om.Read(&admin) == nil {
84      admin.Avatar = fileName
85      //update admin set avatar = ? where id = ? value  ( fileName , adminId )
86      if _, err := om.Update(&admin, "avatar"); err == nil {
87      // 返回正常图片链接
88      resp["status"] = util.RECODE_OK
89      resp["image_path"] = fileName
90      return
91  }
92  }
93  // 失败
94  resp["status"] = util.RECODE_FAIL
95      resp["type"] = util.RESPMSG_ERROR_PICTUREADD
96      resp["failure"] = util.Recode2Text(util.RESPMSG_ERROR_PICTUREADD)
97  }
```

14.4.7　数据库表关系映射

有过数据库编程经验的读者，肯定都知道数据库与表的关系有多种。实体关系一般来说有 3 种。

（1）一对一关系：比如一个学生只能有一个所属班级。

（2）一对多关系：比如一个老师可以有多个学生。

（3）多对多关系：比如一个老师可以教多名学生，而一名学生是由多名老师来教学的。

了解这 3 种关系以后，再来看在 Beego 的 orm 模块当中，如何来表示这些关系。在 Beego 中，3 种关系的 orm 映射设置及反向关系设置如下。

（1）一对一关系，具体设置方法如下所示。

```
orm:"rel(one)"          //一对一关系设置
orm:"reverse(one)"      //一对一反向关系设置
```

（2）一对多关系，具体设置方法如下所示。

```
orm:"rel(fk)"           //一对多关系
orm:"reverse(many)"     //一对多反向关系设置
```

（3）多对多关系，具体设置方法如下所示。

```
orm:"rel(m2m)"          //多对多关系设置
orm:"reverse(many)"     //反向设置
```

以上就是在 Beego 当中要进行 orm 设置的一些实体关系。具体在程序当中如何使用，大家可以查看项目代码。

14.5　项目功能完善

项目功能完善

14.5.1　商户模块功能开发

在本项目中，商户是一个单独的模块，需要新建商户控制器文件 shopController.go，实现商户模块功能开发。下面来看涉及的一些功能。

（1）商户总数查询。该功能接口用于查询总的商户记录，并返回浏览器前端进行展示。商户总数查询接口：/shopping/restaurants/count。功能开发代码如下所示。

```
1   func (this *ShopController) GetRestaurantCount() {
2       util.LogInfo("获取商家店铺总数")
3       resp := make(map[string]interface{})
4       this.Data["json"] = resp
5       defer this.ServeJSON()
6       //判断用户是否已经登录，如未登录，返回没有权限
7       if !this.IsLogin() {
8           resp["status"] = util.RECODE_UNLOGIN
9           resp["type"] = util.EEROR_UNLOGIN
10          resp["message"] = util.Recode2Text(util.EEROR_UNLOGIN)
11          return
12      }
13      om := orm.NewOrm()
14      //查询商户列表
15      restaurantCount, err := om.QueryTable(SHOPTABLENAME).Filter("dele", 0).Count()
```

```
16      if err != nil {
17          resp["status"] = util.RECODE_FAIL
18          resp["count"] = 0
19      } else {
20          resp["status"] = util.RECODE_OK
21          resp["count"] = restaurantCount
22      }
23  }
```

（2）商户列表查询。该功能接口用于返回商户列表记录数据。商户列表查询接口：/shopping/restaurants。该功能开发代码如下所示。

```
1   func (this *ShopController) GetRestaurantList() {
2       util.LogInfo("获取商家店铺列表")
3       resp := make(map[string]interface{})
4       this.Data["json"] = resp
5       defer this.ServeJSON()
6       //判断用户是否已经登录，如未登录，返回没有权限
7       if !this.IsLogin() {
8           resp["status"] = util.RECODE_UNLOGIN
9           resp["type"] = util.EEROR_UNLOGIN
10          resp["message"] = util.Recode2Text(util.EEROR_UNLOGIN)
11          return
12      }
13      var sellerList []*models.Shop
14      offset, _ := this.GetInt("offset")  //偏移量
15      limit, _ := this.GetInt("limit")     //本次查询所需要的记录条数
16      om := orm.NewOrm()
17      //查询商户列表
18      om.QueryTable(SHOPTABLENAME).Filter("dele", 0).Limit(limit, offset).All(&sellerList)
19      var respList []interface{}
20      for _, shop := range sellerList {
21          respList = append(respList, shop.ShopToRespDesc())
22      }
23      if len(respList) > 0 {
24          this.Data["json"] = &respList
25      } else {
26          resp["status"] = util.RECODE_FAIL
27          resp["type"] = util.RESPMSG_ERROR_RESTLIST
28          resp["message"] = util.Recode2Text(util.RESPMSG_ERROR_RESTLIST)
29      }
30  }
```

（3）删除商户操作。删除商户需要用到商户的 ID，HTTP 请求方式为 DELETE。具体的功能接口为：/shopping/restaurant/:id。功能代码如下所示。

```
1   func (this *ShopController) DeleteRestaurant() {
2       util.LogInfo("删除商家店铺信息")
3       resp := make(map[string]interface{})
4       this.Data["json"] = resp
5       defer this.ServeJSON()
6       //判断用户是否已经登录，如未登录，返回没有权限
```

```
 7        if !this.IsLogin() {
 8            resp["status"] = util.RECODE_UNLOGIN
 9            resp["type"] = util.EEROR_UNLOGIN
10            resp["message"] = util.Recode2Text(util.EEROR_UNLOGIN)
11            return
12        }
13        //查询当前管理员的权限
14        adminByte := this.GetSession(ADMIN)
15        var admin models.Admin
16        json.Unmarshal(adminByte.([]byte), &admin)
17        beego.Warn("管理员权限:", len(admin.Permission))
18        om := orm.NewOrm()
19        om.LoadRelated(&admin, "Permission") //Permission 是 Admin 实体中的字段名,而非表名
20        beego.Warn("关联查询后的管理员权限: ", len(admin.Permission))
21        var authority bool
22        var permissions []*models.Permission
23        permissions = admin.Permission
24        for _, permission := range permissions {
25            if permission.Level == "DELETE" {
26                authority = true
27                break
28            }
29        }
30        //判断当前管理员的权限, 如果权限不够, 则直接返回没有删除权限
31        if !authority {
32            resp["status"] = util.RECODE_FAIL
33            resp["type"] = util.RESPMSG_HASNOACCESS
34            resp["message"] = util.Recode2Text(util.RESPMSG_HASNOACCESS)
35            return
36        }
37        //删除.修改一个字段, dele = 0 变为 dele = 1
38        id, _ := strconv.Atoi(this.Ctx.Input.Param(":id"))
39        seller := models.Shop{Id: id, Dele: 1}
40        _, err := om.Update(&seller, "dele")
41        if err != nil {
42            //删除失败
43            resp["status"] = util.RECODE_FAIL
44            resp["type"] = util.RESPMSG_HASNOACCESS
45            resp["message"] = util.Recode2Text(util.RESPMSG_HASNOACCESS)
46        } else {
47            resp["status"] = util.RECODE_OK
48            resp["type"] = util.RESPMSG_SUCCESS_DELETESHOP
49            resp["message"] = util.Recode2Text(util.RESPMSG_SUCCESS_DELETESHOP)
50        }
51 }
```

14.5.2 食品模块功能开发

开发食品模块功能需要新创建 foodController.go 文件以及 model 模块的 foodModel.go 文件。foodController.go 为控制器文件, 用来处理 HTTP 请求逻辑实现; foodModel.go 文件用于数据库 model 实体转换为 JSON 数据格式的操作。

（1）食品总数查询。食品总数查询返回食品总数记录数据，功能接口如下：/shopping/v2/foods/count。接口功能代码如下所示。

```
1   func (this *FoodController) GetFoodCount() {
2       util.LogInfo("获取食品总数")
3       resp := make(map[string]interface{})
4       this.Data["json"] = resp
5       defer this.ServeJSON()
6       //判断用户是否已经登录，如未登录，返回没有权限
7       if !this.IsLogin() {
8           resp["status"] = util.RECODE_UNLOGIN
9           resp["type"] = util.EEROR_UNLOGIN
10          resp["message"] = util.Recode2Text(util.EEROR_UNLOGIN)
11          return
12      }
13      om := orm.NewOrm()
14       //查询食品信息
15      foodCount, err := om.QueryTable(FOODTABLENAME).Filter("del_flag", 0).Count()
16      if err != nil {
17          resp["status"] = util.RESPMSG_FAIL
18          resp["count"] = 0
19      } else {
20          resp["status"] = util.RESPMSG_OK
21          resp["count"] = foodCount
22      }
23  }
```

在 food 表中添加了 del_flag 字段用于表示删除操作，0 表示正常，1 表示删除操作。因此，在进行总记录查询时，应该利用 Filter()方法筛选为 0 的正常数据，并返回。

（2）食品列表查询。食品列表接口：/shopping/v2/foods。功能代码如下所示。

```
1   func (this *FoodController) GetFoodList() {
2       util.LogInfo("获取食品列表")
3       resp := make(map[string]interface{})
4       this.Data["json"] = resp
5       defer this.ServeJSON()
6       //判断用户是否已经登录，如未登录，返回没有权限
7       if !this.IsLogin() {
8           resp["status"] = util.RECODE_UNLOGIN
9           resp["type"] = util.EEROR_UNLOGIN
10          resp["message"] = util.Recode2Text(util.EEROR_UNLOGIN)
11          return
12      }
13      var foods []*models.Food
14      om := orm.NewOrm()
15      offset, _ := this.GetInt("offset")
16      limit, _ := this.GetInt("limit")
17      foodCount, err := om.QueryTable(FOODTABLENAME).Filter("del_flag", 0).Limit
(limit, offset).All(&foods)
18      //关联查询商铺的信息，食品种类信息
19      var foodList []interface{}
20      for _, food := range foods {
```

```
21          //这里的关联第二个字段是字段名字而非关联的表名!! 切记!!
22          om.LoadRelated(food, "Restaurant") //关联商铺表
23          om.LoadRelated(food, "Category")   //关联食品种类表
24          foodList = append(foodList, food.FoodToRespDesc())
25      }
26      if foodCount <= 0 || err != nil {
27          resp["status"] = util.RECODE_FAIL
28          resp["type"] = util.RESPMSG_ERROR_FOODLIST
29          resp["message"] = util.Recode2Text(util.RESPMSG_ERROR_FOODLIST)
30      } else {
31          this.Data["json"] = &foodList
32      }
33  }
```

在列表查询过程中，需要有两个参数，分别是：offset，limit。offset 字段表示偏移，limit 字段表示查询的记录限制。

14.5.3 订单模块功能开发

（1）订单总数查询。该功能接口为：/bos/orders/count。功能代码如下所示。

```
1   func (this *OrderController) GetOrderCount() {
2       util.LogInfo("获取用户订单总数量")
3       resp := make(map[string]interface{})
4       this.Data["json"] = resp
5       defer this.ServeJSON()
6       //判断用户是否已经登录，如未登录，返回没有权限
7       if !this.IsLogin() {
8           resp["status"] = util.RECODE_UNLOGIN
9           resp["type"] = util.EEROR_UNLOGIN
10          resp["message"] = util.Recode2Text(util.EEROR_UNLOGIN)
11          return
12      }
13      om := orm.NewOrm()
14      //0 代表正常，1 代表已删除
15      count, err := om.QueryTable(ORDERTABLENAME).Filter("del_flag", 0).Count()
16      if err != nil {
17          resp["status"] = util.RECODE_FAIL
18          resp["type"] = util.RESPMSG_ERROR_ORDERCOUNT
19          resp["message"] = util.Recode2Text(util.RESPMSG_ERROR_ORDERCOUNT)
20          return
21      }
22      resp["status"] = util.RECODE_OK
23      resp["count"] = count
24  }
```

（2）订单列表查询。查询订单列表数据，该功能接口为：/bos/orders。功能代码如下所示。

```
1   func (this *OrderController) GetOrderList() {
2       util.LogInfo("获取用户订单列表")
3       resp := make(map[string]interface{})
```

```
 4      defer this.ServeJSON()
 5      //判断用户是否已经登录，如未登录，返回没有权限
 6      if !this.IsLogin() {
 7          resp["status"] = util.RECODE_UNLOGIN
 8          resp["type"] = util.EEROR_UNLOGIN
 9          resp["message"] = util.Recode2Text(util.EEROR_UNLOGIN)
10          return
11      }
12      var orderList []*models.UserOrder
13      offset, _ := this.GetInt("offset")
14      limit, _ := this.GetInt("limit")
15      om := orm.NewOrm()
16      //查询订单信息
17      num, err := om.QueryTable(ORDERTABLENAME).Limit(limit, offset).All(&orderList)
18
19      if num <= 0 || err != nil {
20          resp["status"] = util.RECODE_FAIL
21          resp["type"] = util.RESPMSG_ERROR_ORDERLIST
22          resp["message"] = util.Recode2Text(util.RESPMSG_ERROR_ORDERLIST)
23          this.Data["json"] = resp
24          return
25      }
26      var respList []interface{}
27      for _, order := range orderList {
28          om.LoadRelated(order, "Shop")        //关联查询  Shop 为 Order 结构体中声明的
字段名 而非 表名！切记!
29          om.LoadRelated(order, "User")        //关联查询  User 为 Order 结构体中声明的
字段名 而非 表名！切记!
30          om.LoadRelated(order, "OrderStatus") //关联查询  OrderStatus 为 Order 结构体
中声明的字段名 而非 表名！切记!
31          respList = append(respList, order.UserOrder2Resp())
32      }
33      this.Data["json"] = respList
34 }
```

14.5.4 添加数据记录模块开发

（1）添加商铺记录。添加商铺记录的操作需要用到事务操作和多对多关系操作的代码。在 Beego 中，事务的执行方法为：om.Begin()（事务开始）和 om.Commit()（提交事务）。对于多对多的关系，在 Beego 中使用 om. QueryM2M()来进行操作。多对多的关联操作包含 Add()、Remove()、Clear()、Count()等方法。在本项目中，添加商铺记录接口为：/shopping/addShop。功能开发代码如下所示。

```
 1  func (this *ShopController) AddRestaurant() {
 2      util.LogInfo("添加商家店铺信息")
 3      resp := make(map[string]interface{})
 4      this.Data["json"] = resp
 5      defer this.ServeJSON()
 6      //判断用户是否已经登录，如未登录，返回没有权限
 7      if !this.IsLogin() {
 8          resp["status"] = util.RECODE_UNLOGIN
 9          resp["type"] = util.EEROR_UNLOGIN
```

```
10          resp["message"] = util.Recode2Text(util.EEROR_UNLOGIN)
11          return
12      }
13      //获取客户端传值方法:
14      //1.this.GetString : GET,POST 等请求直接传递参数
15      //2.this.Ctx.Input.Param(key) : 路由中设置的正则表达式或者正则变量
16      //3.this.Ctx.Input.RequstBody : 获取到的是字节数组数据，适合 JSON 类型数据格式传输请
求，要求：必须要在 app.conf 中设置，否则无法接受
17      var restaurantEntity models.Shop
18      err := json.Unmarshal(this.Ctx.Input.RequestBody, &restaurantEntity)
19      restaurantEntity.Status = 1                    //店铺状态为正常
20      restaurantEntity.Rating = rand.Intn(10)        //评分
21      restaurantEntity.RatingCount = rand.Intn(1000)  //评分总次数
22      restaurantEntity.RecentOrderNum = rand.Intn(500) //最近的订单数量
23      //重要 //
24      om := orm.NewOrm()
25      om.Begin() //事务开始
26      //添加记录的方法
27      id, err := om.Insert(&restaurantEntity)
28      //添加店铺所支持的活动
29      activities := restaurantEntity.Activities
30      //多对多的高级查询
31      //第一个参数：对象，主键必须有值
32      //第二个参数：对象需要操作的 M2M 字段
33      m2m := om.QueryM2M(&restaurantEntity, "activities")
34      for _, activity := range activities {
35          om.Insert(activity)
36          m2m.Add(activity)
37      }
38      if err == nil {
39          om.Commit() //事务提交
40      }
41      if err != nil {
42          resp["status"] = util.RECODE_FAIL
43          resp["message"] = util.Recode2Text(util.RESPMSG_FAIL_ADDREST)
44      } else {
45          var restuarant models.Shop
46          //查询店铺信息
47          om.QueryTable(SHOPTABLENAME).Filter("id", id).One(&restuarant)
48          if restuarant.Id > 0 {
49              resp["status"] = util.RECODE_OK
50              resp["sussess"] = util.Recode2Text(util.RESPMSG_SUCCESS_ADDREST)
51              resp["shopDetail"] = restuarant
52          } else {
53              resp["status"] = util.RECODE_FAIL
54              resp["sussess"] = util.Recode2Text(util.RESPMSG_FAIL_ADDREST)
55          }
56      }
57  }
```

（2）添加食品记录。添加食品记录也是 POST 请求，服务器新添加端接收 JSON 格式的数据，并进行解析，解析方法如下所示。

```
1  var addFood entity.AddFoodEntity
2  //json 解析错误: json: cannot unmarshal string into Go struct field AddFoodEntity.
restaurant_id of type int
3  //json 解析错误:  无法解析 string 类型 到 结构体类型 AddFoodEnitity 中的 int 类型的变量
restaurant_id
4  err := json.Unmarshal(this.Ctx.Input.RequestBody, &addFood)
5  if err != nil {
6      beego.Info(err.Error())
7      return
8  }
```

需要注意的是，前端提交的数据字段类型与格式和服务器端定义的结构体字段类型与格式必须一致，否则会 json 解析报错。添加食品接口为：/shopping/addfood。功能开发代码如下所示。

```
1  func (this *FoodController) AddFood() {
2      util.LogInfo("添加食品")
3      resp := make(map[string]interface{})
4      this.Data["json"] = resp
5      defer this.ServeJSON()
6      var addFood entity.AddFoodEntity
7      //json 解析错误: json: cannot unmarshal string into Go struct field AddFoodEntity.
restaurant_id of type int
8      //json 解析错误: 无法解析 string 类型到结构体类型 AddFoodEnitity 中的 int 类型的变
量 restaurant_id
9      err := json.Unmarshal(this.Ctx.Input.RequestBody, &addFood)
10     if err != nil {
11         beego.Info(err.Error())
12         resp["status"] = util.RECODE_FAIL
13         resp["type"] = util.RESPMSG_ERROR_FOODADD
14         resp["message"] = util.Recode2Text(util.RESPMSG_ERROR_FOODADD)
15         return
16     }
17     categoryId := addFood.CategoryId
18     restaurantId := addFood.RestaurantId
19     var category models.FoodCategory
20     var restaurant models.Shop
21     om := orm.NewOrm()
22     //查询 category 记录
23     om.QueryTable("food_category").Filter("id", categoryId).One(&category)
24     //查询 restaurant 记录
25     om.QueryTable(SHOPTABLENAME).Filter("id", restaurantId).One(&restaurant)
26     var food models.Food
27     food.Name = addFood.Name
28     food.Description = addFood.Description
29     food.ImagePath = addFood.ImagePath
30     food.Activity = addFood.Activity
31     food.Category = &category
32     food.Restaurant = &restaurant
33     food.DelFlag = 0
```

```
34      food.Rating = rand.Intn(10)
35      //添加食品记录
36      num, err := om.Insert(&food)
37      beego.Info(num)
38      if err != nil {
39          resp["status"] = util.RECODE_FAIL
40          resp["type"] = util.RESPMSG_ERROR_FOODADD
41          resp["message"] = util.Recode2Text(util.RESPMSG_ERROR_FOODADD)
42      } else {
43          resp["status"] = util.RECODE_OK
44          resp["success"] = util.Recode2Text(util.RESPMSG_SUCCESS_FOODADD)
45      }
46  }
```

14.6 本章小结

本章小结

问题是时代的声音，回答并指导解决问题是理论的根本任务。Beego 实战项目到此已经全部开发完成。建议读者利用空闲的时间对项目功能进行代码开发，熟悉、巩固 Go 语言和 Beego 框架知识。这个世界没有天才，有的只是"刻意练习"。所谓天才，就是练习次数最多的人。

14.7 习题

1. 填空题

（1）ORM（Object Relationship Mapping），通常翻译为_____。

（2）Redis 是一个_____ 存储系统。

（3）Beego 使用_____模型。

（4）Beego 是一个使用 Go 语言来开发_____Web 应用的框架。

（5）使用 bee new 命令，必须在_____src 目录下执行才能生效。

2. 选择题

（1）使用 bee 工具启动项目的命令是（   ）。

    A. bee new ProjectName   B. bee run

    C. bee pack   D. bee version

（2）下列选项中，对 Beego 框架描述不正确的是（   ）。

    A. Beego 使用 MVC 模型，支持 RESTful

    B. Beego 框架封装了路由模块，支持智能路由、智能监控

    C. Beego 采用 Go 原生的 HTTP 请求、Goroutine 的并发效率应付大流量 Web 应用和 API 应用

    D. Beego 不支持 ORM

（3）下列选项中，（   ）是 Redis 不支持的数据类型。

    A. string   B. hash   C. list   D. queue

（4）关于 Beego 框架，下列说法不正确的是（　　　）。

    A.　Beego 是一个 Go 语言实现的轻量级 HTTP 框架

    B.　Beego 可以通过注释路由、正则路由等多种方式完成 URL 路由注入

    C.　先使用 bee new 工具生成工程，再使用 bee run 命令自动热编译

    D.　Beego 框架只提供了对 URL 路由的处理，而没有提供 MVC 架构中的数据库部分的框架支持

（5）在 Beego 框架中注册路由方法是（　　　）。

    A.　beego.Router()　　　　B.　beego.Get()　　　　C.　beego.Post()　　　　D.　beego.Run()

3.　思考题

（1）简述 Beego 框架的主要特性。

（2）简述对 ORM 的理解。